"十三五"普通高等教育规划教材

传感器技术

主　编　郭天太

副主编　李东升　薛生虎

参　编　黄咏梅　郭风雷　郑永军　方　波

机械工业出版社

本书系统介绍了有关传感器技术方面的基础知识。主要内容包括：传感器的基本概念及一般特性、电阻式传感器、电容式传感器、电感式传感器、磁电式传感器、压电式传感器、光电式传感器、热电及红外辐射传感器、数字式传感器、气敏和湿敏传感器、量子传感技术基础、无线传感器网络及传感器的标定与校准等。各章均附有思考题与习题可供选用。

　　本书可作为高等院校测控技术与仪器、自动化、电子信息工程、机械设计制造及其自动化、检测技术、电气工程及其自动化及光信息科学与技术等专业的教材，也可作为其他相近专业高年级本科生和硕士研究生的学习参考书。本书还适合作为与上述领域相关专业的科研人员和工程技术人员的参考书。

　　为便于教学，本书提供了授课所需的电子课件，需要的读者可登录www.cmpedu.com 免费注册、审核通过后下载，或联系编辑索取（QQ：6142415，电话：010-88379753）。本书还配有网上公开课程（www.icourses.cn/coursestatic/course_2623.html），可在线注册学习。

图书在版编目（CIP）数据

传感器技术/郭天太主编 . —北京：机械工业出版社，2019. 8（2025. 1 重印）
"十三五"普通高等教育规划教材
ISBN 978-7-111-62577-3

Ⅰ. ①传… Ⅱ. ①郭… Ⅲ. ①传感器-高等学校-教材 Ⅳ. ①TP212

中国版本图书馆 CIP 数据核字（2019）第 144301 号

机械工业出版社（北京市百万庄大街 22 号 邮政编码 100037）
责任编辑：尚 晨 责任校对：张艳霞
责任印制：郜 敏

中煤（北京）印务有限公司印刷

2025 年 1 月第 1 版·第 8 次印刷
184mm×260mm·17 印张·421 千字
标准书号：ISBN 978-7-111-62577-3
定价：55. 00 元

电话服务 网络服务
客服电话：010-88361066 机 工 官 网：www.cmpbook.com
　　　　　010-88379833 机 工 官 博：weibo. com/cmp1952
　　　　　010-68326294 金 书 网：www.golden-book.com
封底无防伪标均为盗版 机工教育服务网：www.cmpedu.com

前　言

若对现代科技三分天下，则信息技术有其一。在信息技术领域中，传感器扮演着极其重要的角色。这是因为传感器处在最前端，承担着信息获取的任务，而在信息获取、传输、控制及应用的链路中，信息基本上是以串行的方式进行传递的。随着传递环节的增加，有效信息的准确度会不断降低。可以想象，倘若前端信息不准，就势必会使传递到中游、下游的信息更加不可靠，也必然会给依赖于这些信息的产品或技术造成越来越大的损失。而解决这一问题的唯一途径就在于让传感器在前端所获得的信息更加准确。但无论采用何种信息转换手段，无用信息都会如影随形地存在于有用信息之中。也就是说，无论测量有多精确，都会存在误差和不确定度。即使到了量子尺度，依然存在"测不准"的现象。"准"绝不仅仅是要求传感器的灵敏度和分辨力高，还必须具有可靠的、尽可能短的溯源路径，以保证其量值具有极好的"可控性"，这一点非常重要。所以，我们的任务就是从被测对象中把有用信息提取出来，或者找到减少或消除无用信息的途径。与此同时，不断探索基于新的物理、化学或生物效应的传感机理也成为传感器研究人员的永恒任务。

除了准确度之外，成本也是制约传感器应用的重要因素，这成为评价传感器的另一重要指标。降低成本无疑是扩大应用范围的最佳途径。例如，激光雷达被称为自动驾驶汽车的"眼睛"，Velodyne 公司于 2018 年初宣布，其最低端的 16 线激光雷达售价直接打对折降至 3999 美元，仅这个举措就有力地推动了自动驾驶汽车的普及。

此外，能否在各种环境（甚至恶劣环境）下正常工作也是评价传感器性能的重要指标。

因此，如果对传感器的性能进行简单评价就可以表达为：极、超、省、信、微、融、智、云。所谓"极"就是指能够对极端参数进行测量，"超"是指具备超分辨本领，"省"是指功耗低，"信"是指可靠耐用，"微"是指体积小，"融"是指多功能融合，"智"是指具有一定的计算和推理功能，"云"是指具有网络功能。由此可见，传感器首要的功能是对人类的感官进行极度延伸。

涉及重要商业或军事价值的高端传感器，历来都是国家间技术封锁和贸易战的对象，因此，对这类传感器就必须走自主研发的路径。"中国制造 2025"的重要支撑技术之一就是广泛采用各种在线、原位测量用传感器。近年来，微传感器突然间火爆起来，主要原因是因为它已发展成为智能感知器件，这也得益于工业互联网及人工智能技术的发展。其产业化理论基础来自于硅谷经济学家杰弗里·摩尔在《跨越鸿沟》一书中所提出的所谓"新摩尔定律"。现在，就连最普通的手机中都装有图像、指纹识别及加速度等十几种传感器。在 2014 年的巴西世界杯上，29 岁的高位截瘫患者朱利亚诺·平托借助于安装在 3D 打印头盔中的脑电波传感器和医用外骨骼，完成了该届世界杯的开球仪式。采用石墨烯材料的传感器具有极好的柔软性，可以和衣物完美融合，实时监测人体活动信息和生理信息。这样的事情正在我们的身边不断出现。可以预见，随着社会、科学和技术的不断发展，传感器在人类生活中发挥的作用会日益重要。

由于传感器在现代社会中扮演着不可或缺的角色，关于传感器技术的专著和教材已然是汗牛充栋。但由于篇幅、体例及侧重点等方面的原因，在实际教学过程中，一线教师却又经常苦于缺乏合适的教材。是以我们不揣浅陋，编写本书，以期有助于初学传感器技术的学子和社会人士，为促进我国传感器技术的进步贡献绵薄之力。

本书由中国计量大学郭天太任主编，李东升、薛生虎任副主编。本书各章的编写人员和分工为：李东升（第一章、第三章第五节、第十一章第一、二节）、郭天太（第二章、第三章第一~四节、第五章第一、二节、第七章第一~四节、第九章、第十一章第三节）、郭风雷（第四章、第七章第五节）、黄咏梅（第五章第三节、第六章、第十章）、薛生虎（第八章）、郑永军（第十二章）、方波（第十三章）。

中国计量大学计量测试工程学院对本书的编写工作给予了大力支持。我们的学生褚丹丹、张雪冰清、戚一搏等绘制了部分插图。在此表示衷心的感谢！

机械工业出版社的时静和尚晨编辑为本书的及早出版做了大量的工作，在此深表谢意！

受编者的水平和学识所限，本书难免存在缺点和不足之处，恳请广大读者批评指正。

编　者

目　　录

V

第一章 传感器的基本概念及一般特性

第一节 传感器的基本概念

一、对传感器的感性认识

凡是自然界中的物质都必定以一定的量的形式而存在，对各种量的确定便构成了测量的内涵。若对某些量的确定关系到国计民生的问题，则对这些量的研究就容易引起共同重视，测量的准确度就会不断提高。随着社会的发展，不断有新的量值需要被精确确定，久而久之，就逐渐形成了我们现在所从事的测量学科。传感器技术就属于测量学科中的关键内容。

不妨以我们日常生活中密切相关的测量问题作为学习传感器技术的切入点。我们在市场和超市会经常看到电子计价秤（图1-1），其核心元件就是称重传感器（图1-2）；交通警察手持的呼吸式酒精含量测试仪（图1-3）的核心元件是化学气体传感器（图1-4）；保障我们健康的医疗仪器如B超、CT等带有多种现代传感器。可以毫不夸张地说，传感器已同我们的衣食住行息息相关，我们已经生活在一个离不开传感器的时代。对于国际贸易、军事科学，传感器更是扮演着不可或缺的角色。由此可见，传感器在现代科学技术中占有非常重要的地位。

图1-1　电子计价秤

图1-2　称重传感器

图1-3　呼吸式酒精含量测试仪

图1-4　化学气体传感器

对于学习测控信息类专业的学生而言，传感器技术可能会影响到未来的职业生涯，也就是说学好这门知识可能是获益终身的。因此，有必要通过本课程的学习对传感器有比较系统、深入的了解和掌握。

二、传感器的作用与地位

（一）传感器在测控系统中的作用与地位

把计算机称作"电脑"几乎为人所共知，而知道把传感器俗称为"电五官"的人可能还不是很多。在测量与控制领域，传感器确实在为"电脑"提供五官的功能，离开了传感器，"电脑"将无法接收到所需的检测信号，相当于变成"残疾"。当然，也就无法完成系统的功能。由此可见，业内人士给传感器以这样的形象称呼可充分表达出传感器在测量与控制中的重要作用。

测量科学属于信息科学领域，且处于源头位置。传感技术属于测量科学领域，也处于测量科学的源头位置。因而，传感技术在信息科学领域中处于最前端的位置，是源头的起点，承担着信息获取的任务。不妨设想，对于一个重要的信息如果在源头"失之毫厘"，等到了下游时就可能"谬以千里"。也就是说，在源头时可能是容易解决的小问题，若在未引起充分重视的情况下传递到下游的用户时就可能成为一个很大的隐患。例如，我国在进口石油时通常是采用容积计价的方法，当负责这方面的国际贸易部门或企业采用油轮运输时就需要准确知道油轮仓容的信息，而获得符合要求的信息目前为止依然是一个难题。问题的解决最终还是要归结到流量、温度及激光等传感器的精确程度上去。可见，源头信息质量的好坏将直接对中下游信息造成影响，由传感器构成仪器时传感器的指标直接影响仪器的指标，由传感器作为控制系统检测元件时传感器的性能及精度直接影响整个系统的功能。因此，各国在发展高科技时一直把先进传感技术放在优先发展的位置。

事实上，在一个测量系统中，传感器也是处于前端的位置，后面要与测控电路、微机原理等课程衔接。因此，在学习本课程的同时，要注重与后续课程的关联。

（二）传感器本身的作用

从上述叙述中可以看出，传感器有着把各种微弱或微小的物理量转化为可供宏观使用的信号的作用。它不仅远比人的感官灵敏，而且其探测的领域和范围也极其广泛。

（三）传感器研究与应用的侧重点

尽管传感器的应用包罗万象，种类五花八门，但我们还是能够根据传感器的先进程度了解其研究和应用的侧重点。

（1）传感器研究的侧重点

如前所述，传感器的输出信号的准确性至关重要，这样就使传感器的地位非常突出，最新的传感技术属于商业机密，是国家间技术保密和竞争的内容。对于新型传感器技术的研发，主要是对基础理论进行创新性研究、对制造工艺进行改革以及对新材料进行探索。例如用于位移或长度测量的电感式传感器，其原理并不复杂，若将我国产品与国外同类产品进行比较，我国产品的售价大概为国外产品的 1/5，若应用在高档圆度仪或表面粗糙度仪上，价格要相差 10 倍以上，尽管这样，在进口时往往还要受到对方政府的限制，需要进行烦琐的商务谈判。因此，对特殊用途的新型传感器技术必须以自主研发的方式获得，而且要注意及时申请知识产权以对已有技术进行必要的保护。知识产权保护方面的工作在整个传感器领域中只占很小的比例，但极具重要性，现已成为发达国家的长期任务。

（2）传感器应用的侧重点

对于一些常规的通用类传感器而言，由于技术成熟，所以价格往往很低廉，比如说电子计价秤中的电阻应变片就属于此类，因此，在整个系统中所占的硬件成本的比例就很低。所以，在应用时要把侧重点放在传感器的正确选购和特性补偿方面，必要时还要向厂家进行特殊定制。尽管如此，对传感器原理的学习还是要认真对待的，因为对其原理的掌握是合理选择、应用和开发传感器的基础。

三、传感器的定义

（一）传感器的广义定义

一种能把特定的（物理、化学、生物）信息按一定的规律转换成某种可用信号输出的器件和装置。根据这个定义，我们常用的体温计、腕表等都属于传感器。

（二）传感器的狭义定义

能把外界非电量信息转换成电信号输出的器件称为传感器。这其实就是本书中所介绍的主要内容。该定义中没有对输入量的大小进行说明，通常都是很微小的量。值得注意的是，该定义中特别强调了用电信号作为输出量，这是因为电信号是为我们所熟悉且易于处理的信号，信号的强度虽没提及但应该达到宏观量级。从该定义中我们还能看到传感器具有信息敏感的功能和信号放大的作用，是人类延伸自身感官的特殊而有效的手段。

（三）我国标准对传感器的定义

我国国家标准 GB/T 7665-2005《传感器通用术语》中对传感器是这样定义的：能感受被测量并按照一定的规律转换成可用输出信号的器件或装置，通常由敏感元件和转换元件组成。

以上定义均表明，传感器是由敏感元件和转换元件所构成的一种检测装置，能按一定规律将被测量转换为电信号输出，输出信号与输入信号间存在确定的关系。

四、传感器的组成与分类

（一）传感器的组成

以图 1-2 所示的称重传感器为例，该传感器为悬臂梁式传感器，安装时将一端固定，另一端悬空并承载被称物体的重力，重力的作用使弹性体产生变形，黏合在弹性体最易变形部位（图 1-2 中弹性体最薄的部位）的敏感元件——电阻应变片就有信号输出，若这个信号比较微弱或已被调制就还需要基本电路进行放大及变换，从而实现了将非电量转换为电量的过程。由此可见，传感器通常由敏感元件、转换元件和信号调节与转换电路三部分组成，如图 1-5 所示。

图 1-5　传感器组成框图

在图 1-5 中，敏感元件起感受被测量的作用，图 1-2 中的称重传感器的弹性梁就属于敏感元件，用它上面材料最薄的部分感受被测力值的大小而产生应变，其几何参数需要设计，用经过处理的、性能稳定的金属材料制成。转换元件可将响应到的被测量转换为电量，粘贴在弹性梁易变形部位的电阻应变片就属于转换元件。信号调节与转换电路的作用是使输出信号达到后续处理电路的接口要求，称重传感器的信号调节与转换电路为电桥，实现对应变片输出信号进行放大的功能，以达到满足后续电路接口对信号强度要求的目的。

（二）传感器的分类

对传感器的分类有多种方式，常用的有以下几种。

（1）按传感器的输入量分类

按输入的被测物理量如温度、位移、力值、速度及湿度等进行分类，相应地称为温度传感器、位移传感器等。由于直观简便，所以习惯于用这种分类称呼的传感器使用者占有相当的比例。

（2）按传感器的转换原理分类

目前在常规传感器中应用的物理原理主要基于电学、固体物理学及光学等，例如根据电磁感应原理来分有电感式、差动变压器式及电涡流式传感器；根据半导体理论来分有热敏、磁敏及光敏传感器等。

（3）按传感器的灵敏度获得方式分类

按这种分类方法可把传感器大体上分为两类，即结构型和物性型。所谓结构型传感器是指传感器输出信号的强度与传感器的结构有关，例如电感式传感器、电容式传感器等。对这类传感器必须进行结构的优化设计，才能获得更强的信号。这类传感器目前应用最为广泛。所谓物性型传感器是指利用某些材料本身内在的物理特性和效应感受信号，基本与结构无关，例如以半导体、电介质等作为敏感材料的霍尔传感器、压电传感器等都属于这一类。

（4）按传感器的能量转换方式分类

按转换元件的能量转换方式，传感器可分为有源型和无源型两类。

有源型也称能量转换型或发电型，它把非电量直接变成电压量、电流量及电荷量等，如磁电式、压电式、光电池及热电偶传感器等。

无源型也称能量控制型或参数型，它把非电量变成电阻、电容及电感等。

第二节　传感器的静态特性

一、传感器的特性

在测量系统中，传感器处于最前端的位置，其特性会影响到整个系统的性能。从系统论的角度来看，传感器是处于整个系统前端的一个环节，这样，就可以应用系统论的有关理论对传感器的特性进行研究。通过给传感器输入适当的信号观察其输出响应的方式是获得其特性参数的常规方法。当输入量为静态或缓慢变化的信号时，输入与输出的关系称为静态特性。描述静态特性的参数有灵敏度、分辨力和阈值、线性度、迟滞等；当输入量为动态信号时，输入与输出的关系表现为动态特性。描述动态特性的参数有传递函数、频率响应及阶跃响应等。

二、传感器的静态特性表示

在描述传感器的静态特性时，其输出量 y 与输入量 x 之间的函数关系可以表示为

$$y = f(x) = \sum_{i=0}^{n} a_i x^i = a_0 + a_1 x + a_2 x^2 + \cdots + a_n x^n \qquad (1-1)$$

式中，a_i 为常数；a_0 为零点输出；a_1 为零点处灵敏度；a_2，a_3，$\cdots$，a_n 为非线性项系数。

不同传感器的各项系数不同，决定了其特性曲线的具体形式不同。

静态特性曲线可通过实际测试获得。为了标定和数据处理的方便，一般希望得到如下的线性关系：

$$y = a_0 + a_1 x \qquad (1-2)$$

传感器的输入-输出关系或多或少地存在非线性问题。为了得到线性关系，就需要采取各种线性化补偿措施。在非线性误差不大的情况下，通常采用直线拟合的方法来实现线性化。

三、传感器的静态特性参数指标

传感器的静态特性及参数指标是研制或选用传感器的重要依据，是本章学习的重点。

（一）测量范围和量程

传感器所能测得的最小被测量与最大被测量之间的范围称为传感器的测量范围；测量范围的上限值与下限值之差称为量程。要注意测量范围与量程在概念上的区别。

（二）静态灵敏度

传感器输出的变化量 Δy 与引起该变化量的输入变化量 Δx 之比称为静态灵敏度，用 k 表示。

$$k = \Delta y / \Delta x \qquad (1-3)$$

对于具有线性特性的传感器而言，其灵敏度为常数，即静态特性曲线的斜率。

（三）分辨力与阈值

在测量范围内，当传感器的输入量从非零值缓慢增加时，在达到某一增量时使输出量产生可观测的变化，称这个输入增量为该传感器的分辨力。要注意分辨力与分辨率是两个不同的概念：分辨力表示对输入量的分辨能力或本领，为有量纲的量值；而分辨率则表示输入量缓慢变化时所观测到的输出量的最大阶跃变化，用满量程的百分比表示，为无量纲量。另外，还要注意不要把 A-D 转换器的最小单位当作分辨力。

输入量由零变化到使输出量开始发生可观测变化的输入量值称为阈值。可以将阈值理解为传感器在零点附近的分辨力，在有些文献中也用灵敏阈、灵敏限等名词表示阈值。

（四）线性度

在我们应用的传感器中，绝大多数在原理上都是具有线性特性的，但实际输出时也都会存在或多或少的非线性问题，针对这个问题提出了线性度的概念。所谓线性度是指传感器的输入量与输出量之间非线性关系的程度。可以将线性度理解为非线性误差。通常用相对误差来表示线性度或非线性误差，即

$$e_L = \pm \frac{\Delta L_{max}}{y_{FS}} \times 100\% \qquad (1-4)$$

式中，ΔL_{max}为输出平均值与拟合直线间的最大偏差；y_{FS}为满量程输出值。

非线性误差值与评价它所用的基准直线有关，使用不同的基准直线得到的误差值会有些差别。常用的基准直线有以下几种。

1）理论直线：以传感器的理论特性直线作为基准直线，如图1-6a所示。

2）最小二乘拟合直线：应用直线回归分析方法，将按最小二乘原理获得的直线作为基准直线。

3）过零旋转拟合直线：基准直线与特性曲线在坐标原点重合，旋转基准直线另一端至最大正偏差与最大负偏差绝对值相等的位置，如图1-6b所示。

4）端点连线拟合直线：将特性曲线首尾用直线相连，该连线即为基准直线，如图1-6c所示。

5）端点连线平移拟合直线：将特性曲线两端点用直线连接后再往使最大误差绝对值减小的方向平移，直至出现最大正、负误差绝对值相等的位置，如图1-6d所示。

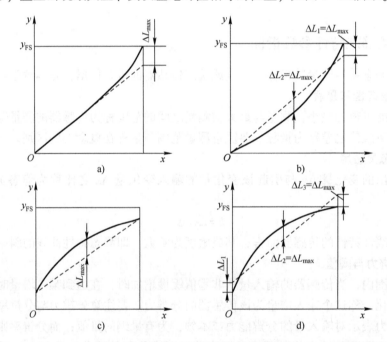

图1-6 求线性度误差的几种基准直线

a）理论直线 b）过零旋转拟合直线 c）端点连线拟合直线 d）端点连线平移拟合直线

注：ΔL_{max}为输入—输出特性曲线与其拟合直线间的最大偏差；y_{FS}为满量程输出值。

（五）迟滞

如图1-7所示，迟滞特性用于表示传感器正向和反向行程特性曲线不重合的程度。有机械传动环节的传感器的迟滞误差基本上是由回程误差造成的。另外，传感器中的储能元件（如弹性元件、电磁元件等）也是形成迟滞误差的主要因素。通常，用相对误差方式表示迟滞误差，即以满量程的百分数表示，即

$$\gamma_H = \frac{\Delta H_{max}}{y_{FS}} \times 100\% \tag{1-5}$$

式中，ΔH_{max}为正、反行程间输出的最大差值；y_{FS}为满量程输出值。

6

此外，在长度测量领域习惯于用绝对误差方式表示迟滞误差。

（六）稳定性

稳定性是表示传感器在较长一段时间内保持特性参数的能力。最常见的现象是漂移，即在外界的干扰下，在一定时间间隔内，传感器输出量发生与输入量无关的、不需要的变化，主要是由环境参数变化及电磁干扰等引起。漂移包括零点漂移和灵敏度漂移，零点漂移和灵敏度漂移又可分为时间漂移和温度漂移两种类型。

（七）重复性

在相同的条件下，在短时间内，输入量从同一方向做满量程连续多次重复实验时，输出量值相互偏离的程度称为传感器的重复性，如图1-8所示。所谓"相同的条件"是指相同的测量程序、相同的观测者，在相同的环境下使用相同的传感器，在相同的地点于短期内的重复测量。

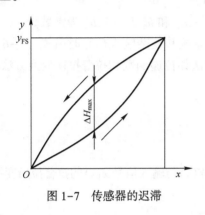

图1-7　传感器的迟滞　　　　　　图1-8　传感器的重复性

（八）准确度

准确度为测量结果与被测量真值之间的一致程度。由于真值通常是未知的，所以，准确度就不能定量给出。可以在文字叙述中定性描述，例如测量误差较小时可以说准确度较高。

第三节　传感器的动态特性

一、研究传感器动态特性的方法

动态特性是指传感器对随时间变化的输入量的响应特性。在实际应用中，传感器所检测的大多是随时间变化的物理量。只要输入量是时间的函数，输出量也应该是时间的函数。性能优良的传感器的输出量随时间变化的曲线应与输入量随时间变化的曲线相一致，即无失真地再现输入信号。但实际测试中经常会发现两者之间存在差异，这种差异可以认为是动态测量误差。因此，仅仅考虑传感器的静态特性参数是不够的，还需要对传感器的动态特性进行研究，其目的在于更清楚地了解和掌握传感器能否正确反映输入信号的变化以及如何减小动态测量误差等。在研究传感器的动态特性中所应用的理论是系统论的知识，即把传感器视为系统，把输入量视为输入信号，输出信号视为系统的响应信号，这样就可以把传感器的动态特性模型描述为线性微分方程。为简化线性微分方程的求解，用拉普拉斯变换将时域的模型转换为复数 s 域的数学模型——传递函数。有关知识已在自动控制原理和信号分析与处理等课程中学习，本书中只对与传感器有关的内容进行介绍。

传感器的输入信号即实际被测量随时间变化的形式可能是多种多样的，但在研究动态特性时不能这样考虑。通常，根据标准输入来研究传感器的动态响应特性。常用的标准输入有正弦输入和阶跃输入。与正弦输入对应的动态响应称为频率响应，而与阶跃输入对应的动态响应称为时间响应或瞬态响应。

二、传感器的动态特性模型

精确地建立传感器的动态特性模型是困难的，故通常近似地把传感器看作是线性定常系统，用高阶常系数线性微分方程来表示输入-输出关系，即

$$a_n\frac{\mathrm{d}^n y}{\mathrm{d}t^n}+a_{n-1}\frac{\mathrm{d}^{n-1}y}{\mathrm{d}t^{n-1}}+\cdots+a_1\frac{\mathrm{d}y}{\mathrm{d}t}+a_0 y=b_m\frac{\mathrm{d}^m x}{\mathrm{d}t^m}+b_{m-1}\frac{\mathrm{d}^{m-1}x}{\mathrm{d}t^{m-1}}+\cdots+b_1\frac{\mathrm{d}x}{\mathrm{d}t}+b_0 x \qquad (1-6)$$

式中，y 为输出量；x 为输入量；t 为时间；$a_0,a_1,\cdots,a_n$ 和 $b_0,b_1,\cdots,b_m$ 为常数。

可以由式（1-6）求解动态特性，但对于高阶系统和复杂输入信号时由式（1-6）求解将是非常困难的事情。因此，应用工程控制论的方法如传递函数和拉普拉斯变换方法将使这一问题得到很好的解决。

三、传递函数

（一）传递函数的表达式

零初始条件下，输出信号 $y(t)$ 的拉普拉斯变换 $Y(s)$ 与输入信号 $x(t)$ 的拉普拉斯变换 $X(s)$ 之比称为系统的传递函数，记为 $H(s)$，即

$$H(s)=\frac{Y(s)}{X(s)} \qquad (1-7)$$

对式（1-6）进行拉普拉斯变换，则有

$$H(s)=\frac{Y(s)}{X(s)}=\frac{b_m s^m+b_{m-1}s^{m-1}+\cdots+b_1 s+b_0}{a_n s^n+a_{n-1}s^{n-1}+\cdots+a_1 s+a_0} \qquad (1-8)$$

由式（1-8）可知，等式右端是一个与输入无关的表达式，它只与传感器的结构参数有关，因此，它是传感器特性的表达式。而且，$Y(s)$、$X(s)$、$H(s)$ 三者中只要知道任意两个，第三个便可容易求解。这为了解复杂系统的信息特性创造了方便的条件。

（二）一阶传感器的传递函数

可用一阶微分方程描述的传感器称为一阶传感器，其微分方程可表达为

$$a_1\frac{\mathrm{d}y(t)}{\mathrm{d}t}+a_0 y(t)=b_0 x(t) \qquad (1-9)$$

其传递函数为

$$H(s)=\frac{k}{\tau s+1} \qquad (1-10)$$

式中，k 为静态灵敏度，$k=b_0/a_0$；τ 为时间常数，$\tau=a_1/a_0$。

（三）二阶传感器的传递函数

可用二阶微分方程描述的传感器称为二阶传感器，其微分方程可表达为

$$a_2 \frac{\mathrm{d}^2 y(t)}{\mathrm{d}t^2} + a_1 \frac{\mathrm{d}y(t)}{\mathrm{d}t} + a_0 y(t) = b_0 x(t) \tag{1-11}$$

其传递函数为

$$H(s) = \frac{k}{\frac{1}{\omega_n^2}s^2 + \frac{2\zeta}{\omega_n}s + 1} \tag{1-12}$$

式中，k 为静态灵敏度，$k = b_0/a_0$；ω_n 为固有频率，$\omega_n = \sqrt{\dfrac{a_0}{a_2}}$；$\zeta$ 为阻尼比，$\zeta = \dfrac{a_1}{2\sqrt{a_0 a_2}}$。

四、正弦输入与频率响应

(一) 频率响应的表达式

当输入正弦信号 $x(t) = A\sin\omega t$ 并且经过一定时间进入稳定状态后，输出信号也是正弦信号，只是幅值与输入信号的幅值不等且有相位差。但即使输入信号的幅值不变，只要 ω 变化，输出信号的幅值和相位都会随之发生变化，即 $y(t) = B\sin(\omega t + \varphi)$。所谓频率响应就是在这种稳定状态下幅值的比 B/A，以及相位差 φ 随 ω 的变化而变化的特性。

对于线性定常系统，可以用傅里叶变换代替拉普拉斯变换，在正弦输入的情况下，即在传递函数式中用 $j\omega$ 代替 s，相应地有

$$H(j\omega) = \frac{Y(j\omega)}{X(j\omega)} = \frac{b_m(j\omega)^m + b_{m-1}(j\omega)^{m-1} + \cdots + b_1(j\omega) + b_0}{a_n(j\omega)^n + a_{n-1}(j\omega)^{n-1} + \cdots + a_1(j\omega) + a_0} \tag{1-13}$$

由式 (1-13) 可知，频率响应特性 $H(j\omega)$ 是频率 ω 的函数，一般为复数，因此，也可以将 $H(j\omega)$ 表示为 $H(\omega)$，即

$$H(\omega) = A(\omega)\mathrm{e}^{j\varphi(\omega)} \tag{1-14}$$

式中，$A(\omega)$ 为 $H(\omega)$ 的模；$\varphi(\omega)$ 为 $H(\omega)$ 的辐角。

$A(\omega)$-ω 曲线称为幅频特性曲线，$\varphi(\omega)$-ω 曲线称为相频特性曲线。

(二) 一阶传感器的频率响应

根据式 (1-10) 所表达的一阶传感器的传递函数，可求得其频率响应为

$$H(j\omega) = \frac{k}{j\omega\tau + 1} \tag{1-15}$$

其幅频特性为

$$A(\omega) = |H(j\omega)| = \frac{k}{\sqrt{1 + (\omega\tau)^2}} \tag{1-16}$$

相频特性为

$$\varphi(\omega) = \arctan(-\omega\tau) \tag{1-17}$$

如图 1-9 所示为一阶传感器的频率特性。

(三) 二阶传感器的频率响应

根据式 (1-12) 可求得二阶传感器的频率响应为

$$H(j\omega) = \frac{k}{1 - \left(\dfrac{\omega}{\omega_n}\right)^2 + 2j\zeta\left(\dfrac{\omega}{\omega_n}\right)} \tag{1-18}$$

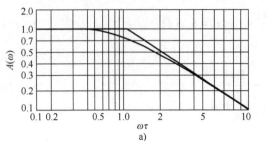 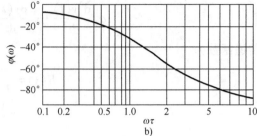

图 1-9　一阶传感器的频率特性

a）幅频特性　b）相频特性

幅频特性为

$$A(\omega) = |H(j\omega)| = \frac{k}{\sqrt{\left[1-\left(\dfrac{\omega}{\omega_n}\right)^2\right]^2 + \left[2\zeta\left(\dfrac{\omega}{\omega_n}\right)\right]^2}} \tag{1-19}$$

相频特性为

$$\varphi(\omega) = -\arctan\frac{2\zeta\left(\dfrac{\omega}{\omega_n}\right)}{1-\left(\dfrac{\omega}{\omega_n}\right)^2} \tag{1-20}$$

二阶传感器的频率特性曲线如图 1-10 所示。

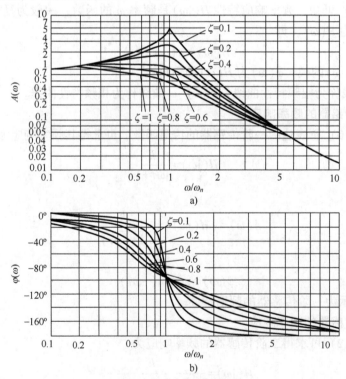

图 1-10　二阶传感器的频率特性

a）幅频特性　b）相频特性

五、阶跃输入与时间响应

一般认为，阶跃输入对传感器来说是最严峻的，若在阶跃输入作用下传感器能满足动态指标要求，则在其他形式的输入作用下，其动态性能指标也一定能满足要求。

设单位阶跃信号为

$$x(t) = \begin{cases} 0, & t<0 \\ 1, & t\geq 0 \end{cases}$$

信号波形如图 1-11a 所示，其拉普拉斯变换为

$$X(s) = \frac{1}{s}$$

（一）一阶传感器的阶跃响应
根据传递函数可得

$$Y(s) = H(s)X(s) = k\frac{1}{1+\tau s}\frac{1}{s} = k\left(\frac{1}{s} - \frac{\tau}{\tau s+1}\right) \tag{1-21}$$

对式（1-21）进行拉普拉斯反变换，得

$$y(t) = k(1 - e^{-\frac{t}{\tau}}) \tag{1-22}$$

一阶传感器的阶跃响应曲线如图 1-11b 所示。

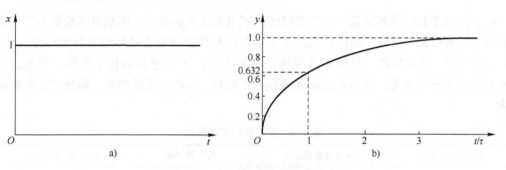

图 1-11　一阶传感器的阶跃响应

a）单位阶跃信号　b）一阶传感器的阶跃响应曲线

（二）二阶传感器的阶跃响应
根据式（1-12）可得二阶传感器阶跃响应的拉普拉斯变换式为

$$Y(s) = H(s)X(s) = \frac{k\omega_n^2}{s(s^2+2\zeta\omega_n s+\omega_n^2)} \tag{1-23}$$

二阶传感器的阶跃响应曲线如图 1-12 所示。由于阻尼比 ζ 的不同，其响应结果有很大差别。因此，有必要根据阻尼比的大小展开讨论。

1）当 $0<\zeta<1$ 时，为衰减振荡情形。通过对式（1-23）进行拉普拉斯反变换可得

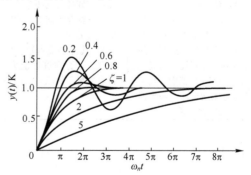

图 1-12　二阶传感器的阶跃响应曲线

$$y(t) = k\left[1 - \frac{\mathrm{e}^{-\zeta\omega_n t}}{\sqrt{1-\zeta^2}}\sin\left(\omega_d t + \arctan\frac{\sqrt{1-\zeta^2}}{\zeta}\right)\right] \tag{1-24}$$

式中，$\omega_d = \omega_n\sqrt{1-\zeta^2}$。

2）当 $\zeta = 0$ 时，为无阻尼情形，即为一等幅振荡过程，振荡频率为传感器的固有频率。工程实际应用中的传感器不会出现这种情况。

3）当 $\zeta = 1$ 时，为临界阻尼情形。可解得

$$y(t) = k\left[1 - \mathrm{e}^{-\omega_n t}(1 + \omega_n t)\right] \tag{1-25}$$

式（1-25）表明，当 $\zeta = 1$ 时，传感器系统既无超调也无振荡。

4）当 $\zeta > 1$ 时，为过阻尼情形。此时的二阶传感器已蜕化成惯性环节，具有类似于一阶传感器的特性曲线。

根据以上分析可知，阻尼比对传感器的特性有很大影响，因此，结合工程实践经验，通常将二阶传感器设计成欠阻尼系统，阻尼比的取值范围为 0.6~0.8 时可以获得较为合适的综合特性。另外，传感器的固有频率 ω_n 也是一个非常重要的参数，设计时通常要求 ω_n 应至少高于被测信号频率 ω 的 3~5 倍，否则可能有被测信号的频率分量丢失。

第四节　传感器的技术指标

由于传感器的应用范围很广，类型很多，使用要求差别很大，因此很难给出能够全面衡量传感器质量的统一指标。但是，列出若干基本参数和比较重要的环境参数指标作为检验、使用和评价传感器的依据，是很有必要的。表 1-1 给出了传感器的技术指标。当然，对于一种具体的传感器来说，并不是全部指标都是必需的，应根据实际需要，确保主要参数满足要求。

表 1-1　传感器的技术指标

基本参数指标	环境参数指标	可靠性指标	其他指标
1）量程指标：量程范围、过载能力等 2）灵敏度指标：灵敏度、分辨力、满量程输出值等 3）精度有关指标：误差、线性度、迟滞、重复性、灵敏度误差、稳定性 4）动态性能指标：固有频率、阻尼比、时间常数、频率响应范围、频率特性、临界频率、临界速度、稳定时间等	1）温度指标：工作温度范围、温度误差、温度漂移、温度系数、热滞后等 2）抗冲击、振动指标：容许各向抗冲振的频率、振幅及加速度、冲振所引入的误差 3）其他环境参数：抗潮湿、抗介质腐蚀能力、抗电磁场干扰能力等	工作平均寿命、平均无故障时间、保险期、疲劳性能、绝缘电阻、耐压及抗电火花等	1）供电方式（直流、交流、频率及波形等）、功率。各项分布参数值、电压范围与稳定度等 2）外形尺寸、重量、壳体材质、结构特点等 3）安装方式、馈线等

思考题与习题

1. 简述传感器的作用与地位。

2. 传感器的定义是什么？它由哪些部分组成？

3. 传感器的静态特性指标和动态特性指标分别有哪些？

4. 如果用一阶传感器做 $100\,Hz$ 正弦信号的测试，如要求幅值误差不超过 5%，则传感器的时间常数应为多少？

5. 有一传感器，其微分方程为 $\dfrac{dy}{dt}+3y=0.15x$，其中 y 为输出电压（mV），x 为输入温度（℃），试求该传感器的时间常数 τ 和静态灵敏度 k。

6. 已知某二阶系统传感器的自振频率 $f_0=20\,kHz$，阻尼比 $\zeta=0.1$，若要求传感器的输出幅值误差小于 3%，试确定该传感器的工作频率范围。

7. 实际应用中应该如何选择传感器？

8. 给出一个生活中应用传感器的例子，说明其工作原理及作用。

第二章　电阻式传感器

电阻式传感器是一种应用较早的电参数传感器，其基本原理是将被测物理量的变化转换成与之有对应关系的电阻值的变化，再经过相应的测量电路后，反映出被测量的变化。电阻式传感器常用来测量力、压力、位移、应变、扭矩及加速度等。

电阻式传感器的种类繁多，应用广泛。电阻式传感器的敏感元件有电位器、应变片和半导体膜片等，相应地，电阻式传感器按工作原理可分为电位器式、电阻应变式和压阻式等。

第一节　电位器式传感器

电位器式传感器是一种把机械线位移或角位移输入量通过传感器电阻值的变化转换为电阻或电压输出的传感器。电位器是一种常用的机电元件，由电阻元件和滑臂等部件组成。作为传感元件，它能将机械位移转换成与之成一定函数关系的电阻或电压输出。电位器式传感器除了用于线位移和角位移测量外，还广泛应用于测量压力、加速度及液位等物理量。

电位器式传感器结构简单，体积小，重量轻，价格低廉，性能稳定，对环境条件要求不高，输出信号较强，一般不需放大，并易实现函数关系的转换。但电阻元件与滑臂间由于存在磨损，寿命较短，且阻值范围窄，分辨率有限，故其精度一般不高，动态响应较差，主要适合于变化缓慢的物理量的测量。

电位器式传感器种类较多，根据输入-输出特性的不同，电位器式电阻传感器可分为线性电位器和非线性电位器两种；根据结构形式的不同，又可分为线绕式、薄膜式和光电式等。目前常用的以单圈线绕式电位器居多。

一、工作原理

电位器式电阻传感器一般由电阻元件、骨架及滑臂（滑动触点）等组成，滑臂相对于电阻元件的运动可以是直线运动、转动或螺旋运动。当被测量发生变化时，通过滑臂触点在电阻元件上产生移动，该触点与电阻元件间的电阻值就会发生变化，从而实现位移（被测量）与电阻之间的转换，这就是电位器式传感器的工作原理。

（一）线性电位器

常用的线性直线位移式电位器传感器其原理如图 2-1 所示。其电阻元件由金属电阻丝绕成，电阻丝截面积相等，电阻值沿长度变化均匀。电位器传感器工作时可作为变阻器用，也可作为分压器用。

设该电位器全长为 x_{max}，总电阻为 R_{max}，当滑臂由 A 到 B 移动位移 x 后，A 到滑臂间的电阻值为

$$R_x = \frac{x}{x_{max}} R_{max} \tag{2-1}$$

可见，电位器式传感器作变阻器用时，其电阻值为位移 x 的函数。

若作分压器用，设加在电位器 A、B 之间的电压为 U_{max}，则输出电压为

$$U_x = \frac{x}{x_{max}} U_{max} \qquad (2-2)$$

如图 2-2 所示为线性角位移式电位器传感器的原理图。若作为变阻器使用，则电阻值与角度的关系为

$$R_\alpha = \frac{\alpha}{\alpha_{max}} R_{max} \qquad (2-3)$$

若作分压器使用，则有

$$U_\alpha = \frac{\alpha}{\alpha_{max}} U_{max} \qquad (2-4)$$

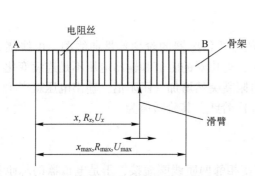

图 2-1 直线位移式电位器传感器原理图

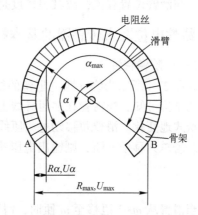

图 2-2 线性角位移式电位器传感器原理图

线性线绕式电位器的骨架截面处处相等，且材料均匀，导线节距相同。线性直线位移式电位器的工作原理如图 2-3 所示，由分压原理可得

$$U_x = \frac{R_x}{R_{max}} U_{max} = \frac{x}{x_{max}} U_{max}$$

于是有

$$R_x = \frac{R_{max}}{x_{max}} x = k_R x \qquad (2-5)$$

$$U_x = \frac{U_{max}}{x_{max}} x = k_u x \qquad (2-6)$$

式（2-5）、式（2-6）中的 k_R 和 k_u 分别称为电位器传感器的电阻灵敏度和电压灵敏度，它们为常数，即：改变测量值 x 引起的输出 R_x 和 U_x 的变化为线性变化。

（二）非线性电位器

在一些传感器的应用中，需要输入量（位移）和输出电压之间呈现某种函数规律的非线性变化，此时便需要非线性电位器，它可以实现指数函数、对数函数、三角函数及其他任意函数，常用的非线性电位器有变骨架式、变节距式、分路电阻式和电位给定式四种。

与线性电位器不同，非线性电位器输出电阻（或电压）与滑臂行程之间是非线性函数

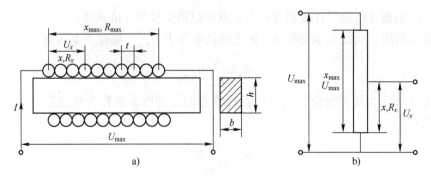

图 2-3 线性直线位移式电位器工作原理示意图

a）外形结构　b）电路原理图

关系，与滑臂位置有关，故其灵敏度是变量。

二、线性电位器式传感器的基本特性

（一）阶梯特性

如图 2-4 所示为绕 n 匝电阻丝的线性电位器式传感器的阶梯特性曲线图。由线绕式电位器的结构可知，当滑臂在多匝导线上移动时，电位器的阻值和输出电压不是连续变化，而是阶跃式地变化。滑臂每移动过一匝线圈，电阻就突然增加一匝阻值，输出电压就产生一次阶跃。若总共移动 n 匝，则输出电压就产生 n 次阶跃，其阶跃值为

$$\Delta U = \frac{U_{max}}{n} \tag{2-7}$$

当滑臂从 $m-1$ 匝移至 m 匝时，滑臂瞬间使相邻两匝线圈短接，于是电位器的总匝数从 n 匝减少到 $n-1$ 匝，即在每一次电压阶跃中又产生一次小阶跃，这个小阶跃的电压设为 ΔU_n，有

$$\Delta U_n = \frac{U_{max}}{n-1}m - \frac{U_{max}}{n}m = \frac{m}{n(n-1)}U_{max} \tag{2-8}$$

为了方便实际应用，工程上常将实际阶梯特性曲线简化为如图 2-5 所示的理想阶梯特性曲线。

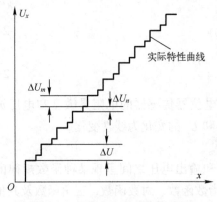

图 2-4　线性电位器式传感器的
阶梯特性曲线

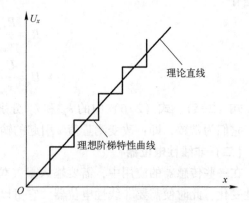

图 2-5　线性电位器式传感器的理想
阶梯特性曲线与理论直线

在理想情况下，特性曲线各个阶梯的大小完全相同，此时穿过每个阶梯中点的直线即是理论直线，阶梯曲线围绕理论直线上下波动，从而产生一定的偏差，这种偏差就是电位器的阶梯误差。该阶梯误差通常用理想阶梯特性曲线对理论直线最大偏差值与最大输出电压值之比的百分数表示，即

$$e_i = \frac{\pm\left(\dfrac{1}{2}\times\dfrac{U_{\max}}{n}\right)}{U_{\max}}\times 100\% = \pm\frac{1}{2n}\times 100\% \tag{2-9}$$

（二）负载特性

一般情况下，电位器输出端是接有负载的。当接入负载时，由于负载电阻和电位器的比值为有限值，此时所得的特性为负载特性。负载特性偏离理想空载特性的偏差称为电位器的负载误差。带负载的电位器的电路如图 2-6 所示，电位器的负载电阻为 R_L，可理解为测量仪表的内阻或放大器的输入电阻，则此电位器的输出电压为

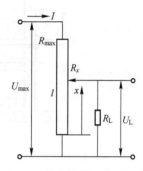

图 2-6　带负载的电位器电路

$$U_L = \frac{\dfrac{U_{\max}}{\dfrac{R_L R_x}{R_L + R_x} + (R_{\max} - R_x)}\cdot\dfrac{R_L R_x}{R_L + R_x}} = \frac{U_{\max} R_x R_L}{R_L R_{\max} + R_x R_{\max} - R_x^2} \tag{2-10}$$

设电阻的相对变化 $r = \dfrac{R_x}{R_{\max}}$，负载系数 $m = \dfrac{R_{\max}}{R_L}$，则电位器的相对输出电压为

$$Y = \frac{U_L}{U_{\max}} = \frac{r}{1 + rm(1-r)} \tag{2-11}$$

此为电位器传感器负载特性的一般形式。可见，当 $m \neq 0$，即 R_L 不是无穷大时，Y 与 r 的关系为非线性。

空载时，电位器的输出电压为 U_x，接入负载 R_L 后，输出电压为 U_L，两者之间的相对误差为

$$e_L = \frac{U_x - U_L}{U_x}\times 100\% = \left[1 - \frac{1}{1 + mr(1-r)}\right]\times 100\% \tag{2-12}$$

对于线性电位器来说，$r = \dfrac{R_x}{R_{\max}} = \dfrac{x}{x_{\max}} = X$，故有

$$e_L = \left[1 - \frac{1}{1 + mX(1-X)}\right]\times 100\% \tag{2-13}$$

三、典型应用

电位器式传感器主要用来测量位移，但通过其他敏感元件如膜片、膜盒及弹簧管等进行转换，也可间接实现对压力、加速度等其他物理量的测量。

1. 电位器式位移传感器

电位器式位移传感器常用于测量几毫米到几十米的位移，或几度到 360°的角度。如图 2-7 所示为推杆式位移传感器。传感器由外壳 1、带齿条的推杆 2、以及由齿轮 3、4、5

组成的齿轮系统将被测位移转换成旋转运动，旋转运动通过离合器 6 传送到线绕式电位器的轴 8 上，轴 8 上安装的电刷 9 因推杆位移而沿电位器绕组 11 滑动，通过轴套 10 和焊在轴套上的螺旋弹簧 7 及电刷 9 来输出电信号。弹簧 7 还可保证传感器的所有活动系统复位。

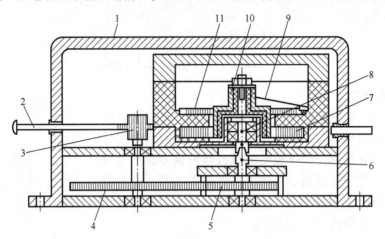

图 2-7　推杆式位移传感器

1—外壳　2—推杆 3、4、5—齿轮　6—离合器　7—弹簧

8—轴　9—电刷　10—轴套　11—电位器绕组

2. 电位器式压力传感器

工程技术中所称的"压力"实际上就是物理学中所说的"压强"，是指介质垂直均匀作用于单位面积上的力。

电位器式压力传感器是利用弹性组件（如弹簧管、膜片或膜盒）把被测的压力信号变换为弹性组件的位移，然后再将此位移转换为电刷触点的移动，从而引起输出电压或电流相应地发生变化。

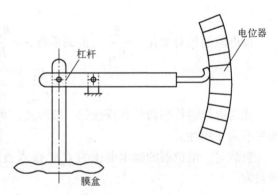

图 2-8　电位器式压力传感器

如图 2-8 所示为一种电位器式压力传感器。在弹性敏感组件膜盒的内腔通入被测流体，在流体压力的作用下膜盒中心产生位移，推动连杆上移，使曲柄轴带动电刷在电位器电阻丝上滑动，引起传感器的电阻值发生变化，因而输出一个与被测压力成比例的电压信号。

3. 电位器式加速度传感器

电位器式加速度传感器如图 2-9 所示。惯性质量块 1 在被测加速度的作用下，使片状弹簧 2 产生正比于被测加速度的位移，从而引起电刷 4 在电位器的电阻元件 3 上滑动，输出一个与加速度成比例的电压信号。

电位器式加速度传感器结构简单，价格低廉，

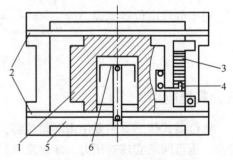

图 2-9　电位器式加速度传感器

1—惯性质量块　2—片状弹簧　3—电阻元件

4—电刷　5—壳体　6—活塞阻尼器

性能稳定，能承受恶劣环境条件，输出信号大。其缺点是精度不高，动态响应较差，不适合测量快速变化量。

第二节　应变式传感器

应变式电阻传感器是将电阻应变片粘贴到各种弹性敏感元件上，利用电阻应变片将应变转换为电阻变化的传感器。当被测物理量作用在弹性元件上时，弹性元件的变形引起应变敏感元件的组织变化，通过转换电路将其转换为电量输出，电量变化的大小反映了被测物理量的大小。应变电阻式传感器是目前测量力、力矩、压力、加速度及重量等参数时应用最广泛的传感器，广泛应用于航空、机械、电力、化工、建筑、医学及汽车工业等领域。

应变式电阻传感器具有如下优点：①结构简单，使用方便，性能稳定、可靠；②分辨率高，能测出极微小的应变；③灵敏度高，测量范围大，测量速度快，适合静态、动态测量；④价格便宜，品种多样，便于选择和使用，可以测量多种物理量；⑤易于实现测量过程自动化及多点同步测量、远距离测量及遥测。

应变式电阻传感器主要分为两大类：金属应变式传感器和半导体应变式传感器。本节重点介绍金属应变式传感器。

一、工作原理

（一）应变效应

应变式传感器的工作原理是基于应变效应。当导体或半导体材料在外界力的作用下产生机械变形时，其电阻值相应地发生变化，这种现象称为"应变效应"。

如图 2-10 所示，有一长为 l、截面积为 A、电阻率为 ρ 的金属丝，不受力时有

$$R = \rho \frac{l}{A} \tag{2-14}$$

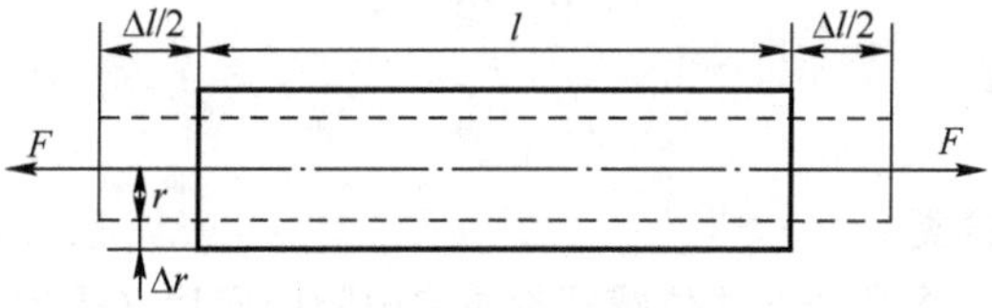

图 2-10　应变效应

当其受到轴向拉力 F 时，则电阻 R 将发生变化，其变化量为

$$dR = \frac{\rho}{A}dl - \frac{\rho l}{A^2}dA + \frac{l}{A}d\rho = R\left(\frac{dl}{l} - \frac{dA}{A} + \frac{d\rho}{\rho}\right) \tag{2-15}$$

$$\frac{dR}{R} = \frac{dl}{l} - \frac{dA}{A} + \frac{d\rho}{\rho} \tag{2-16}$$

因为金属丝的截面积 $A = \pi r^2$，则 $dA = 2\pi r dr$，所以 $\dfrac{dA}{A} = 2\dfrac{dr}{r}$。

$\varepsilon = \dfrac{dl}{l}$ 为轴向应变，而 $\dfrac{dr}{r}$ 为电阻丝径向相对伸长，即径向应变。应变是无量纲的量，但

在表示应变时通常会加上单位，如 mm/mm。由于所测的应变一般非常小，因此经常用微应变（$\mu\varepsilon$）来作为应变的单位：$1\,\mu\varepsilon=1\times10^{-6}$ mm/mm。

根据泊松定律有

$$\frac{\mathrm{d}r}{r}=-\mu\,\frac{\mathrm{d}l}{l}=-\mu\varepsilon$$

式中，μ 为材料的泊松比。于是，式（2-16）也可表示为

$$\frac{\mathrm{d}R}{R}=\frac{\mathrm{d}l}{l}(1+2\mu)+\frac{\mathrm{d}\rho}{\rho}=\left(1+2\mu+\frac{\mathrm{d}\rho/\rho}{\varepsilon}\right)\varepsilon=k_0\varepsilon \qquad (2\text{-}17)$$

式（2-17）即为应变效应的表达式。其中，$k_0=\dfrac{\mathrm{d}R/R}{\varepsilon}=1+2\mu+\dfrac{\mathrm{d}\rho/\rho}{\varepsilon}$ 称为灵敏系数，其物理意义是单位应变所引起的电阻相对变化量。

灵敏系数 k_0 受两个因素影响：①应变片受力后材料几何尺寸的变化，即 $1+2\mu$；②应变片受力后材料电阻率发生的变化，即 $(\mathrm{d}\rho/\rho)/\varepsilon$。对金属材料来说，电阻丝灵敏系数表达式中 $1+2\mu$ 的值要比 $(\mathrm{d}\rho/\rho)/\varepsilon$ 大得多，因此在分析时可以忽略 $(\mathrm{d}\rho/\rho)/\varepsilon$ 的影响，这就是金属材料的应变效应。而对于半导体材料来说，$(\mathrm{d}\rho/\rho)/\varepsilon$ 比 $1+2\mu$ 大得多，因此在分析时可以忽略 $1+2\mu$ 的影响，这就是半导体材料的压阻效应。

大量实验证明，在电阻丝的拉伸极限内，电阻的相对变化与应变成正比，即 k_0 为常数。通常金属丝的 $k_0=1.7\sim3.6$。对于金属电阻式应变片，其应变效应的计算公式可写为

$$\frac{\mathrm{d}R}{R}=k_0\varepsilon=(1+2\mu)\varepsilon \qquad (2\text{-}18)$$

可见，当金属电阻丝受到外界应力的作用时，其电阻的变化与所受应力的大小成正比。

用应变片测量应变或应力时，根据上述特点，在外力作用下，被测对象产生微小的机械变形，应变片随之发生相同的变化，同时应变片电阻值也发生相应的变化。当测得应变片电阻值变化量为 ΔR 时，便可得到被测对象的应变值，根据应力与应变的关系，得到应力值 σ 为

$$\sigma=E\varepsilon \qquad (2\text{-}19)$$

式中，E 为杨氏弹性模量。

（二）类型和材料

1. 电阻式应变片的分类

为了实现变形的传递，多数应变式传感器都是将电阻应变片（也称电阻应变计，简称应变片或应变计）粘贴在弹性元件表面上，弹性元件表面的变形通过黏合剂传递给应变片的敏感栅。

电阻式应变片的分类如图 2-11 所示。其中，金属应变片的稳定性和温度特性好，但灵敏系数小。而半导体应变片的灵敏系数很大，体积小，可测微小应变，而且横向效应和机械滞后也小，但温度稳定性差，灵敏系数离散性大，电阻温度系数比金属应变片高一个数量级，测量较大应变时非线性较严重。

2. 金属电阻应变片的结构

金属电阻应变片可分为丝式、箔式和薄膜式三种形式。

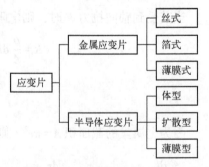

图 2-11 电阻式应变片的分类

（1）丝式金属电阻应变片

传统的丝式金属电阻应变片的结构如图 2-12 所示，由电阻丝（敏感栅）、引出线、覆盖片与基片等构成。敏感栅是应变片的核心部分，由直径（0.01~0.05）mm 的电阻丝平行排列而成，粘贴在绝缘的基片上，其上再粘贴起保护作用的覆盖层，两端焊接引出导线。l 称为应变片的基长，a 称为基宽，$l \times a$ 称为应变片的使用面积。应变片的规格以使用面积和电阻值表示。

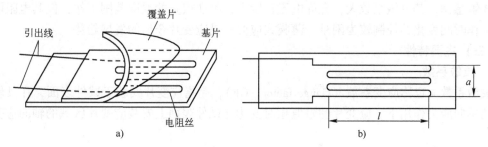

图 2-12　丝式金属电阻应变片的结构

a）应变片的结构　b）敏感栅的规格

对敏感栅电阻丝材料的要求是：

1）灵敏系数大，且在相当大的应变范围内保持常数；

2）ρ 值大，即在同样长度、同样截面积的电阻丝中具有较大的电阻值；

3）电阻温度系数小，否则因环境温度变化也会改变其阻值；

4）与铜线的焊接性能好，与其他金属的接触电势小；

5）机械强度高，具有优良的机械加工性能。

目前没有一种金属材料能满足上述全部要求，因此在选用时应综合考虑。常用的敏感元件材料有铜镍合金（俗称康铜）、镍铬合金及铁镍铝合金等。常温下使用的应变计多由康铜制成。

（2）箔式金属电阻应变片

箔式金属电阻应变片是利用光刻、腐蚀等工艺制成的一种很薄的金属箔栅，其厚度一般为（0.003~0.01）mm，可制成各种形状的敏感栅（即应变花）。覆盖层与基片将敏感栅紧密地粘贴在中间，对敏感栅起几何形状固定和绝缘、保护作用，基片要将被测体的应变准确地传递到敏感栅上，因此它很薄，一般为（0.03~0.06）mm，使它与被测体及敏感栅能牢固地黏合在一起，此外它还应有良好的绝缘性能、抗潮性能和耐热性能。基片和覆盖层的材料有胶膜、纸及玻璃纤维布等。图 2-13 所示为常见的箔式金属电阻应变片的结构形式。

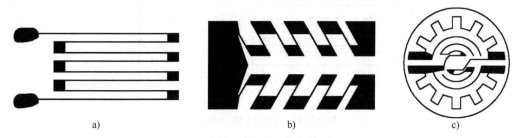

图 2-13　常见的箔式金属电阻应变片的结构形式

箔式金属电阻应变片的优点：①可做成各种形状，敏感栅尺寸准确，线条均匀；②横向效应小；③允许通过的电流大；④与被测试件接触面积大，散热性能好，寿命长；⑤耐疲劳寿命长，承受大变形能力强；⑥蠕变特性好；⑦生产效率高。主要问题是现在还很难控制其电阻与温度和时间的变化关系。在常温条件下，箔式应变片已逐渐取代了丝式应变片。

（3）金属薄膜式应变片

金属薄膜式应变片采用真空蒸发法或真空沉积法在绝缘基片上得到厚度为 0.1 μm 以下的薄膜敏感栅，其灵敏系数大，允许电流密度大，可在很宽的温度范围工作；但其电阻随温度与工作时间变化的控制较为困难。薄膜式应变片是应变片今后的发展趋势。

（三）主要特性

1. 灵敏系数

灵敏系数 k 也称应变系数（Gauge factor，GF），是指应变片安装于试件表面，在其轴线方向的单向应力作用下，应变片的阻值相对变化与试件表面上安装应变片区域的轴向应变之比。即

$$k = \frac{\Delta R/R}{\varepsilon} \tag{2-20}$$

因为应变片属于一次性使用的测量元件，粘贴到试件上后不能取下再用，只能在每批产品中提取一定百分比（一般为 5%）的产品进行测定，取其平均值作为这一批产品的灵敏系数。这就是产品包装盒上注明的灵敏系数，或称"标称灵敏系数"。通常灵敏系数的分散应不超过±1%～±3%。

2. 横向效应

实验表明，应变片的灵敏度 k 总是小于金属丝的灵敏系数 k_0。其原因除了黏合剂、基片传递变形失真外，主要是由于存在横向效应。

敏感栅由许多直线及圆角组成，如图 2-14 所示。拉伸被测试件时，粘贴在试件上的应变片被沿应变片长度方向拉伸，产生纵向拉伸应变 ε_x，应变片直线段的电阻将增加。但是在圆弧段上，沿各微段（圆弧的切向）的应变并不是 ε_x，与直线段上同样长的微段所产生的电阻变化不同。最明显的是在 $\theta = \pi/2$（垂直方向）的微段，按泊松比关系产生压应变$-\varepsilon_y$。该微段的电阻不仅不增加，反而减少。在圆弧的其他各微段上，感受的应变是由正的 ε_x 变化到负的 ε_y 的。这样，圆弧段的电阻变化显然将小于同样长度沿 x 方向的直线段的电阻变化。

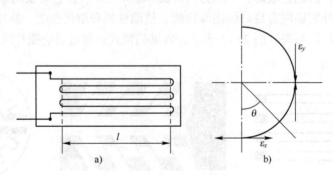

图 2-14 应变片的横向效应

a）敏感栅 b）应变变化情况

因此，将同样长的金属线材做成敏感栅后，对于同样应变，应变片敏感栅的电阻变化较小，灵敏度有所降低。这种现象称为应变片的横向效应。

理论分析和实验表明：对丝绕式应变片，敏感栅越窄、基长越长的应变片，其横向效应引起的误差越小。因此，采用短接式或直角式横栅，可有效地克服横向效应的影响。箔式应变片就是据此设计的。

3. 刚度

物体在外力作用下而改变原来尺寸或形状的现象称为变形，而当外力去掉后物体又能完全恢复其原来尺寸和形状的变形称为弹性变形。具有弹性变形特性的物体称为弹性元件。

弹性元件在应变片测量技术中占有极其重要的地位。它首先把力、力矩或压力变换成相应的应变或位移，然后传递给粘贴在弹性元件上的应变片，通过应变片将力、力矩或压力转换成相应的电阻值。

刚度是引起弹性元件单位变形所需的外力，即

$$K = \frac{\mathrm{d}F}{\mathrm{d}x}$$

作为传感器敏感元件，要求其刚度在额定量程内保持不变，即具有线性特性。

4. 绝缘电阻和最大工作电流

应变片的绝缘电阻是指已粘贴的应变片的引线与被测件之间的电阻值 R_m。通常要求 R_m 在 $(50 \sim 100)$ MΩ 以上。绝缘电阻下降将使测量系统的灵敏度降低，使应变片的指示应变产生误差。R_m 取决于黏合剂及基底材料的种类和固化工艺。在常温使用条件下要采取必要的防潮措施，而在中温或高温条件下，要注意选取电绝缘性能良好的黏合剂和基底材料。

最大工作电流是指已安装的应变片允许通过敏感栅而不影响其工作特性的最大电流 I_{max}。工作电流大，输出信号也大，灵敏度就高。但工作电流过大会使应变片过热，灵敏系数产生变化，零漂及蠕变增加，甚至烧毁应变片。工作电流的选取要根据试件的导热性能及敏感栅形状和尺寸来决定。通常静态测量时取 25 mA 左右，动态测量时可取 $(75 \sim 100)$ mA。箔式应变片散热条件好，电流可取得更大一些。在测量塑料、玻璃及陶瓷等导热性差的材料时，电流可取得小一些。

5. 机械滞后

实用中，由于敏感栅基底和黏合剂材料性能的影响，或使用中的过载、过热，都会使应变片产生残余变形，导致应变片加载特性曲线与卸载特性曲线的不重合。加载特性曲线与卸载特性曲线的最大差值称为应变片的机械滞后。

6. 零漂和蠕变

粘贴在试件上的应变片，在温度保持恒定、不承受机械应变时，其电阻值随时间而变化的特性，称为应变片的零漂。

如果在一定的温度下，使应变片承受恒定的机械应变，其电阻值随时间而变化的特性，称为应变片的蠕变。

7. 动态特性

电阻应变片在测量变化频率较高的动态应变时，应考虑应变片敏感栅的长度对动态测量的影响。在动态测量时，应变以应变波的形式在试件中传播，它的传播速度与声波相同。当它依次通过一定厚度的基底、胶层（两者都很薄，可以忽略不计）和栅长为 l_0 的应变片时，

要反映应变的变化需要一定的时间。应变片的这种响应滞后在动态应变测量时会产生误差。应变片的动态特性就是指其感受随时间变化的应变时的响应特性。

（1）对阶跃波的响应

对于阶跃波，若以从最大值的10%上升到90%这段时间作为上升时间 t_r（如图2-15所示），则

$$t_r = 0.8l_0/v \tag{2-21}$$

式中，l_0 为应变片基长；v 为应变波速。

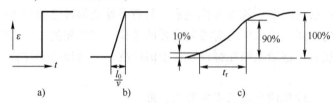

图2-15　应变片对阶跃应变的响应特性

a）应变波为阶跃波　b）理论响应特性　c）实际响应特性

（2）对正弦波的响应

在测量按正弦规律变化的应变波时，由于应变反映出来的应变波形是应变片线栅长度内所感受应变量的平均值，因此，响应波的幅值将低于真实应变波，从而产生误差。

8. 黏合剂

应变片是用黏合剂粘贴到被测件上的，故黏合剂和粘贴技术对测量结果有直接影响。黏合剂形成的胶层必须准确、迅速地将被测件应变传递到敏感栅上。选择黏合剂时必须考虑应变片材料和被测件材料性能，不仅要求黏结力强，黏结后机械性能可靠，而且黏合层要有足够大的剪切弹性模量和良好的电绝缘性，蠕变和滞后小，耐湿、耐油、耐老化，动态应力测量时耐疲劳等，还要考虑到应变片的工作条件，如温度、相对湿度、稳定性要求以及贴片固化时加热加压的可能性等。

常用的黏合剂类型有硝化纤维素型、氰基丙烯酸型、聚酯树脂型、环氧树脂型和酚醛树脂型等。

粘贴工艺包括被测件粘贴表面处理、贴片位置确定、涂底胶、贴片、干燥固化、贴片质量检查、引线的焊接与固定以及防护与屏蔽等。黏合剂的性能及应变片的粘贴质量直接影响应变片的工作特性，如零漂、蠕变、滞后、灵敏系数、线性以及其受温度变化影响的程度。可见，选择黏合剂和正确的黏结工艺与应变片的测量精度有着极重要的关系。

9. 应变片的电阻值

应变片的电阻值一般为60Ω、120Ω、200Ω、350Ω、500Ω、1000Ω等，其中以120Ω最为常用。上述阻值为标称名义值，实际生产的应变片的电阻值通常有偏差。偏差值按A、B、C、D四个等级规定了要求值。

二、测量电路

应变的信号获取通常采用惠斯通电桥，它可记录下桥路中电阻的微小应变。惠斯通电桥根据其供桥电源的性质，可分为直流电桥和交流电桥，即供桥电源采用直流源的为直流电桥，采用交流源的为交流电桥。

（一）直流电桥电路

1. 电桥平衡条件

直流电桥电路如图 2-16 所示，图中 U 为电源电压，R_1、R_2、R_3 及 R_4 为桥臂电阻，R_L 为负载电阻。当 $R_L \to \infty$ 时，电桥输出电压为

$$U_o = U\left(\frac{R_1}{R_1+R_2}-\frac{R_3}{R_3+R_4}\right)$$

当电桥平衡时，$U_o = 0$，则有

$$R_1 R_4 = R_2 R_3$$

或

$$\frac{R_1}{R_2}=\frac{R_3}{R_4} \tag{2-22}$$

式（2-22）为电桥平衡条件。这说明欲使电桥平衡，其相邻两臂电阻的比值应相等，或相对两臂电阻的乘积应相等。

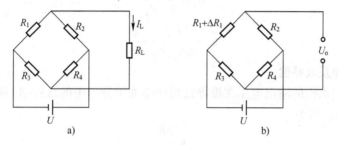

图 2-16　直流电桥电路

2. 电压灵敏度

应变片工作时，其电阻值变化很小，电桥相应输出电压也很小，一般需要加入放大器进行放大。由于放大器的输入阻抗比桥路输出阻抗高很多，所以此时仍视电桥为开路情况。当受应变时，若应变片电阻 R_1 的变化为 ΔR，其他桥臂固定不变，电桥输出电压 $U_o \neq 0$，则电桥不平衡，输出电压为

$$U_o = U\left(\frac{R_1+\Delta R_1}{R_1+\Delta R_1+R_2}-\frac{R_3}{R_3+R_4}\right)=U\frac{\Delta R_1 R_4}{(R_1+\Delta R_1+R_2)(R_3+R_4)}$$

$$= U\frac{\dfrac{R_4}{R_3}\dfrac{\Delta R_1}{R_1}}{\left(1+\dfrac{\Delta R_1}{R_1}+\dfrac{R_2}{R_1}\right)\left(1+\dfrac{R_4}{R_3}\right)} \tag{2-23}$$

设桥臂比 $n = R_2/R_1$，由于通常 $\Delta R_1/R_1 < 1\%$，故可认为 $\Delta R_1 \ll R_1$，于是分母中 $\Delta R_1/R_1$ 可忽略，并考虑到电桥平衡条件 $R_2/R_1 = R_4/R_3$，则式（2-23）可写为

$$U_o = \frac{n}{(1+n)^2}\frac{\Delta R_1}{R_1}U \tag{2-24}$$

直流电桥的电压灵敏度定义为

$$k_u = \frac{U_o}{\Delta R_1 / R_1} = \frac{n}{(1+n)^2} U \tag{2-25}$$

由式（2-25）可以看出，电桥电压灵敏度正比于电桥供电电压，供电电压越高，电桥电压灵敏度越高，但供电电压的提高受到应变片允许功耗的限制，所以要适当选择。

电桥电压灵敏度还是桥臂电阻比值（桥臂比）n 的函数，恰当地选择桥臂比 n 的值，可以保证电桥具有较高的电压灵敏度。也就是说，当 U 值确定后，还需要分析 n 取何值时才能使 k_u 最高。

由

$$\frac{\mathrm{d}k_u}{\mathrm{d}n} = \frac{1-n}{(1+n)^3} = 0$$

可求得当 $n=1$ 时，k_u 为最大值。即：在电桥电压确定后，当 $R_1 = R_2 = R_3 = R_4$ 时，电桥电压灵敏度最高，此时有

$$U_o = \frac{U}{4} \frac{\Delta R_1}{R_1} \tag{2-26}$$

$$k_u = \frac{U_o}{\Delta R_1 / R_1} = \frac{U}{4} \tag{2-27}$$

3. 非线性误差及其补偿

由式（2-26）求出的输出电压在推导过程中略去了分母中的 $\Delta R_1 / R_1$ 项，因此得出的是理想值，实际输出电压为

$$U_o' = U \frac{n \dfrac{\Delta R_1}{R_1}}{\left(1+n+\dfrac{\Delta R_1}{R_1}\right)(1+n)}$$

可见实际输出电压与 $\Delta R_1 / R_1$ 的关系是非线性的。电阻应变片的非线性误差为

$$\gamma_L = \frac{U_o - U_o'}{U_o} = \frac{\dfrac{\Delta R_1}{R_1}}{1+n+\dfrac{\Delta R_1}{R_1}}$$

当 $n=1$ 时，非线性误差为

$$\gamma_L = \frac{\dfrac{\Delta R_1}{2R_1}}{1+\dfrac{\Delta R_1}{2R_1}} \tag{2-28}$$

将式（2-28）按幂级数展开后略去高阶量，可得

$$\gamma_L = \frac{\Delta R_1}{2R_1} \tag{2-29}$$

可见非线性误差 γ_L 与 $\Delta R_1 / R_1$ 成正比。对金属电阻丝式应变片，因为 ΔR 非常小，故电桥非线性误差可以忽略；对半导体应变片，因为其灵敏度比金属式应变片大得多，受应变时 ΔR 很大，故非线性误差不可忽略。

为了减小和克服非线性误差，常采用差动电桥，即在试件上安装两个工作应变片，其中一个受拉应变，另一个受压应变，接入电桥相邻桥臂，称为半桥差动电路，如图 2-17a 所示。该电桥输出电压为

$$U_o = U\left(\frac{\Delta R_1 + R_1}{\Delta R_1 + R_1 + R_2 - \Delta R_2} - \frac{R_3}{R_3 + R_4}\right) \tag{2-30}$$

若 $\Delta R_1 = \Delta R_2$，$R_1 = R_2$，$R_3 = R_4$，则有

$$U_o = \frac{U}{2} \cdot \frac{\Delta R_1}{R_1} \tag{2-31}$$

$$k_u = \frac{U}{2} \tag{2-32}$$

此时电路输出电压 U_o 与 $\Delta R_1/R_1$ 呈线性关系，无非线性误差，电压灵敏度 $k_u = U/2$，是单臂工作时的 2 倍，同时电路还具有温度补偿作用。

若将电桥四臂均接入应变片，如图 2-17b 所示，即两个受拉应变，两个受压应变，将两个应变符号相同的应变片接入相对桥臂上，就构成全桥差动电路。若 $\Delta R_1 = \Delta R_2 = \Delta R_3 = \Delta R_4$，且 $R_1 = R_2 = R_3 = R_4$，则有

$$U_o = U \cdot \frac{\Delta R_1}{R_1} \tag{2-33}$$

$$k_u = U \tag{2-34}$$

此时全桥差动电路不仅没有非线性误差，而且电压灵敏度是单臂惠斯通电桥的 4 倍，同时也具有温度补偿作用。

此外，还可以采用如图 2-18 所示的恒流源电桥来减小非线性误差。

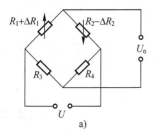 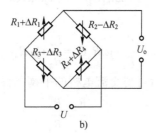 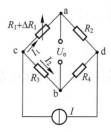

图 2-17 差动电桥　　　　　　　　　　　图 2-18 恒流源电桥

（二）交流电桥电路

直流电桥应用广泛，其优点在于：所需要的高精度直流电源比较容易获得；电桥平衡调节简单；传感器引线分布参数影响小。不过由于电桥输出电压很小，一般都需要加放大器，而直流放大器易产生零漂，因此在动态测量时多采用交流电桥。

交流电桥采用交流供电，其平衡条件、引线分布参数影响及后续信号放大电路等许多方面与直流电桥存在明显差异。图 2-19 所示为半桥差动交流电桥的一般形式，其中 $\dot{U}$ 为交流电压源，引线分布电容使得两桥臂应变片呈现复阻抗特性，即相当于两只应变片各并联了一个电容，每一桥臂上的复阻抗分别为

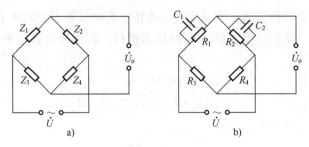

图 2-19　半桥差动交流电桥

$$Z_1 = \frac{R_1}{1+j\omega R_1 C_1} \tag{2-35}$$

$$Z_2 = \frac{R_2}{1+j\omega R_2 C_2} \tag{2-36}$$

$$Z_3 = R_3 \tag{2-37}$$

$$Z_4 = R_4 \tag{2-38}$$

式中，C_1、C_2 分别表示两个应变片的引线分布电容。由交流电路分析可得

$$\dot{U}_o = \dot{U}\frac{Z_1 Z_4 - Z_2 Z_3}{(Z_1+Z_2)(Z_3+Z_4)} \tag{2-39}$$

要满足电桥平衡条件，即：$\dot{U}_o = 0$，于是有

$$Z_1 Z_4 = Z_2 Z_3 \tag{2-40}$$

将式（2-35）~式（2-38）代入式（2-40），可得

$$\frac{R_1}{1+j\omega R_1 C_1}R_4 = \frac{R_2}{1+j\omega R_2 C_2}R_3 \tag{2-41}$$

整理后得

$$\frac{R_3}{R_1}+j\omega R_3 C_1 = \frac{R_4}{R_2}+j\omega R_4 C_2 \tag{2-42}$$

其实部、虚部分别相等，整理后可得交流电桥的平衡条件为

$$\frac{R_2}{R_1} = \frac{R_4}{R_3} \tag{2-43}$$

$$\frac{R_2}{R_1} = \frac{C_1}{C_2} \tag{2-44}$$

可见，对于这种交流电桥，除要满足电阻平衡条件外，还须满足电容平衡条件，为此在桥路上除设有电阻平衡调节外，还设有电容平衡调节。常见的交流电桥平衡调节电路如图 2-20 所示。

当被测应力变化引起 $Z_1 = Z_0 + \Delta Z$，$Z_1 = Z_0 - \Delta Z$ 变化时，半桥差动交流电桥的输出为

$$U = U\left(\frac{Z_0+\Delta Z}{2Z_0} - \frac{1}{2}\right) = \frac{U}{2}\frac{\Delta Z}{Z_0} \tag{2-45}$$

28

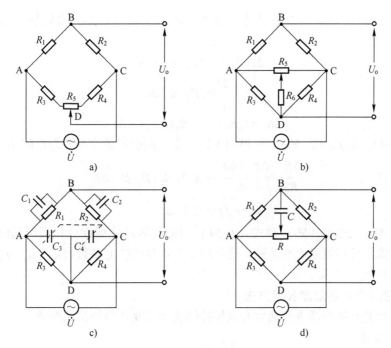

图 2-20   交流电桥平衡调节电路

三、温度效应及其补偿

（一）应变片的温度误差

由于测量现场环境温度的改变而给测量带来的附加误差，称为应变片的温度误差。产生应变片温度误差的主要因素有下述两个方面。

1. 电阻温度系数的影响

敏感栅的电阻丝阻值随温度变化的关系可用下式表示：

$$R_t = R_0(1 + \alpha_0 \Delta t) \tag{2-46}$$

式中，R_t 为温度为 t 时的电阻值；R_0 为温度为 t_0 时的电阻值；α_0 为温度为 t_0 时金属丝的电阻温度系数；Δt 为温度变化值，$\Delta t = t - t_0$。

当温度变化 Δt 时，电阻丝电阻的变化值为

$$\Delta R_\alpha = R_t - R_0 = R_0 \alpha_0 \Delta t \tag{2-47}$$

2. 试件材料和电阻丝材料的线膨胀系数的影响

当试件与电阻丝材料的线膨胀系数相同时，不论环境温度如何变化，电阻丝的形变仍和自由状态时一样，不会产生附加形变。

当试件与电阻丝材料的线膨胀系数不同时，由于环境温度的变化，电阻丝会产生附加形变，从而产生附加的电阻变化。

设电阻丝和试件在温度为 t_0 时的长度均为 l_0，它们的线膨胀系数分别为 β_s 和 β_g，若两者不粘贴，则当温度变化 Δt 时它们的长度分别为

$$l_s = l_0(1 + \beta_s \Delta t)$$

$$l_g = l_0(1 + \beta_g \Delta t)$$

当两者粘贴在一起时，电阻丝产生的附加变形 Δl、附加应变 ε_g 和附加电阻变化 ΔR_β 分别为

$$\Delta l = l_g - l_s = (\beta_g - \beta_s) l_0 \Delta t \qquad (2-48)$$

$$\varepsilon_g = \frac{\Delta l}{l} = (\beta_g - \beta_s) \Delta t \qquad (2-49)$$

$$\Delta R_\beta = k_0 R_0 \varepsilon_\beta = k_0 R_0 (\beta_g - \beta_s) \Delta t \qquad (2-50)$$

由式（2-47）和式（2-50），可得由于温度变化而引起的应变片总电阻相对变化量为

$$\frac{\Delta R_t}{R_0} = \frac{\Delta R_\alpha + \Delta R_\beta}{R_0} = \alpha_0 \Delta t + k_0 (\beta_g - \beta_s) \Delta t$$
$$= \left[\alpha_0 + k_0 (\beta_g - \beta_s) \right] \Delta t \qquad (2-51)$$

由式（2-47）、式（2-50）和式（2-51）可知，因环境温度变化而引起的附加电阻的相对变化量，除了与环境温度有关外，还与应变片自身的性能参数（k_0、α_0、β_s）以及被测试件的线膨胀系数 β_g 有关。

（二）电阻应变片的温度补偿方法

电阻应变片的温度补偿方法通常有电桥补偿法和应变片自补偿法两种。

1. 电桥补偿法

电桥补偿法是最常用且效果较好的补偿法。图 2-21a 是电桥补偿法的原理图。电桥输出电压 U_o 与桥臂参数的关系为

$$U_o = A (R_1 R_4 - R_B R_3)$$

式中，A 为由桥臂电阻和电源电压决定的常数。由上式可知，当 R_3 和 R_4 为常数时，R_1 和 R_B 对电桥输出电压 U_o 的作用方向相反。利用这一基本关系可实现对温度的补偿。

测量应变时，工作应变片 R_1 粘贴在被测试件表面上，补偿应变片 R_B 粘贴在与被测试件材料完全相同的补偿块上，且仅工作应变片承受应变，如图 2-21b 所示。

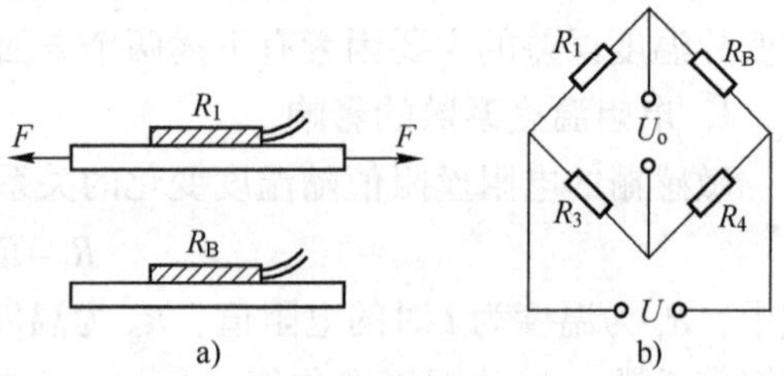

当被测试件不承受应变时，R_1 和 R_B 又处于同一环境温度为 t 的温度场中，调整电桥参数使之达到平衡，此时有

$$U_o = A (R_1 R_4 - R_B R_3) = 0$$

图 2-21 电桥补偿法

工程上，一般按 $R_1 = R_B = R_3 = R_4$ 选取桥臂电阻。

当温度升高或降低 $\Delta t = t - t_0$ 时，两个应变片因温度而引起的电阻变化量相等，电桥仍处于平衡状态，即

$$U_o = A \left[(R_1 + \Delta R_{1t}) R_4 - (R_B + \Delta R_{Bt}) R_3 \right] = 0$$

若此时被测试件有应变 ε 的作用，则工作应变片电阻 R_1 又有新的增量 $\Delta R_1 = R_1 k \varepsilon$，而补偿片因不承受应变，故不产生新的增量，此时电桥输出电压为

$$U_o = A R_1 R_4 k \varepsilon \qquad (2-52)$$

由式（2-52）可知，电桥的输出电压 U_o 仅与被测试件的应变 ε 有关，而与环境温度无关。

若要实现完全补偿，上述分析过程必须满足以下 4 个条件：

1）在应变片工作过程中，保证 $R_3 = R_4$。

2）R_1 和 R_B 两个应变片应具有相同的电阻温度系数 α_0、线膨胀系数 β、应变灵敏系数 k 和初始电阻值 R_0。

3）粘贴补偿片的补偿块材料和粘贴工作片的被测试件材料必须一样，两者的线膨胀系数相同。

4）两个应变片应处于同一温度场中。

2. 应变片自补偿法

这种温度补偿法是利用自身具有温度补偿作用的应变片（称之为温度自补偿应变片）来补偿的。根据温度自补偿应变片的工作原理，可由式（2-51）得出，要实现温度自补偿，必须有

$$\alpha_0 = -k_0(\beta_g - \beta_s) \tag{2-53}$$

式（2-53）表明，当被测试件的线膨胀系数 β_g 已知时，如果合理选择敏感栅材料，即其电阻温度系数 α_0、灵敏系数 k_0 以及线膨胀系数 β_s，满足式（2-53），则不论温度如何变化，均有 $\Delta R_t / R_0 = 0$，从而达到温度自补偿的目的。比如，康铜的 α_0 随退火温度的不同而不同，通过控制退火温度，使之满足式（2-53），即可实现温度的自补偿。

四、典型应用

在实际应用中，可将应变片直接粘贴在被测工件上测量应变，也可以将应变片粘贴在弹性元件上，构成一定形式的传感器，便于不同场合的测量。

弹性元件在应变片测量技术中占有极其重要的地位。它首先把力、力矩或压力变换成相应的应变或位移，然后传递给粘贴在弹性元件上的应变片，通过应变片将力、力矩或压力转换成相应的电阻值。弹性敏感元件通常有实心或空心圆柱体、等截面圆环、等截面或等强度悬臂梁等。一般来说，柱式结构适合于测量较大的载荷，为了增大柱的外径，以便于粘贴应变片，以及抵抗由于载荷偏心或侧向分力引起的弹性体弯曲影响，往往使用空心柱（筒）结构。环式一般用于测量 500 N 以上的载荷，相比于柱式，它的应力分布变化大，且有正负，便于将应变片接成差动电桥。梁式结构灵敏度高，适合于测量较小的载荷，变换压力的弹性敏感元件有弹簧管、膜片、膜盒及薄壁圆筒等。

（一）应变式力传感器

被测物理量为荷重或力的应变式传感器统称为应变式力传感器。其主要用途是作为各种电子秤与材料实验机的测力元件、发动机的推力测试及水坝坝体承载状况监测等。应变式力传感器要求有较高的灵敏度和稳定性，当传感器受到侧向作用力或力的作用点少量变化时，不应对输出有明显的影响。应变式力传感器的弹性元件有柱式、梁式、环式及框式等。

1. 柱（筒）式力传感器

柱（筒）式传感器是称重（或测力）传感器应用较普遍的一种形式。它分为柱形和圆筒形两种，柱（筒）式力传感器的应变片通常对称地粘贴于柱（筒）的侧面（如图 2-22 所示），可对称地粘贴多片，构成差动式，提高灵敏度，横向粘贴的应变片同时作为温度补偿。

在外力 F 作用下产生的轴向应变为

$$\varepsilon_t = \frac{F}{ES} \qquad (2-54)$$

式中，E 为材料的弹性模量；S 为截面积。

柱式力传感器的截面积随载荷改变可导致非线性，需对此进行补偿。而筒式结构可使分散在端面的载荷集中到筒的表面上来，改善了应力线分布，同时在筒壁上还能开孔，可减少偏心载荷和非均布载荷的影响，从而使其引起的误差更小。

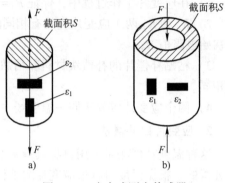

图 2-22　应变式测力传感器

a）柱式力传感器　b）筒式力传感器

2. 梁式力传感器

梁式力传感器的特点是精度和灵敏度高，结构简单，可以使用差动电桥测量应变。梁式力传感器根据梁的形态有多种形式。

（1）等截面梁式荷重传感器

等截面梁就是悬臂梁的横截面处处相等的梁。如图 2-23 所示，等截面梁式荷重传感器的一端固定，一端自由，宽度为 b，厚度为 h，长度为 L_0，自由端力 F 的作用点到应变片的距离为 L，该点的应力与应变关系式为

$$\sigma = \frac{6FL}{bh^2}$$

$$\varepsilon = \frac{\sigma}{E} = \frac{6FL}{Ebh^2}$$

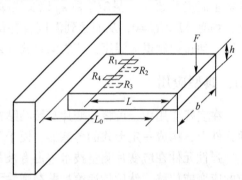

图 2-23　等截面梁式荷重传感器

此位置上、下两侧分别粘贴有 4 只应变片，R_1、R_4 同侧，R_3、R_2 同侧，这两侧的应变方向刚好相反，且大小相等，可构成全差动电桥，即

$$\frac{\Delta R}{R} = k_0 \varepsilon = k_0 \frac{6FL}{EhA}$$

式中，A 为梁的截面积，$A = bh$。

于是可以得到

$$F = \frac{EhA}{6k_0 L} \cdot \frac{\Delta R}{R} \qquad (2-55)$$

对于全桥，$\dfrac{\Delta R}{R} = \dfrac{U_0}{U}$，所以

$$F = \frac{EhA}{6k_0 L} \frac{U_0}{U} \qquad (2-56)$$

式中，U 为供桥电压；U_0 为桥路输出电压。

（2）等应力梁式力传感器

在等截面梁中若使应力 $\sigma = \dfrac{6FL}{bh^2}$ 中的系数 $\dfrac{L}{bh^2}$ 为常数，则可得到等应力梁（也称为等强度

梁）。这通常采用厚度 h 不变，改变宽度 b 来满足，即令 $\dfrac{L}{b}=$ 常数，此时梁的形状为如图 2-24 所示的三角形。

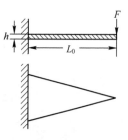

图 2-24　等应力梁式力传感器

与等截面梁式荷重传感器的推导类似，同样可以得到

$$F=\frac{EhA}{6k_0L}\frac{U_0}{U} \tag{2-57}$$

等应力梁式力传感器的优点是在长度方向上粘贴应变片的要求不严格。

除了等截面、等应力两种梁式荷重传感器以外，常见的还有如图 2-25 所示的双孔梁，多用于小量程工业电子秤和商业电子秤，以及如图 2-26 所示的 S 形弹性元件，适用于测量较小的载荷。

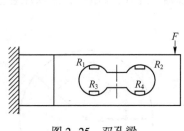

图 2-25　双孔梁

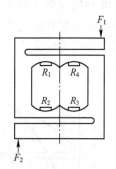

图 2-26　S 形弹性元件

（二）应变式加速度传感器

应变式加速度传感器主要用于物体加速度的测量。其基本工作原理是：物体运动的加速度与作用在它上面的力成正比，与物体的质量成反比，即 $a=F/m$。

测量时，将传感器壳体与被测对象刚性连接，当被测物体以加速度 a 运动时，质量块受到一个与加速度方向相反的惯性力作用，使悬臂梁变形，该变形被粘贴在悬臂梁上的应变片感受到并随之产生应变，从而使应变片的电阻发生变化。电阻的变化引起应变片组成的桥路出现不平衡，从而输出电压，即可得出加速度 a 值的大小。

如图 2-27 所示为常见应变式加速度传感器的结构。在等强度梁 2 的一端固定惯性质量块 1，梁的另一端用螺钉固定在壳体 6 上，在梁的上、下两面粘贴应变片 5，梁和惯性块的周围充满阻尼液（硅油），用以产生必要的阻尼。测量时，将传感器壳体和被测对象刚性连接。当有加速度作用在壳体上时，由于梁的刚度很大，惯性质量也以同样的加速度运动，其产生的惯性力正比于加速度 a 的大小（$F=ma$），惯性力作用在梁的端部使梁产生变形，限位块 4 的作用是保护传感器在过载时不被破坏。这种传感器在低频振动测量中得到了广泛的应用。

（三）应变式压力传感器

应变式压力传感器主要用来测量液体、气体的动态或静态压力，通常采用膜片式、筒式、薄板式或组合式的弹性元件。

以膜片式压力传感器为例（如图 2-28 所示），可根据薄板形变（应变）与压强的关系

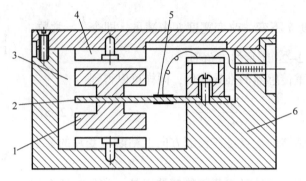

图 2-27 应变式加速度传感器

1—惯性质量块 2—等强度梁 3—腔体 4—限位块 5—应变片 6—壳体

来测量压强，即利用应变片来测薄板应变。当流体的压强作用在薄板上时，薄板就会产生应变，贴在另一侧的应变片随之产生应变，通过桥式等测量电路，可以测出与应变相对应的输出电压，从而得到压力的大小。为了保证压力传感器有高的灵敏度，必须注意应变片在薄板上的安装位置。

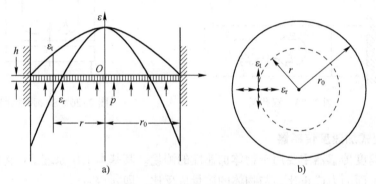

图 2-28 膜片式压力传感器受均匀压力后的应变

a）应变分布 b）应变方向

1. 应变分析

对于膜厚为 h、半径为 r_0 沿圆周固定的膜片，片内任意半径 r 处在压力 p 的作用下的切向应变 ε_t 和径向应变 ε_r 分别为

$$\varepsilon_t = \frac{3}{8h^2 E}[(1-\mu^2)(r_0^2-r^2)]p \varepsilon_t = \frac{3}{8h^2 E}[(1-\mu^2)(r_0^2-r^2)]p \tag{2-58}$$

$$\varepsilon_r = \frac{3}{8h^2 E}[(1-\mu^2)(r_0^2-3r^2)]p \tag{2-59}$$

2. 应变特点分析

1）在 $r=0$ 处，$\varepsilon_t = \varepsilon_r = \frac{3r_0^2}{8h^2}\frac{1-\mu^2}{E}p$，正应变最大。

2）在 $r=r_0$ 处，$\varepsilon_t = 0$，$\varepsilon_r = -\frac{3r_0^2}{4h^2}\frac{1-\mu^2}{E}p$，径向负应变最大。

3）在 $r=\dfrac{1}{\sqrt{3}}r_0$ 处，$\varepsilon_\mathrm{t}=\dfrac{r_0^2}{4h^2}\dfrac{1-\mu^2}{E}p$，$\varepsilon_\mathrm{r}=0$，径向应变片贴片必须避开。

3. 贴片位置

应变式压力传感器的贴片方式有等半径贴片和不等半径贴片两种（如图 2-29 所示）。等半径贴片容易操作，但电桥不是等臂电桥。不等半径贴片在 $\varepsilon_\mathrm{t}=-\varepsilon_\mathrm{r}$ 的两个半径 r_t、r_r 处分别粘贴两个用于检测径向应变和切向应变的应变片，构成全差动电桥。

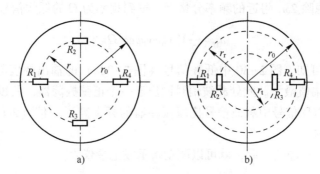

图 2-29　应变式压力传感器的贴片方式
a）等半径贴片　b）不等半径贴片

（四）电阻应变仪

电阻应变仪是测量电阻应变片的微小电阻变化的常用仪器，它指示出应变读数，可进行电桥的平衡调节、提供多路测量通道等功能。

电阻应变仪的种类很多，按照测量应变的变化频率可分为静态电阻应变仪、静动态电阻应变仪、动态电阻应变仪及超动态电阻应变仪等。按供桥电源性质，应变仪分为直流电桥电阻应变仪和交流电桥电阻应变仪两种。下面介绍交流电桥电阻应变仪的结构和工作原理。

如图 2-30 所示，交流电桥电阻应变仪的结构主要由电桥、放大器、乘法器、振荡器、低通滤波器和电源等组成。

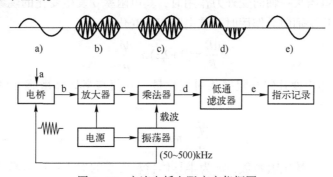

图 2-30　交流电桥电阻应变仪框图

由振荡器产生一定频率（一般为 50~500 kHz）的正弦波信号，作为电桥的电源电压和乘法器的载波电压信号。当测量波形为图 2-30a 所示的动态应变信号时，电桥输出波形为图 2-30b 所示的调幅信号，放大后得图 2-30c 所示的波形，然后在乘法器中与振荡频率相乘得到图 2-30d 所示的波形，再经低通滤波器后得到图 2-30e 所示的低频信号。

乘法器的工作原理为：若电桥输出信号如图 2-30b 所示为 $u_1 = V_1 \cos\Omega t \cos\omega_1 t$，振荡器信号电压为 $u_0 = V_0 \cos(\omega_0 t + \phi)$，当振荡器输出信号电压的角频率等于载波信号角频率（$\omega_0 = \omega_1$）时，乘法器输出为

$$u_2 = V_1 V_0 \cos\Omega t \cos\omega_1 t \cos(\omega_1 t + \phi)$$

$$= \frac{1}{2} V_1 V_0 \cos\phi \cos\Omega t + \frac{1}{4} V_1 V_0 \cos[(2\omega_1 + \Omega)t + \phi] + \frac{1}{4} V_1 V_0 \cos[(2\omega_1 - \Omega)t + \phi]$$

由低通滤波器滤除 $2\omega_1$ 附近的频率分量后，得到频率为 Ω 的低频信号，有

$$u_\Omega = \frac{1}{2} V_1 V_0 \cos\phi \cos\Omega t \tag{2-60}$$

由式（2-60）可知，图 2-30 中低频信号（图 2-30e）的输出幅度与 $\cos\phi$ 成正比。当 $\phi = 0$ 时，低频信号幅值最大。此处载波信号同出于一个正弦振荡器，所以相位等于零（$\phi = 0$）。虽然相乘后的电压信号中载波信号比原振荡器的频率高了一倍（$2\omega_1$），但对低通滤波器不会产生什么影响。

波形（图 2-30e）经处理后，就可以驱动指示或记录仪表。

第三节　压阻式传感器

由于金属电阻应变式传感器的灵敏系数较低（约为 2.0~3.6），在 20 世纪 50 年代中期出现了半导体应变片制成的压阻式传感器，其灵敏系数比金属电阻式传感器高几十倍，而且具有体积小、分辨率高、工作频带宽、机械迟滞小、传感器与测量电路可实现一体化等优点，因此在实际中得到了广泛的应用。

一、工作原理

半导体应变片是用半导体材料制成的，其工作原理是基于半导体材料的压阻效应。压阻效应是指半导体材料当某一轴向受外力作用时，其电阻率 ρ 发生变化的现象。

当半导体应变片受轴向力作用时，其电阻相对变化为

$$\frac{\mathrm{d}R}{R} = (1 + 2\mu)\varepsilon + \frac{\mathrm{d}\rho}{\rho} \tag{2-61}$$

式中，$\mathrm{d}\rho/\rho$ 为半导体应变片的电阻率相对变化量，其值与半导体敏感元件在轴向所受的应变力有关，其关系为

$$\frac{\mathrm{d}\rho}{\rho} = \pi\sigma = \pi E\varepsilon \tag{2-62}$$

式中，π 为半导体材料的压阻系数；σ 为半导体材料所受的应力；E 为半导体材料的弹性模量；ε 为半导体材料的应变。

将式（2-62）代入式（2-61）中，得

$$\frac{\mathrm{d}R}{R} = (1 + 2\mu + \pi E)\varepsilon \tag{2-63}$$

实验证明，对于半导体材料，πE 比 $1 + 2\mu$ 大上百倍，所以 $1 + 2\mu$ 可以忽略，于是式（2-63）可写为

$$\frac{\mathrm{d}R}{R} = \pi E \varepsilon \tag{2-64}$$

因此，半导体应变片的灵敏系数为

$$k = \frac{\mathrm{d}R/R}{\varepsilon} = \pi E \tag{2-65}$$

可见，当半导体应变片受到外界应力的作用时，其电阻（率）的变化与所受应力的大小成正比，这就是压阻式传感器的工作原理。

二、结构及特点

一般半导体应变片是沿所需的晶向将硅单晶体切成条形薄片，厚度约为（0.05~0.08）mm，在硅条两端先真空镀膜蒸发一层黄金，再用细金丝分别与两电极焊接。硅条是感压部分，基底起支撑和绝缘作用，采用胶膜材料，电极一般用康铜箔，外引线用镀银铜线。如图 2-31 所示为一种条形半导体应变片。为提高灵敏度，除应用单条应变片外，还有制成栅形的。

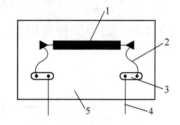

图 2-31 半导体应变片
1—P 型单晶硅条 2—内引线 3—焊接电极
4—外引线 5—基底

用于制作半导体应变片的半导体材料主要有：硅、锗、锑化铟及砷化镓等，其中最常用的是硅和锗。在硅和锗中掺进元素硼、铝、镓、铟等杂质，可以形成 P 型半导体；如掺进磷、锑、砷等，则形成 N 型半导体。掺入杂质的浓度越大，半导体材料的电阻率就越低。由于半导体（如单晶硅）是各向异性材料，因此它的压阻效应不仅与掺杂浓度、温度和材料类型有关，还与晶向有关，即对晶体的不同方向上施加力时，其电阻的变化方式不同。

对于不同的半导体，压阻系数和弹性模量都不一样，所以灵敏系数也各不相同，但总的来说，压阻式传感器的灵敏系数大大高于金属电阻应变片的灵敏系数，大约是后者的 50~100 倍。

压阻式传感器优点是：①灵敏度非常高，有时传感器的输出不需放大即可直接用于测量；②分辨率高，例如测量压力时可测出（10~20）Pa 的微压；③测量元件的有效面积可做得很小，故频率响应高；④应变的横向效应和机械滞后极小；⑤可测量低频加速度和直线加速度。

压阻式传感器的主要不足是：①温度稳定性差，即电阻值会随温度而变化；②灵敏度的非线性较大，可造成测量体具有±（3%~5%）的误差。因此压阻式传感器在使用时需采用温度补偿和非线性补偿等措施。

三、典型应用

（一）压阻式压力传感器

压阻式固态压力传感器由外壳、硅膜片和引线组成，结构示意图如图 2-32 所示。其核心部分是一块圆形的膜片，在膜片上利用集成电路的工艺扩散 4 个阻值相等的电阻，构成电桥。膜片的四周用一圆环固定，常用硅杯一体结构，如图 2-33 所示，以减小膜片与基座连接所带来的性能变化。膜片的两边有两个压力腔，一个是和被测系统相连接的高压腔，另一个是低压腔，通常和大气相通。当膜片两边存在压力差时，膜片上各点存在应力。4 个电阻在应力作用下阻值发生变化，电桥失去平衡，输出相应的电压。该电压和膜片的两边压力差成正比，这样测得不平衡电桥的输出电压就能求得膜片所受的压力差。

硅杯膜片上传感器的配置位置需要按膜片上径向应力 σ_r 和切向应力 σ_t 的分布情况确定，即

$$\sigma_r = \frac{3p}{8h^2}\left[(1+\mu)r_0^2 - (3+\mu)r^2\right] \qquad (2\text{-}66)$$

$$\sigma_t = \frac{3p}{8h^2}\left[(1+\mu)r_0^2 - (1+3\mu)r^2\right] \qquad (2\text{-}67)$$

设计时，适当安排电阻的位置，可以组成差动电桥。

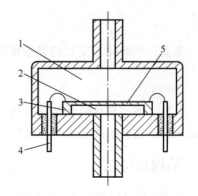

图 2-32　固态压力传感器结构图
1—低压腔　2—高压腔　3—硅杯
4—引线　5—硅膜片

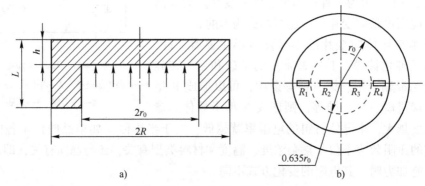

a)

图 2-33　硅杯上膜片上传感器的布置
a) 受力情况　b) 应变片的布置

（二）压阻式加速度传感器

如图 2-34 所示为一个压阻式加速度传感器，它的悬臂梁直接用单晶硅制成，在悬臂梁的自由端装有敏感质量块，在梁的根部，4 个扩散电阻采用平面扩散工艺技术扩散在其两面。

当悬臂梁自由端的质量块受到外界加速度作用时，将感受到的加速度转变为惯性力，使悬臂梁受到弯矩作用，产生应力。这时硅梁上 4 个电阻条的阻值发生变化，使电桥产生不平衡，从而输出与外界的加速度成正比的电压值。

固态压阻式加速度传感器的频率动态响应好，结构比较简单，体积小，精度高，灵敏度高，长期稳定性好，滞后和蠕变小，便于生产，成本低。

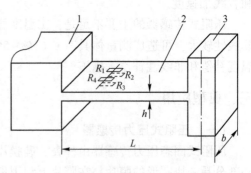

图 2-34　悬臂梁压阻式加速度传感器
1—基体　2—硅梁　3—质量块

思考题与习题

1. 减小电位器负载误差的方法有哪些？

2. 金属电阻应变片与半导体应变片在工作原理上有何不同？

3. 金属电阻应变片的灵敏系数 k 其物理意义是什么？与电阻丝的灵敏系数 k_0 有何不同？

4. 说明如图 2-18 所示的恒流源电桥减小非线性误差的原理。

5. 一应变片的电阻 $R = 120\,\Omega$，$k = 2.05$，用作应变为 $800\,\mu\varepsilon$ 的传感元件。①求 ΔR 和 $\Delta R/R$；②若电源电压 $U = 3\,V$，求惠斯通电桥的输出电压 U_o。

6. 已知一测力传感器的电阻应变片的阻值 $R = 120\,\Omega$，灵敏系数 $k = 2$。若将它接入电桥，电桥的电源电压 $U = 10\,V$。要求电桥的非线性误差 $\gamma_L < 0.5\%$，应变片的最大应变 ε 应小于多少？最大应变时电桥的输出电压是多少？

7. 电阻应变片阻值为 $100\,\Omega$，灵敏系数 $k = 2$，沿纵向粘贴于直径为 $0.03\,m$ 的圆形钢柱表面，钢材的 $E = 2 \times 10^{11}\,N/m^2$，$\mu = 0.3$。求钢柱受 30 t 拉力作用时，应变片电阻的相对变化量为多少？若应变片沿钢柱圆周方向粘贴，受同样拉力作用时，应变片电阻的相对变化量为多少？

8. 在材料为钢的实心圆柱形试件上，沿轴向和圆周方向各贴一片电阻为 $120\,\Omega$ 的金属应变片 R_1 和 R_2，把这两个应变片接入电桥。若钢的泊松系数 $\mu = 0.285$，应变片的灵敏系数 $k = 2$，电桥电源电压 $U = 2\,V$，当试件受轴向拉伸时，测得应变片 R_1 的电阻变化值 $\Delta R_1 = 0.48\,\Omega$，试求：①轴向应变量；②电桥的输出电压。

9. 在测量时，为什么要对应变片式电阻传感器进行温度补偿？分析说明常用的温度误差补偿方法。

10. 一标称电阻值为 $120\,\Omega$ 的合金应变片，其灵敏系数 $k = 2$，弹性模量 $E = 200\,GN/m^2$，粘贴在钢制工件上。①当所受应力为 $40\,MN/m^2$ 时，计算应变片的电阻变化量；②若钢和合金的线膨胀系数分别为 16×10^{-6}、12×10^{-6}，合金的电阻温度系数为 $20 \times 10^{-6}\,\Omega/(\Omega \cdot \text{℃})$，计算当温度变化为 20 ℃ 时所引起的应变片的电阻变化量；③以上计算结果说明什么问题？

第三章 电容式传感器

电容式传感器是将被测量的变化转换成电容量变化的一种装置，实质上就是一个具有可变参数的电容器。它的结构简单，灵敏度高，动态响应好，能在高、低温及强辐射的恶劣环境中工作，被广泛应用于位移、加速度、振动、压力、压差、液位以及成分含量等方面的检测。

第一节 工作原理与类型

一、工作原理

由绝缘介质分开的两个平行金属板组成的平板电容器（如图3-1所示），如果不考虑边缘效应，其电容量为

$$C = \frac{\varepsilon S}{d} \tag{3-1}$$

式中，ε 为电容极板间介质的介电常数，$\varepsilon = \varepsilon_0 \varepsilon_r$，其中，$\varepsilon_0 = 8.85 \times 10^{-12}$ F/m 为真空介电常数，ε_r 为极板间介质的相对介电常数，对于空气，$\varepsilon_r = 1$；S 为两平行板所覆盖的面积；d 为两平行板之间的距离。

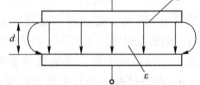

图3-1 电容式传感器原理图

当被测参数变化使得式（3-1）中的 S、d 或 ε 发生变化时，电容量 C 也随之变化，从而完成了由被测量到电容量的转换。

二、等效电路

电容式传感器的等效电路可以用如图3-2所示电路来表示。图中考虑了电容器的损耗和电感效应，C 为传感器本身电容和引线电缆、测量电路及极板与外界所形成的寄生电容之和，R_P 为并联损耗电阻，它代表极板间的泄漏电阻和介质损耗。这些损耗在低频时影响较大，随着工作频率增高，容抗减小，其影响就减弱。R_S 代表串联损耗电阻，包括引线电阻、电容器支架和极板电阻的损耗。R_S 随着频率的增高而增大，因此只有在很高工作频率时才需要加以考虑。电感 L 由电容器本身的电感和外部引线电感组成，其中电容器本身的电感与电容器的结构形式有关，引线电感则与引线长度有关。

由等效电路可知，电容式传感器有一个谐振频率，通常为几十兆赫。当工作频率等于或接近谐振频率时，谐振频率会破坏电容的正常作用。因此，工作频率应该选择为低于谐振频率，否则电容式传感器不能正常工作。

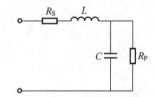

图3-2 电容式传感器的等效电路

三、结构类型

在式（3-1）中，如果保持其中两个参数不变，而仅改变其中一个参数，就可把该参数的变化转换为电容量的变化，通过测量电路就可转换为电量输出。因此，电容式传感器可分为变极距型、变面积型和变介电常数型三种。这三种形式的电容式传感器在实践中均有应用，但以变极距型应用最广，这是因为它具有动态特性好、灵敏度高、可进行非接触测量、对被测参量几乎不存在干扰等优点。

（一）变极距型电容传感器

变极距型电容传感器结构形式如图3-3所示。

对于变极距型电容传感器来说，式（3-1）中的参数 S、ε 不变，d 是变化的。假设电容极板间的距离由初始值 d_0 减小了 Δd，电容量增加 ΔC，则有

$$\Delta C = C - C_0 = \frac{\varepsilon S}{d_0 - \Delta d} - \frac{\varepsilon S}{d_0} = C_0 \frac{\Delta d}{d_0 - \Delta d} = C_0 \frac{\Delta d}{d_0} \frac{1}{1 - \frac{\Delta d}{d_0}} \tag{3-2}$$

由式（3-2）可知，电容的变化量 ΔC 与极间距 Δd 是非线性关系，传感器的输出特性曲线如图3-4所示。

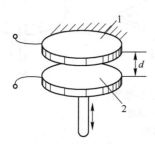

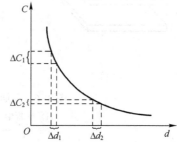

图3-3　变极距型电容传感器结构形式图
1—定极板　2—动极板

图3-4　电容传感器输出特性曲线图

当 $\Delta d/d_0 \ll 1$ 时，式（3-2）可简化为

$$\Delta C = C - C_0 = C_0 \frac{\Delta d}{d_0} \tag{3-3}$$

$$k = (\Delta C/C_0)/\Delta d = 1/d_0 \tag{3-4}$$

由式（3-3）可见，当 $\Delta d/d_0 \ll 1$ 时，ΔC 与 Δd 近似呈线性关系，所以变极距型电容式传感器只有在 $\Delta d/d_0$ 很小时才有近似的线性关系。

另外，由式（3-4）可以看出，在 d_0 较小时，对于同样的 Δd 变化所引起的 ΔC 可以增大，从而使传感器灵敏度 k 提高。但 d_0 过小，容易引起电容器击穿或短路。为此，极板间可采用高介电常数的材料（云母、塑料膜等）做介质，如图3-5所示。若中间介质为云母片，此时电容量 C 变为

$$C = \frac{S}{\frac{d_g}{\varepsilon_0 \varepsilon_g} + \frac{d_0}{\varepsilon_0}} \tag{3-5}$$

式中，ε_g 为云母的相对介电常数，$\varepsilon_g = 7$；ε_0 为空气的

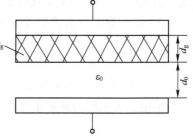

图3-5　有绝缘介质的电容传感器

介电常数，$\varepsilon_0 = 8.85 \times 10^{-12}$ F/m；d_0 为空气隙厚度；d_g 为云母片的厚度。

一般云母片的相对介电常数是空气的 7 倍，其击穿电压不小于 1000 kV/mm，而空气仅为 3 kV/mm，因此有了云母片，极板间的起始距离可大大减小。同时，式（3-5）中的 $d_g/\varepsilon_0\varepsilon_g$ 项是恒定值，它能使传感器的输出特性的线性度得到改善。

（二）变面积型电容传感器

变面积型电容传感器结构形式如图 3-6 所示。对于如图 3-6a 所示的平板形电容传感器，当可动极板 2 移动 Δx 后，两极板间的电容量为

$$C = \frac{\varepsilon b(a - \Delta x)}{d} = C_0 - \frac{\varepsilon b}{d}\Delta x \tag{3-6}$$

式中，ε 为介质介电常数；a 为电容极板的宽度；b 为电容极板的长度；Δx 为电容可动极板长度的变化量。

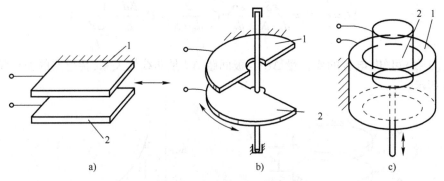

图 3-6　变面积型电容传感器结构图
a）平板形　b）扇形　c）圆筒形
1—定极板　2—动极板

电容的变化量为

$$\Delta C = C - C_0 = -\frac{\varepsilon b}{d}\Delta x \tag{3-7}$$

平板形电容传感器的灵敏度为

$$k = \frac{\Delta C}{\Delta x} = -\frac{\varepsilon b}{d} \tag{3-8}$$

可见，平板形电容传感器的输出特性是线性的，适合测量较大的位移，其灵敏度 k 为常数。增大极板长度 b 或减小间距 d，均可使灵敏度提高。极板宽度 a 的大小不影响灵敏度，但也不能太小，否则边缘效应的影响增大，非线性将增大。

图 3-6b 为扇形电容传感器，转角变化 $\Delta\theta$（以 rad 为单位）所引起的电容量改变值为

$$\Delta C = \frac{\varepsilon \Delta\theta r^2}{2d} \tag{3-9}$$

式中，ε 为电容极板间介质的介电常数；r 为动极板的半径；d 为电容极板之间的距离。

扇形电容传感器的灵敏度为

$$k = \frac{\Delta C}{\Delta\theta} = \frac{\varepsilon r^2}{2d} \tag{3-10}$$

图 3-6c 为圆筒形电容传感器，其中线位移的电容量在忽略边缘效应时为

$$C = \frac{2\pi\varepsilon l}{\ln(r_2/r_1)} \tag{3-11}$$

式中，l 为外圆筒与内圆柱覆盖部分的长度；r_1、r_2 分别为内圆柱外半径和外圆筒内半径。

当两圆筒相对移动 Δl 时，电容变化量为

$$\Delta C = \frac{2\pi\varepsilon l}{\ln(r_2/r_1)} - \frac{2\pi\varepsilon(l-\Delta l)}{\ln(r_2/r_1)} = \frac{2\pi\varepsilon\Delta l}{\ln(r_2/r_1)} = C_0\frac{\Delta l}{l} \tag{3-12}$$

圆筒形电容传感器的灵敏度为

$$k = \frac{\Delta C}{\Delta l} = \frac{C_0}{l} = \frac{2\pi\varepsilon}{\ln(r_2/r_1)} \tag{3-13}$$

可见，其灵敏度为常数，且取决于 r_2/r_1，r_2 与 r_1 越接近，灵敏度越高。虽然内、外极筒原始覆盖长度 l 与灵敏度无关，但 l 不能太小，否则边缘效应将影响到传感器的特性。

由式（3-8）、式（3-10）、式（3-13）可以看出，这三种变面积型电容传感器的灵敏度都是常数，即电容量 ΔC 的变化与位移呈线性关系。当然，这里略去了边缘效应的影响。

实际应用中，为改善传感器的特性和减少外界因素的影响，提高传感器的灵敏度，电容式传感器常做成差动式结构，如图 3-7 所示。

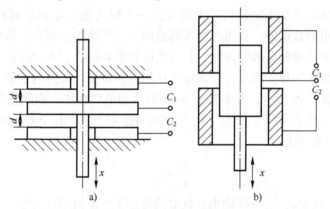

图 3-7　差动电容传感器原理图

a）变极距型　b）变面积型

（三）变介电常数型电容传感器

变介电常数型电容传感器结构形式如图 3-8 所示。当图 3-8b 中有介质在极板间移动时，若忽略边缘效应，则传感器的电容量为

$$C = \frac{bl_x}{(d_0-\delta)/\varepsilon_0+\delta/\varepsilon} + \frac{b(a-l_x)}{d_0/\varepsilon_0} \tag{3-14}$$

式中，d_0 为两极板间的距离；δ 为被插入介质的厚度；l_x 为被插入介质的长度；ε_0 为空气的介电常数；ε 为被插入介质的介电常数。

由式（3-14）可见，当运动介质厚度 δ 保持不变，而介电常数 ε 改变时，电容量将产生相应的变化，因此可作为介电常数 ε 的测试仪。变介电常数型电容式传感器多用来测量液面高度和液体的容积。此外，利用某些介质的介电常数随温度、湿度等变化的特性，将介质固定在两极板之间，通过对电容量变化的检测，就可测出温度或湿度。

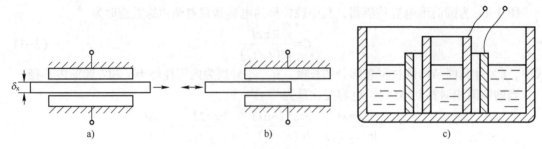

图 3-8　变介电常数型电容传感器

第二节　电容式传感器的测量电路

电容式传感器的测量电路就是将电容式传感器看成一个电容并转换成电压或其他电量的电路。电容式传感器常用的测量电路主要有电桥电路、调频电路、运算放大器式电路、二极管双 T 形交流电桥以及差动脉冲调宽电路等。

一、电桥电路

将电容式传感器接入交流电桥的一个臂（另一个臂为固定电容）或两个相邻臂，另两个臂可以是电阻、电容或电感，也可是变压器的两个二次绕组。其中，另两个臂是紧耦合电感臂的电桥具有较高的灵敏度和稳定性，且寄生电容影响极小，大大简化了电桥的屏蔽和接地，适合在高频电源下工作。而变压器式电桥使用元件最少，桥路内阻最小，因此目前较多采用。电桥电路如图 3-9 所示，其中图 3-9a 为电桥的单臂接法，高频电源经变压器接到电桥的一条对角线上，电容 C_1、C_2、C_3、C_x 构成电桥的 4 个臂，其中 C_x 为电容传感器，交流电桥平衡时 $U_0 = 0$，这时有

$$\frac{C_1}{C_2} = \frac{C_x}{C_3} \tag{3-15}$$

当 C_x 改变时，$U_0 \neq 0$，有电压输出。该电路常用于液位检测仪表中。

如图 3-9b 所示为差动接法，两个电容为差动电容传感器，其空载输出电压为

$$U_0 = \frac{U}{2}\frac{C_1 - C_2}{C_1 + C_2} = \frac{U}{2}\frac{(C_0 - \Delta C) - (C_0 + \Delta C)}{(C_0 - \Delta C) + (C_0 + \Delta C_2)} = -\frac{1}{2}\frac{\Delta C}{C_0}U \tag{3-16}$$

式中，U 为电源电压；C_0 为电容传感器平衡状态的初始电容值。

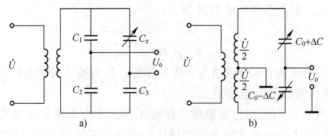

图 3-9　电容传感器的电桥电路

a）单臂接法　b）差动接法

电桥电路的特点有：1）高频交流正弦波供电；2）电桥输出调幅波，要求其电源电压波动极小，需采用稳幅、稳频等措施；3）通常处于不平衡工作状态，所以传感器必须工作在平衡位置附近，否则电桥非线性增大，且在要求精度高的场合应采用自动平衡电桥；4）输出阻抗很高（几兆欧至几十兆欧），输出电压低，必须后接高输入阻抗、高放大倍数的处理电路。

二、调频电路

调频电路原理如图 3-10 所示。将电容式传感器接入高频振荡器的 LC 回路中，当被测量使电容变化 ΔC 时，振荡频率也相应发生变化，故称为调频电路。图中调频振荡器的振荡频率为

$$f=\frac{1}{2\pi\sqrt{LC}}=\frac{1}{2\pi\sqrt{L(C_i+C_1+C_0+\Delta C)}} \tag{3-17}$$

式中，L 为振荡回路的电感；C_1 为振荡回路固有电容；C_i 为传感器寄生电容；C_0 为传感器初始电容值。

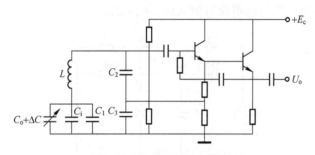

图 3-10　调频电路原理图

调频电路实际是把电容式传感器作为振荡器谐振回路的一部分，当输入量导致电容量发生变化时，振荡器的振荡频率就发生变化。虽然可将频率作为测量系统的输出量，用以判断被测非电量的大小，但此时系统是非线性的，不易校正，因此必须加入鉴频器，将频率的变化转换为电压振幅的变化，经过放大就可以用仪器指示或记录仪记录下来。

调频电容传感器测量电路具有较高的灵敏度，可以测量 0.01 μm 级位移变化量。频率输出可用数字仪器测量而不需要用 A/D 转换器，能够获得高电平（伏特级）的直流信号，抗干扰能力强，可以通过发送、接收信号来实现遥测、遥控。但是调频电路的频率受温度和电缆电容的影响较大，需要采取稳频措施，要求各个元件的参数和直流电源电压稳定，电路较为复杂。此外，调频电路的输出非线性较大，需要用线性化电路进行补偿。

三、运算放大器式电路

运算放大器的放大倍数 A 非常大，而且输入阻抗 Z_i 很高。运算放大器的这一特点使其可作为电容式传感器的比较理想的测量电路。图 3-11 为运算放大器式电路原理图，其中 C_x 是传感器电容，C 是固定电容，U 是交流电源电压，U_o 是输出信号电压，$\sum$ 是虚地点。

由运算放大器的原理可得

$$U_o = -\frac{1/(jwC_x)}{1/(jwC)}U = -\frac{C}{C_x}U \qquad (3\text{-}18)$$

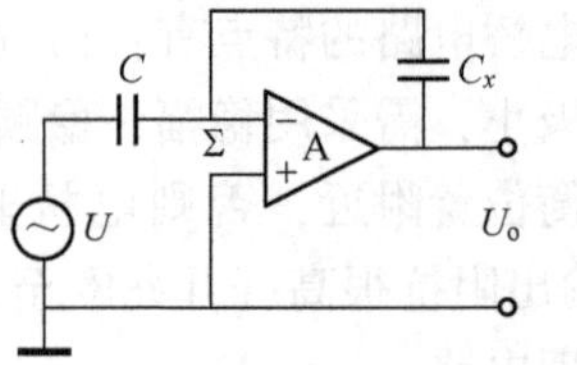

对于平板电容器，$C_x = \dfrac{\varepsilon S}{d}$，代入（3-18）后可得

$$U_o = -\frac{UC}{\varepsilon S}d \qquad (3\text{-}19)$$

图 3-11　运算放大器式电路原理图

由式（3-19）可见，输出电压与 d 是线性关系，负号表明输出与电源电压反相。这从原理上克服了变极距型电容式传感器的非线性。这里是假设放大器开环放大倍数 $A = \infty$，输入阻抗 $Z_i = \infty$，因此仍然存在一定的非线性误差，但一般 A 和 Z_i 足够大，所以这种误差很小。为保证仪器精度，还要求电源电压 U 的幅值和固定电容 C 值稳定。

四、二极管双 T 形交流电桥

图 3-12a 是二极管双 T 形交流电桥电路原理图。其中，e 是高频电源，它提供了幅值为 U 的对称方波，VD_1、VD_2 为特性完全相同的两只二极管，固定电阻 $R_1 = R_2 = R$，C_1、C_2 为传感器的两个差动电容。当传感器没有输入时，$C_1 = C_2$。

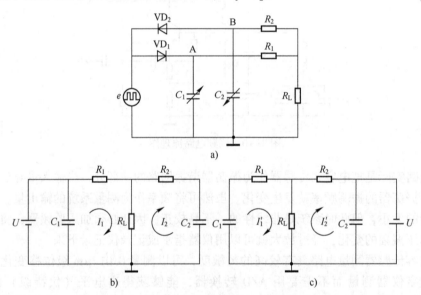

图 3-12　二极管双 T 形交流电桥电路原理图

a）连接电路图　b）正半周时的等效电路　c）负半周时的等效电路

电路工作原理如下：当 e 为正半周时，二极管 VD_1 导通，VD_2 截止，于是电容 C_1 充电，其等效电路如图 3-12b 所示。在随后负半周出现时，电容 C_1 上的电荷通过电阻 R_1、负载电阻 R_L 放电，流过 R_L 的电流为 I_1。当 e 为负半周时，VD_2 导通，VD_1 截止，则电容 C_2 充电，其等效电路如图 3-12c 所示。在随后出现正半周时，C_2 通过电阻 R_2、负载电阻 R_L 放电，流过 R_L 的电流为 I_2。由电路的对称性可知，电流 $I_1 = I_2$，$I_1' = I_2'$，且方向相反，在一个周期内流过 R_L 的平均电流为零。

若传感器输入不为零，则 $C_1 \neq C_2$，$I_1 \neq I_2$，$I_1' \neq I_2'$，此时在一个周期内通过 R_L 上的平均电流不为零，因此产生输出电压，输出电压在一个周期内的平均值为

$$U_o = I_L R_L = \frac{1}{T} \int_0^T [I_1(t) - I_2(t)] \mathrm{d}t R_L \approx \frac{R(R + 2R_L)}{(R + R_L)^2} R_L Uf(C_1 - C_2) \qquad (3\text{-}20)$$

式中，$f = \dfrac{1}{T}$ 为电源频率。当 R_L 已知，令 $M = \dfrac{R(R + 2R_L)}{(R + R_L)^2} R_L$，可见 M 为常数，于是有

$$U_o = UfM(C_1 - C_2) \qquad (3\text{-}21)$$

由式（3-21）可见，输出电压不仅与电源电压 e 的幅值大小有关，而且还与电源频率有关。因此，为保证输出电压正比于电容量的变化，除了要稳压外，还须稳频。二极管双 T 形交流电桥电路的结构简单，动态响应快，灵敏度高，其电路简单，不需附加其他相敏整流电路，可直接得到直流输出电压。

五、差动脉冲调宽电路

差动脉冲调宽电路属于脉冲调制电路，其原理如图 3-13 所示。它利用对传感器电容充放电使输出脉冲的宽度随电容量的变化而变化，再经低通滤波器可得到对应于被测量变化的直流信号。

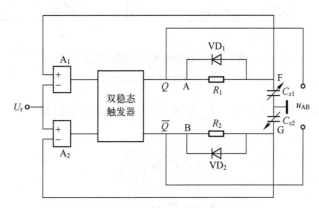

图 3-13　差动脉冲调宽电路原理图

图 3-13 中，C_{x1}、C_{x2} 为差动式电容传感器，电阻 $R_1 = R_2$，A_1、A_2 为比较器。当双稳态触发器处于某一状态时，$Q = 1$，$\overline{Q} = 0$，A 点高电位通过 R_1 对 C_{x1} 充电，时间常数为 $\tau_1 = R_1 C_{x1}$，直至 F 点电位高于参比电位 U_r，比较器 A_1 输出正跳变信号；同时，因 $\overline{Q} = 0$，电容器 C_{x2} 上已充电流通过 VD_2 迅速放电至零电平。A_1 输出正跳变信号激励触发器翻转，使 $Q = 0$，$\overline{Q} = 1$，于是 A 点为低电位，C_{x1} 通过 VD_1 迅速放电，而 B 点高电位通过 R_2 对 C_{x1} 充电，时间常数为 $\tau_2 = R_2 C_{x2}$，直至 G 点电位高于参比电位 U_r，这时比较器 A_2 输出正跳变信号，使触发器发生翻转。上述过程中，电路各点波形如图 3-14 所示。当差动电容 $C_{x1} = C_{x2}$ 时，波形如图 3-14a 所示，此时 A、B 两点间的平均电压值为零；当差动电容 $C_{x1} \neq C_{x2}$ 时，由于充放电时间常数变化，电路中各点电压波形产生相应改变，波形如图 3-14b 所示，此时 A、B 两点电位波形宽度不等，一个周期 $(T_1 + T_2)$ 时间内的平均电压值不为零。

电压 u_{AB} 经低通滤波器滤波后，可得输出 U_o 为

$$U_o = U_A - U_B = U_1 \frac{T_1 - T_2}{T_1 + T_2} \qquad (3\text{-}22)$$

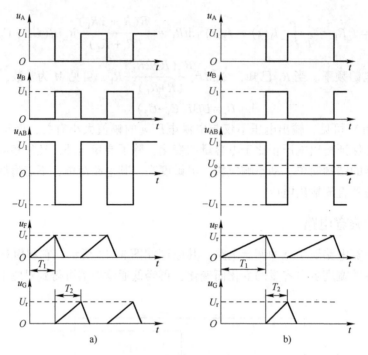

图 3-14　电路中各点电压波形图

a) 当 $C_{x1} = C_{x2}$　b) 当 $C_{x1} \neq C_{x2}$

式中，U_1 为触发器输出高电平；T_1、T_2 分别为 C_{x1}、C_{x2} 的充电时间。

由于

$$T_1 = R_1 C_{x1} \ln \frac{U_1}{U_1 - U_r} \tag{3-23}$$

$$T_2 = R_2 C_{x2} \ln \frac{U_1}{U_1 - U_r} \tag{3-24}$$

将式 (3-23)、式 (3-24) 代入式 (3-22) 中，得

$$U_o = \frac{C_{x1} - C_{x2}}{C_{x1} + C_{x2}} U_1 \tag{3-25}$$

可见输出的直流电压与传感器两电容的差值成正比。设电容 C_{x1}、C_{x2} 的极板间距和面积分别为 d_1、d_2 和 S_1、S_2，将平行板电容公式代入式 (3-25)，对差动式变极距型和变面积型电容式传感器可得

$$U_o = \frac{d_2 - d_1}{d_2 + d_1} U_1 \tag{3-26}$$

$$U_o = \frac{S_1 - S_2}{S_2 + S_1} U_1 \tag{3-27}$$

由此可见，差动脉冲调宽电路适用于任何差动式电容传感器，并具有理论上的线性特性。另外，差动脉冲调宽电路还具有以下优点：1) 对元件无线性要求；2) 效率高，信号只要经过低通滤波器就有较大的直流输出；3) 调宽频率的变化对输出无影响；4) 由于低通滤波器的作用，对输出矩形波的纯度要求不高。

第三节 电容式传感器的主要性能、特点和设计要点

一、主要性能

（一）静态灵敏度

电容式传感器的静态灵敏度是被测量缓慢变化时传感器电容变化量与引起其变化的被测量变化之比。

对于变极距型电容传感器，由式（3-2）可知，其静态灵敏度 k 为

$$k = \frac{\Delta C/C_0}{\Delta d} = \frac{1}{d_0} \cdot \frac{1}{1 - \frac{\Delta d}{d_0}}$$

因为 $\Delta d/d_0 \ll 1$，所以将上式展开成泰勒级数得

$$\frac{\Delta C}{C_0} = \frac{\Delta d}{d_0} \left[1 + \frac{\Delta d}{d_0} + \left(\frac{\Delta d}{d_0}\right)^2 + \left(\frac{\Delta d}{d_0}\right)^3 + \cdots \right] \tag{3-28}$$

可见，输出电容的相对变化量 $\Delta C/C_0$ 与输入位移 Δd 之间呈非线性关系，在 $\Delta d/d_0 \ll 1$ 条件成立时，可略去高次项，得到近似的线性关系，即

$$\frac{\Delta C}{C_0} \approx \frac{\Delta d}{d_0} \tag{3-29}$$

所以电容式传感器的灵敏度为

$$k = \frac{\Delta C/C_0}{\Delta d} = \frac{1}{d_0} \tag{3-30}$$

可见，当 $\Delta d/d_0 \ll 1$ 时，变极距型电容传感器的灵敏度与初始极板间距 d_0 成反比，电容变化量与被测量的变化量成正比。

（二）非线性误差

对于变极距型电容传感器，若考虑式（3-28）中的二次项，则

$$\frac{\Delta C}{C_0} = \frac{\Delta d}{d_0} \left(1 + \frac{\Delta d}{d_0} \right) \tag{3-31}$$

由此得出传感器的相对非线性误差 δ 为

$$\delta = \frac{(\Delta d/d_0)^2}{|\Delta d/d_0|} \times 100\% = \left| \frac{\Delta d}{d_0} \right| \times 100\% \tag{3-32}$$

由式（3-30）、式（3-32）可以看出，要提高变极距型电容传感器的灵敏度，须减小初始间距 d_0，但非线性误差 δ 却随着 d_0 的减小而增大。

在实际应用中，为克服上述矛盾，常采用差动式结构，如图 3-15 所示。若中间电极 1（动极板）受力向上位移 Δd，则两个电容量一个增加，一个减小，两电容差值为

$$\Delta C = C_1 - C_2 = \frac{\varepsilon_0 \varepsilon_r A}{d_0 \left(1 - \frac{\Delta d}{d_0}\right)} - \frac{\varepsilon_0 \varepsilon_r A}{d_0 \left(1 + \frac{\Delta d}{d_0}\right)} = 2C_0 \frac{\Delta d}{d_0} \frac{1}{1 - \left(\frac{\Delta d}{d_0}\right)^2}$$

将上式展开成泰勒级数得

$$\Delta C = 2C_0 \frac{\Delta d}{d_0} \left[1 + \left(\frac{\Delta d}{d_0}\right)^2 + \left(\frac{\Delta d}{d_0}\right)^4 + \cdots \right]$$

略去高次项后，得

$$\Delta C \approx 2\,\frac{C_0 \Delta d}{d_0}$$

$$\frac{\Delta C}{C_0} = 2\,\frac{\Delta d}{d_0}$$

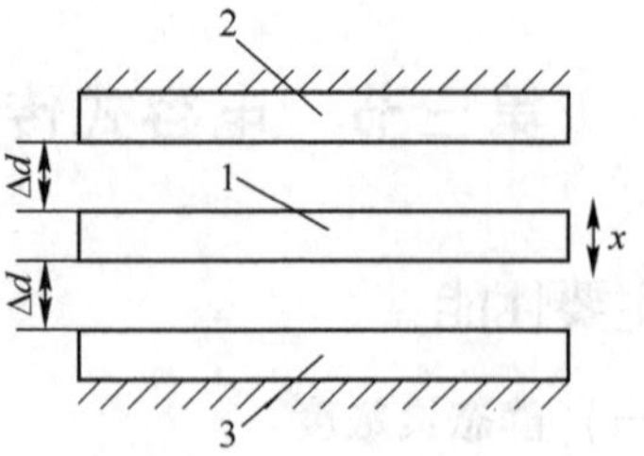

可见差动电容式传感器的灵敏度为

$$k = (\Delta C / C_0)/\Delta d = 2/d_0 \qquad (3\text{-}33)$$

图 3-15　差动式结构变极距式电容式传感器
1—动极板；2、3—定极板

其相对非线性误差 δ 为

$$\delta = \frac{\left|\Delta d/d_0\right|^3}{\left|\Delta d/d_0\right|} \times 100\% = \left|\frac{\Delta d}{d_0}\right|^2 \times 100\% \qquad (3\text{-}34)$$

比较式（3-30）与式（3-33），式（3-32）与式（3-34）可见，电容传感器做成差动式之后，既使灵敏度提高 1 倍，又使非线性误差大大降低，抗干扰能力增强。

二、电容式传感器的特点

电容式传感器具有以下优点：

1）温度稳定性好。传感器的电容值一般与电极材料无关，仅取决于电极的几何尺寸，且空气等介质损耗很小，因此只要从强度、温度系数等机械特性考虑，合理选择材料和几何尺寸即可，其他因素影响甚微。而电阻式传感器有电阻，供电后产生热量；电感式传感器存在铜损、涡流损耗等，引起本身发热产生零漂。

2）结构简单，适应性强。电容式传感器结构简单，易于制造。能在高、低温、强辐射及强磁场等各种恶劣的环境条件下工作，适应能力强，尤其可以承受很大的温度变化，在高压力、高冲击及过载等情况下都能正常工作，能测超高压和低压差，也能对带磁工件进行测量。此外传感器可以做得体积很小，以便实现某些有特殊要求的测量。

3）动态响应好。电容式传感器由于极板间的静电引力很小，需要的作用能量极小，又由于其可动部分可以做得很小很薄，即质量很轻，因此其固有频率很高，动态响应时间短，能在几 MHz 的频率下工作，特别适合动态测量。又由于其介质损耗小，可以用较高频率供电，因此系统工作频率高。它可用于测量高速变化的参数，如测量振动、瞬时压力等。

4）可以实现非接触测量，具有平均效应。在被测件不允许采用接触测量的情况下，电容传感器可以完成测量任务。电容式传感器具有平均效应，可以减小工件表面粗糙度等对测量的影响。

5）灵敏度和分辨力高。电容式传感器因带电极板间的静电引力极小，因此所需输入能量极小，所以特别适合低能量输入的测量，例如测量极低的压力、力和很小的加速度、位移等。可以做得很灵敏，分辨力非常高，能感受 $0.001\mu m$ 甚至更小的位移。

然而，电容式传感器也存在如下不足之处：

1）输出阻抗高，负载能力差。电容式传感器的容量受其电极几何尺寸等限制，一般为几十 pF 到几百 pF，使传感器的输出阻抗很高，尤其当采用音频范围内的交流电源时，输出阻抗高达 $(10^6 \sim 10^8)\ \Omega$。因此传感器的负载能力差，易受外界干扰影响而产生不稳定现象，严重时甚至无法工作，必须采取屏蔽措施，从而给设计和使用带来不便。阻抗大还要求传感器绝缘部分的电阻值极高（几十 MΩ 以上），否则绝缘部分将作为旁路电阻而影响传感器的性能（如灵敏度降低），为此还要特别注意周围环境如温度、湿度、清洁度等对绝缘性能的影响。高频供电虽然可降低传感器的输出阻抗，但高频放大和传输远比低频时复杂，且寄生电容影响加大，难以保证工作稳定。

2）寄生电容影响大。传感器的初始电容量很小，而其引线电缆电容（1~2 m 的导线可达 800 pF）、测量电路的杂散电容以及传感器极板与其周围导体构成的电容等"寄生电容"却较大，会降低传感器的灵敏度。此外，这些电容（如电缆电容）常常是随机变化的，将使传感器工作不稳定，影响测量精度，其变化量有时甚至超过被测量引起的电容变化量，致使传感器无法工作。因此对电缆选择、安装及接法有要求。

3）输出特性非线性。变极距型电容传感器的输出特性是非线性的，虽可采用差动结构来改善，但不可能完全消除。其他类型的电容传感器只有忽略了电场的边缘效应时，输出特性才呈线性，否则边缘效应所产生的附加电容量将与传感器电容量直接叠加，使输出特性呈现非线性。

随着材料、工艺、电子技术，特别是集成电路的高速发展，使电容式传感器的优点得到发扬，而缺点不断得到克服。电容传感器正逐渐成为一种高灵敏度、高精度，在动态、低压及一些特殊测量方面大有发展前途的传感器。

三、设计要点

电容式传感器所具有的高灵敏度、高精度等独特的优点是与其正确设计、选材以及精细的加工工艺分不开的。在设计传感器的过程中，在所要求的量程、温度和压力等范围内，应尽量使它具有低成本、高精度、高分辨力、好的可靠性和高的频率响应等。

1. 保证绝缘材料的绝缘性能

温度变化使传感器内各零件的几何尺寸和相互位置及某些介质的介电常数发生改变，从而改变传感器的电容量，产生温度误差。湿度也影响某些介质的介电常数和绝缘电阻值。因此，必须从选材、结构及加工工艺等方面来减小环境温度、湿度等变化所产生的误差，保证绝缘材料具有高的绝缘性能。

在可能的情况下，传感器应尽量采用差动对称结构，这样可以通过某些类型的测量电路（如电桥）来减小温度等引起的误差。

2. 消除和减小边缘效应

变面积型和变介电常数型电容传感器具有很好的线性，但这是以忽略边缘效应为条件的，实际上非线性问题仍然存在。

适当减小极间距，使电极直径或边长与间距之比增大，可减小边缘效应的影响，但易产生击穿，并有可能限制测量范围。电极应做得极薄，使之与极间距相比很小，这样也可减小边缘电场的影响。此外，可在结构上增设如图 3-16 所示的保护环（也称等位环）来消除边缘效应。保护环与极板具有同一电位，这就把电极板间的边缘效应移到了保护环与极板 2 的边缘，极板 1 与极板 2 之间的电场分布就变得均匀了。

边缘效应所引起的非线性与变极距型电容传感器原理上的非线性恰好相反，在一定程度上起到了补偿作用，

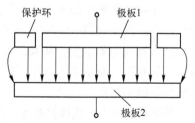

图 3-16　加保护环消除极板边沿电场的不均匀性

但传感器灵敏度同时有所下降。

3. 消除和减小寄生电容的影响

寄生电容与传感器电容相并联，影响传感器灵敏度，而它的变化则会作为虚假信号影响仪器的精度，必须将其消除或减小。可采用如下方法来实现。

（1）增加传感器原始电容值

采用减小极片或极筒间的距离（平板式的间距为 0.2~0.5 mm）、增加工作面积或工作长度来增加原始电容值，可在一定程度上减少寄生电容的影响，但这要受加工及装配工艺、精度、示值范围、击穿电压及结构等的限制。

（2）注意传感器的接地和屏蔽

图 3-17 所示为采用接地屏蔽的圆筒形电容式传感器，其中可动极筒与连杆固定在一起随被测量移动。可动极筒与传感器的屏蔽壳（良导体）同为地，因此当可动极筒移动时，固定极筒与屏蔽壳之间的电容值将保持不变，从而消除了由此产生的虚假信号。

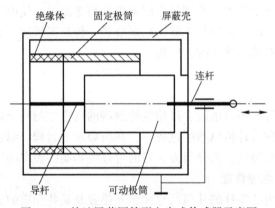

图 3-17　接地屏蔽圆筒形电容式传感器示意图

引线电缆也必须屏蔽在传感器的屏蔽壳内。为减小电缆电容的影响，应尽可能使用短而粗的电缆线，缩短传感器至电路前置级的距离。

（3）集成化

将传感器与测量电路本身或其前置级装在一个壳体内，省去传感器的电缆引线。这样，寄生电容将大为减小而且固定不变，使仪器工作稳定。但这种传感器因电子元件的特点而不能在高、低温或环境差的场合使用。

（4）采用"驱动电缆"技术

当电容式传感器的电容值很小，而因某些原因（如环境温度较高）测量电路只能与传感器分开时，可采用如图 3-18 所示的"驱动电缆"（双层屏蔽等位传输）技术。传感器与测量电路前置级间的引线为双屏蔽层电缆，其内屏蔽层与信号传输线（即电缆芯线）通过 1:1 放大器成为等电位，从而消除了芯线与内屏蔽层之间的电容。由于屏蔽线上有随传感器输出信号变化而变化的电压，因此称为"驱动电缆"。采用这种技术可使电缆线长达 10 m 之远也不影响仪器的性能。

外屏蔽层接大地或接仪器地，用来防止外界电场的干扰。内、外屏蔽层之间的电容是 1:1 放大器的负载。1:1 放大器是一个输入阻抗要求很高、具有容性负载、放大倍数为 1（准确度要求达 1/10 000）的同相（要求相移为零）放大器。因此，"驱动电缆"技术对 1:1 放大器的

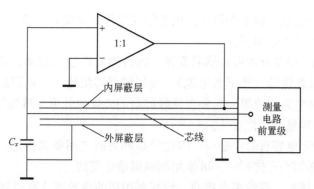

图 3-18　"驱动电缆"技术原理图

要求很高，电路复杂，但能保证电容式传感器的电容值小于 1 pF 时也能正常工作。

（5）采用运算放大器

图 3-19 是利用运算放大器的虚地来减小引线电缆寄生电容 C_P 的原理图。其中，电容传感器的一个电极经电缆芯线接运算放大器的虚地 Σ 点，电缆的屏蔽层接仪器地，这时与传感器电容相并联的为等效电缆电容 $C_P/(1+A)$，因而大大地减小了电缆电容的影响。外界干扰因屏蔽层接仪器地，对芯线不起作用。

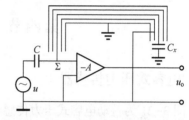

图 3-19　利用运算放大器式电路虚地点减小电缆电容原理图

传感器的另一电极接大地，用来防止外电场的干扰。若采用双屏蔽层电缆，其外屏蔽层接大地，干扰影响就更小。实际上，这是一种不完全的"驱动电缆技术"，结构较简单。开环放大倍数 A 越大，精度越高。选择足够大的 A 值可保证所需的测量精度。

（6）整体屏蔽法

将电容式传感器和所采用的转换电路、传输电缆等用同一个屏蔽壳屏蔽起来，正确选取接地点，可减小寄生电容的影响和防止外界的干扰。图 3-20 是差动电容式传感器交流电桥所采用的整体屏蔽系统，屏蔽层接地点选择在两固定辅助阻抗臂 Z_3 和 Z_4 的中间，使电缆芯线与其屏蔽层之间的寄生电容 C_{P1} 和 C_{P2} 分别与 Z_3 和 Z_4 相并联。如果 Z_3 和 Z_4 比 C_{P1} 和 C_{P2} 的容抗小得多，则寄生电容 C_{P1} 和 C_{P2} 对电桥平衡状态的影响就很小。

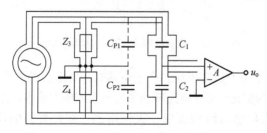

图 3-20　交流电容电桥的屏蔽系统

4. 防止和减小外界干扰

当外界干扰（如电磁场）在传感器上和导线之间感应出电压并与信号一起输送至测量电路时就会产生误差。当干扰信号足够大时，仪器甚至会无法正常工作。此外，接地点不同所产生的接地电压差也是一种干扰信号，也会给仪器带来误差和故障。

防止和减小干扰的措施如下：

1）屏蔽和接地。用良导体做传感器壳体，将传感元件包围起来，并可靠接地；用金属网套住导线，使其彼此绝缘（即屏蔽电缆），金属网可靠接地；用双层屏蔽线或屏蔽罩可靠接地；传感器与测量电路前置级一起装在良好屏蔽的壳体内并可靠接地等。

2）增加原始电容量，降低容抗。

3）导线间的分布电容有静电感应，因此导线和导线之间要离得远，线要尽可能短，最好成直角排列，若必须平行排列时，可采用同轴屏蔽电缆线。

4）尽可能一点接地，避免多点接地，地线要用粗的良导体或宽印制线。

5）采用差动式电容传感器以减小非线性误差，提高传感器灵敏度，减小寄生电容的影响和温度、湿度等因素导致的误差。

第四节 电容式传感器的应用

一、电容式压力传感器

图 3-21 为差动电容式压力传感器的结构图。其中，金属膜片为动电极，两个在凹形玻璃上的金属镀层为固定电极，构成差动电容器。

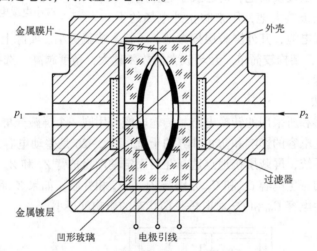

图 3-21 差动电容式压力传感器结构图

当被测压力或压力差作用于金属膜片并产生位移时，所形成的两个电容器的电容量一个增大，一个减小。该电容值的变化经测量电路转换成与压力或压力差相对应的电流或电压的变化。

此种差动电容式压力传感器结构简单，灵敏度高，线性好，响应速度快（约 100 ms），能测微小压差（0~0.75 Pa），并减少了由于介电常数受温度影响引起的温度不稳定性。

二、电容式加速度传感器

电容式加速度传感器的结构如图 3-22 所示，它有两个与壳体绝缘的固定极板 1 和 5，中间有一用弹簧片支撑的质量块 4，由两根弹簧片 3 支承，置于壳体 2 内。质量块 4 的两个端面 A、B 经过磨平、抛光后作为可动极板。弹簧较硬，使系统的固有频率较高，因此构成惯性式加速度计的工作状态。

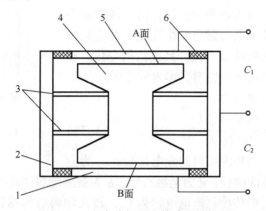

图 3-22　电容式加速度传感器结构图

1、5—固定极板　2—壳体　3—簧片　4—质量块　6—绝缘体

当传感器壳体随被测对象沿垂直方向作直线加速运动时，质量块在惯性空间中相对静止，两个固定电极将相对于质量块在垂直方向产生大小正比于被测加速度的位移。此位移使两电容的间隙发生变化，一个增加，一个减小，从而使 C_1、C_2 产生大小相等、符号相反的增量，此增量正比于被测加速度。

电容式加速度传感器的主要特点是频率响应快，量程范围大，大多采用空气或其他气体作阻尼物质。

三、差动式电容测厚传感器

电容测厚传感器用来实现对金属带材在轧制过程中厚度的检测，其工作原理如图 3-23 所示，是在被测带材的上下两侧各置放一块面积相等、与带材距离相等的极板，这样极板与带材就构成了两个电容器 C_1、C_2。把两块极板用导线连接起来成为一个极，而带材就是电容的另一个极，其总电容为 $C = C_1 + C_2$。如果带材的厚度发生变化，将引起电容量的变化，用交流电桥将电容的变化测出来，经过放大即可由电表指示测量结果。

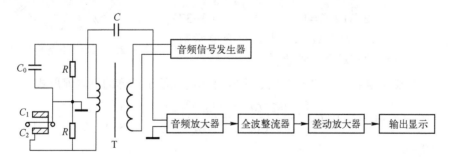

图 3-23　电容式测厚传感器原理框图

四、电容式液位传感器

电容式液位传感器是利用被测介质面的变化引起电容变化的原理进行测量的一种变介质

型电容传感器。图 3-24 是电容式液位传感器原理图。测定电极安装在罐的顶部,这样在罐壁和测定电极之间就形成了一个电容器。当罐内放入被测物料时,由于被测物料介电常数的影响,传感器的电容量将发生变化,此变化值的大小与被测物料在罐内的高度有关,且成比例变化。检测出这种电容量的变化就可测定物料在罐内的高度。

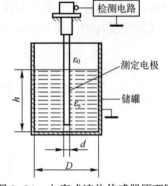

传感器的静电电容可表示为

$$C=\frac{K(\varepsilon_s-\varepsilon_0)h}{\ln(D/d)} \qquad (3-35)$$

图 3-24　电容式液位传感器原理图

式中,K 为比例常数;ε_s 为被测物料的介电常数;ε_0 为空气的介电常数;D 为储罐的内径;d 为电极直径;h 为被测物料的高度。

假定罐内没有物料时的传感器静电电容为 C_0,放入物料后传感器静电电容为 C_1,则两者之间的电容差为

$$\Delta C=C_1-C_0 \qquad (3-36)$$

由式 (3-35)、式 (3-36) 可见,两种介电常数之间的差别越大,极径 D 和 d 相差越小,传感器的灵敏度就越高。

第五节　计算电容式传感器

一、工作原理

计算电容的理论基础是 1956 年澳大利亚的 D. G. Lampard 和 A. M. Thompson 所证明的静电学新定理。它指出,对截面为任意形状的无限长的导电柱面,被在 α、β、γ、δ 处的无限小绝缘间隙分割为四部分时,如图 3-25 所示,电极 $\alpha\beta$ 与 $\gamma\delta$ 间单位长的部分电容 C_1 和电极 $\alpha\delta$ 与 $\beta\gamma$ 间单位长的部分电容 C_2,无论电场在柱面内,还是柱面外,均满足方程

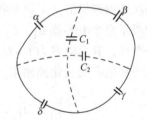

$$2^{-\frac{c_1}{c_0}}+2^{-\frac{c_2}{c_0}}=1 \qquad (3-37)$$

式中,$C_0=(\varepsilon_0\varepsilon_r\ln2)/\pi$ 为常数;ε_0 为真空介电常数;ε_r 为导电柱面内介质的相对介电常数。

图 3-25　任意形状导电柱面的截面

C_1、C_2 又称交叉电容。当 $C_1\approx C_2$ 时,上式可化简成便于计算的平均值形式,即

$$C_P=\frac{1}{2}(C_1+C_2)=C_0\left[1+\frac{\ln2}{8}\left(\frac{\Delta C}{C_0}\right)^2-\frac{(\ln2)^3}{192}\left(\frac{\Delta C}{C_0}\right)^4+\frac{(\ln2)^5}{2880}\left(\frac{\Delta C}{C_0}\right)^4-\cdots\right] \qquad (3-38)$$

式中,$\Delta C=C_1-C_2$。

当长度为 l 时,总电容量为 $C=C_P l\approx C_0 l$。

当满足一定条件时,此时总电容量 C 只取决于轴向长度 l 及导电柱面内介质的相对介电常数 ε_r。其中常数 $C_0=0.01953549043\,\text{pF/cm}$。

综上所述,可得出如下结论:1) 可以任意选择适当形状的截面;2) 当两交叉电容 C_1

和 C_2 数值相近时，平均电容 C_P 具有很高的稳定性，它与常数 C_0 只相差二阶以上小量；

3) 总电容量只取决于一个几何尺寸——轴向长度 l。此即为计算电容的工作原理。

二、计算电容原理基准

目前国际上用宏观物理现象建立电阻、电容及电感单位的途径有计算电感法（互感）和计算电容法两种。计算电容比计算电感更具优点，如：在电容中所损失的功率可忽略不计，不存在电流分布的问题，以及所有有关场都包括在计算的范围等。在设计合理的结构及采用相应的先进测量技术的情况下，计算电容法比计算电感法的精度可高出一到两个数量级，计算电感法通常为 $(0.3 \sim 1) \times 10^{-5}$，计算电容法则可提高到 $(0.1 \sim 1) \times 10^{-6}$ 或更高。

自 1956 年起国际上进行计算电容基准研究工作的有美、加、澳、日、苏、英、法等国的计量机构，其中美、澳、日、英的精度均在 $\pm 2 \times 10^{-7}$ 以上。完成了计算电容法绝对测量电阻工作的有美国的 NIST，精度为 $\pm 3 \times 10^{-7}$；澳大利亚的 NML，精度为 $\pm 2 \times 10^{-7}$；日本的 ETL，精度为 $\pm 4 \times 10^{-7}$。

三、基于计算电容原理的液位传感器

传统的电容式液位传感器是通过测量电容变化量来实现液位测量的，其基本原理是被测液体液位变化时，相应的传感器电极间的介电常数发生改变，从而引起电容量的变化。电容式液位传感器由于具有动态范围大、阻抗高、功率小及响应速度快等优点，在超低温液位测量中得到广泛应用。但目前的电容式液位传感器由于受加工、装配等误差影响，精度最高可达 0.1%，在超低温环境中精度会有所降低。

采用计算电容原理，通过单管上的两组电极间电容变化获得液位变化，可有效解决双筒式传感器存在的问题。初步实验表明，传感器电容量输出与液位变化呈良好的线性关系，且具有较好的重复性，可广泛应用于燃料液位测量领域。

基于计算电容原理的液位传感器其精度仅取决于被测液体的相对介电常数和空气的相对介电常数这两个参数，较传统电容式液位传感器的精度有望提高，同时适用于超低温液位的测量。基于计算电容原理的新型电容式液位传感器如图 3-26 所示。

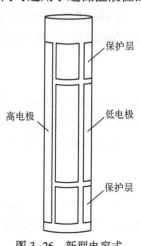

图 3-26　新型电容式
液位传感器

液位的具体计算方法为：被液体浸没 l_x 高度时电容量为 C_x，则

$$C_x = \frac{\varepsilon_0 \varepsilon_a}{\pi} \ln 2 (1+k_a)(l-l_x) + \frac{\varepsilon_0 \varepsilon_1}{\pi} \ln 2 (1+k_1) l_x \qquad (3-39)$$

式中，轴向每段电镀层长度为 l；ε_0 为真空介电常数；ε_a 为空气的相对介电常数；ε_1 被测体的相对介电常数；k_1 和 k_a 为补偿系数。

设各段未被液体浸没时的电容为 C_a，被完全浸没时的电容为 C_1，完全浸没的段数为 n，其中，$C_a = \frac{\varepsilon_0 \varepsilon_a}{\pi} \ln 2 (1+k_a) l$，$C_1 = \frac{\varepsilon_0 \varepsilon_1}{\pi}$

$\ln 2 (1+k_1) l$。经整理后可得 $l_x = \frac{C_x - C_a}{C_1 - C_a} l$，总液位 $L = nl + l_x$。此时，由

完全浸没的电极的数量以及液体的相对介电常数即可得到液位，ε_1、C_a、C_1 均可由未完全浸没段的相邻两段直接测得，可以起到补偿作用，提高传感器精度。

基于计算电容原理的液位传感器其测量结果与电极直径无关，适合低温环境下的液位测量，从根本上减少了测量的误差源。单管式结构避免了深长孔加工及内、外电极同轴装配的问题，分段式结构具有自补偿功能，可提高传感器的精度。

该传感器在结构上减少了一个同轴电极，质量减轻。主体采用刻线方法将其表面电镀膜分成间隙微小的多段结构，省略装配过程，减小分段处测量盲区。精度高，结构精简，能够减轻质量、节约材料及降低成本，同时具有较强的移植性，可应用在航空、航天、航海及汽车等各个领域。

四、基于计算电容原理的介电常数传感器

目前测量介电常数的方法很多，常用的方法是通过替代法和比较法测量介质电容，从而求得介质的介电常数。这两种方法操作简单，但是存在着测量精度不高的缺陷。新方法有平板电容器测量法和圆柱电容器测量法，是通过测量真空电容（或空气电容）与充满介质电容器的电容比值得到介电常数。平板电容器的测量简单方便，缺点是结构容易发生变化，稳定性差，易受干扰。圆柱电容器的结构比较稳定，不易受到干扰，但是对加工精度要求很高。

电容式介电常数传感器由于具有动态范围大、测量方法简单、精度高、响应速度快等优点，在介电常数测量中得到广泛应用。但目前的电容式介电常数传感器由于受加工、装配等误差影响，精度最高可达 0.2%，在非常规环境中精度会有所降低。

利用计算电容原理可以精确地测量不同介质的介电常数，测量精度仅取决于测量电极长度和空气介电常数两个参数，测量精度可达到 0.02%~0.05%。

将传感器置于空气中，测得两组相对电极之间的电容分别是 C_{a1}、C_{a2}，可以计算出在空气中的总电容量

$$C_a = (C_{a1} + C_{a2})/2 = \frac{\varepsilon_0 \varepsilon_a}{\pi} \ln 2(1+k_a) l \tag{3-40}$$

将传感器完全浸没于被测介质中，测得两组相对电极之间的电容分别是 C_{l1}、C_{l2}，可以计算出在被测介质中的总电容量为

$$C_1 = (C_{l1} + C_{l2})/2 = \frac{\varepsilon_0 \varepsilon_1}{\pi} \ln 2(1+k_1) l \tag{3-41}$$

以上两式中，l 为轴向电镀层长；ε_0 为真空介电常数；ε_a 为空气的相对介电常数；ε_1 为被测介质的相对介电常数；k_1 为在被测介质中的补偿系数；k_a 为在空气中的补偿系数。

在常温常压的条件下，被测液体的相对介电常数为

$$\varepsilon_1 = \frac{C_1}{C_a} \frac{1+k_a}{1+k_1} \varepsilon_a = \frac{C_{l1} + C_{l2}}{C_{a1} + C_{a2}} \frac{1+k_a}{1+k_1} \varepsilon_a \tag{3-42}$$

在电容值可测，传感器内、外径、测量电极长度、空气以及绝缘壳的相对介电常数固定的情况下，被测介质的相对介电常数可以直接测得，并且测量过程中的变量较少。

思考题与习题

1. 电容式传感器按照工作原理可分为哪几种类型？各有什么特点？试举出你所知道的电容传感器的实例。

2. 如何改善变极距型电容传感器的非线性？

3. 单组变面积式平板形线位移电容传感器如图 3-6a 所示，两极板相互覆盖的宽度为 4 mm，两极板的间隙为 0.5 mm，极板间的介质为空气（$\varepsilon_0 = 8.85 \times 10^{-12}$ F/m），试求其静态灵敏度。若极板滑动 2 mm，求其电容变化量。

4. 单组变面积式圆柱形电容传感器，其可动极筒外径为 9.8 mm，定极筒内径为 10 mm，两极筒遮盖长度为 1 mm，极筒间介质为空气（$\varepsilon_0 = 8.85 \times 10^{-12}$ F/m），试求其电容值。当供电频率为 60 Hz 时，求其容抗值。

5. 简述电容式传感器测量厚度的原理。

6. 差动电容式传感器接入变压器电桥，变压器二次侧两绕组电压有效值均为 U 时，试推导电桥空载输出电压 U_o 与 C_{x1}、C_{x2} 的关系表达式。若采用变极距型电容传感器，设初始极距为 δ_0，改变 $\Delta\delta$ 后，求空载输出电压 U_o 与 $\Delta\delta$ 的关系表达式。

7. 如图 3-21 所示的差动电容式压力传感器所形成的两个电容器的电容量接入如图 3-12 所示的二极管双 T 形交流电桥电路。已知高频电源的幅值 $U = 10$ V，频率 $f = 1$ MHz，$R_1 = R_2 = 40$ kΩ，电容 $C_1 = C_2 = 10$ pF，$R_L = 20$ kΩ。当电容值的变化 $\Delta C = 1$ pF 时，则输出电压在一个周期内的平均值是多少？

8. 设计电容传感器时主要应考虑哪几方面的因素？

9. 何为"驱动电缆技术"？采用它的目的是什么？

10. 画出电容式加速度传感器的结构示意图，并说明其工作原理。

11. 计算电容式传感器的工作原理是什么？

12. 简述基于计算电容原理的液位传感器的工作原理及其应用。

第四章 电感式传感器

电感式传感器是建立在电磁感应基础上，把被测量变化转换成线圈自感或互感变化来实现非电量检测的一种装置。电感式传感器的核心部分是可变自感或可变互感，在被测量转换成线圈自感或互感的变化时，一般要利用磁场作为媒介或利用铁磁体的某些现象。这类传感器的主要特征是可以把输入物理量，如位移、振动、压力、流量、力矩及应变等参数，转换为线圈的自感系数 L 或互感系数 M 的变化，再由测量电路转换为电流或电压的变化，因此，在工业自动控制系统中被广泛采用。

电感式传感器具有结构简单、工作可靠、抗干扰能力强、输出功率较大、分辨力和精度较高、稳定性好等一系列优点。其主要缺点是灵敏度、线性度和测量范围相互制约，传感器自身频率响应低，不适合用于快速动态测量。

第一节 自感式传感器

自感式传感器是把被测量的变化转换成自感 L 的变化，通过一定的转换电路转换成电压或电流输出。它实质上是一个带铁心的线圈。被测机械量的变化会引起线圈磁路磁阻的变化，从而导致电感量（即自感）发生变化。

按磁路几何参数变化形式的不同，目前常用的自感式传感器有变气隙式、变截面积式和螺线管式三种。

一、工作原理

根据电感的定义，线圈中的电感为

$$L = \frac{\Psi}{I} = \frac{W\phi}{I} \tag{4-1}$$

式中，Ψ 为线圈总磁通量；I 为通过线圈的电流；W 为线圈的匝数；ϕ 为穿过线圈的磁通。

由磁路欧姆定律，得

$$\phi = \frac{IW}{R_m} \tag{4-2}$$

式中，R_m 为磁路总磁阻。所以，有

$$L = \frac{W^2}{R_m} \tag{4-3}$$

由式（4-3）可以看出，磁阻的改变会引起自感 L 的改变。所以自感式传感器也称为变磁阻式传感器。

因为气隙较小，可以认为气隙磁场是均匀的，所以，在忽略磁路铁损且气隙较小的情况下，磁路的总磁阻为

$$R_m = \sum \frac{l_i}{\mu_i S_i} + \frac{2\delta}{\mu_0 S} \qquad (4\text{-}4)$$

式中，μ_i 为各段导磁体的磁导率；l_i 为各段导磁体的长度；S_i 为各段导磁体的截面积；μ_0 为真空磁导率，其值为 $4\pi \times 10^{-7}$ H/m；S 为气隙的截面积；δ 为气隙的厚度。

一般情况下，导磁体的磁阻与气隙的磁阻相比是很小的，计算时可忽略，所以

$$R_m \approx \frac{2\delta}{\mu_0 S} \qquad (4\text{-}5)$$

将式（4-5）代入式（4-3）后得

$$L = \frac{W^2}{R_m} = \frac{W^2 \mu_0 S}{2\delta} \qquad (4\text{-}6)$$

式（4-6）表明，当线圈匝数为常数时，电感 L 仅仅是磁路中磁阻 R_m 的函数，改变 δ 或 S 均可导致电感变化。若保持 S 不变，δ 变化，则 L 为 δ 的单值函数，可构成变气隙式传感器，如图 4-1a 所示，它由线圈、铁心和衔铁三部分组成。若保持 δ 不变，S 变化，则可构成变截面积式传感器，如图 4-1b 所示。若线圈中放入圆柱形衔铁，则是一个可变自感，当衔铁上、下移动时，自感量将相应发生变化，这就构成了螺线管式自感传感器，如图 4-1c 所示。目前使用最广泛的是变气隙式电感传感器。

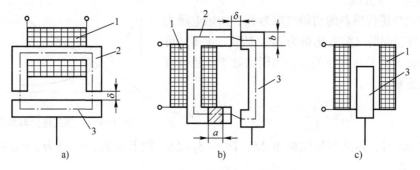

图 4-1　自感式传感器结构示意图
a）变气隙式　b）变截面积式　c）螺线管式
1—线圈　2—铁心　3—衔铁

上述自感传感器虽然结构简单，运行方便，但也有缺点，如自线圈流往负载的电流不可能等于 0；衔铁永远受有吸力；线圈电阻受温度影响，有温度误差；不能反映被测量的变化方向等。因此在实际中应用较少，而常采用差动自感传感器。

如图 4-2 所示为差动变隙式自感传感器的原理图。它由两个相同的电感和磁路组成。测量时，衔铁通过导杆与被测位移量相连，当被测体上、下移动时，导杆带动衔铁也以相同的位移上、下移动，使磁回路中磁阻发生大小相等、方向相反的变化，导致一个线圈的电感量增加，另一个线圈的电感量减小，形成差动形式。

衔铁位移时，输出电压的大小和极性将随位移的变化而变化。输出电压不但能反映位移量的大小，而且能反映位移的方向。差动自感传感器灵敏度较高，对干扰、电磁吸力有一定的补偿作用，还能改善特性曲线的非线性。

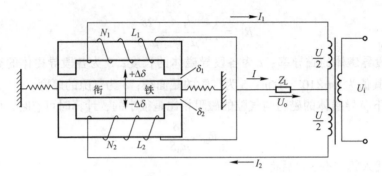

图 4-2　差动变隙式自感传感器原理图

二、电感计算及输出特性分析

自感式传感器的特性曲线如图 4-3 所示。可以看出 $L=f(\delta)$ 不是线性的，是一双曲线，当 $\delta=0$ 时，L 为 ∞，如果考虑到导磁体的磁阻，当 $\delta=0$ 时，L 不等于 ∞，而是有一定的数值，其曲线在 δ 较小时，如图 4-3 中虚线所示。如上、下移动衔铁使面积 S 改变，从而改变 L 值时，则 $L=f(S)$ 的特性为一条直线。

设变隙式自感传感器的初始气隙为 δ_0，初始电感为 L_0，衔铁位移引起的气隙变化量为 $\Delta\delta$。从式（4-6）可知，ΔL 与 $\Delta\delta$ 之间是非线性关系。当衔铁处于初始位置时，初始电感量为

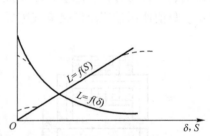

图 4-3　自感式传感器特性曲线

$$L_0=\frac{W^2\mu_0 S}{2\delta_0}\tag{4-7}$$

当衔铁上移 $\Delta\delta$ 时，传感器气隙减小 $\Delta\delta$，即 $\delta=\delta_0-\Delta\delta$，则此时输出电感为 $L=L_0+\Delta L$，代入式（4-6），得

$$L=L_0+\Delta L=\frac{W^2\mu_0 S}{2(\delta_0-\Delta\delta)}=\frac{L_0}{1-\dfrac{\Delta\delta}{\delta_0}}\tag{4-8}$$

当 $\Delta\delta/\delta_0\ll 1$ 时，可将式（4-8）用泰勒级数展开成如下的级数形式：

$$L=L_0+\Delta L=L_0\left[1+\frac{\Delta\delta}{\delta_0}+\left(\frac{\Delta\delta}{\delta_0}\right)^2+\left(\frac{\Delta\delta}{\delta_0}\right)^3+\cdots\right]\tag{4-9}$$

由式（4-9）可求得电感相对增量的表达式为

$$\frac{\Delta L}{L_0}=\frac{\Delta\delta}{\delta_0}\left[1+\frac{\Delta\delta}{\delta_0}+\left(\frac{\Delta\delta}{\delta_0}\right)^2+\cdots\right]\tag{4-10}$$

对式（4-10）进行线性化处理，即忽略高次项后得

$$\frac{\Delta L}{L_0}=\frac{\Delta\delta}{\delta_0}\tag{4-11}$$

由式（4-11）可知，变隙式自感传感器的灵敏度为

$$k=\left|\frac{\Delta L/L_0}{\Delta\delta}\right|=\frac{1}{\delta_0}\tag{4-12}$$

变隙式自感传感器的非线性误差为

$$\gamma = \left| \frac{\Delta\delta}{\delta_0} \right|^2 \bigg/ \left| \frac{\Delta\delta}{\delta_0} \right| = \left| \frac{\Delta\delta}{\delta_0} \right| \times 100\% \tag{4-13}$$

由此可见，变隙式自感传感器的测量范围、灵敏度及线性度这三个指标是互相冲突的。为了保证一定的测量范围和线性度，一般取 $\Delta\delta = (0.1 \sim 0.2)\, \delta_0$。

为了减小非线性误差，实际测量中广泛采用差动式电感传感器。

对于差动式电感传感器，当衔铁上移 $\Delta\delta$ 时的电感变化量为

$$\Delta L = L_1 - L_2 = \frac{W^2\mu_0 S}{2(\delta_0 - \Delta\delta)} - \frac{W^2\mu_0 S}{2(\delta_0 + \Delta\delta)}$$

$$= \frac{W^2\mu_0 S}{2\delta_0}\left(\frac{\delta_0}{\delta_0 - \Delta\delta} - \frac{\delta_0}{\delta_0 + \Delta\delta} \right) \tag{4-14}$$

$$= L_0 \frac{2\Delta\delta}{\delta_0} \frac{1}{1 - \left(\dfrac{\Delta\delta}{\delta_0}\right)^2}$$

电感的相对变化量为

$$\frac{\Delta L}{L_0} = 2\frac{\Delta\delta}{\delta_0} \frac{1}{1 - \left(\dfrac{\Delta\delta}{\delta_0}\right)^2} \tag{4-15}$$

当 $\Delta\delta/\delta_0 \ll 1$ 时，可将式（4-15）用泰勒级数展开成如下的级数形式：

$$\frac{\Delta L}{L_0} = 2\frac{\Delta\delta}{\delta_0}\left[1 + \left(\frac{\Delta\delta}{\delta_0}\right)^2 + \left(\frac{\Delta\delta}{\delta_0}\right)^4 + \left(\frac{\Delta\delta}{\delta_0}\right)^6 + \cdots \right] \tag{4-16}$$

对式（4-16）进行线性化处理，即忽略高次项后得

$$\frac{\Delta L}{L_0} = 2\frac{\Delta\delta}{\delta_0} \tag{4-17}$$

其灵敏度为

$$k = \left| \frac{\Delta L/L_0}{\Delta\delta} \right| = \frac{2}{\delta_0} \tag{4-18}$$

非线性误差为

$$\gamma = \frac{\left| \dfrac{\Delta\delta}{\delta_0} \right|^3}{\left| \dfrac{\Delta\delta}{\delta_0} \right|} = \left| \frac{\Delta\delta}{\delta_0} \right|^2 \times 100\% \tag{4-19}$$

可见，采用差动结构后，自感传感器的灵敏度提高了一倍，线性度得到明显改善。另外，采用差动结构还能抵消温度变化、电源波动、外界干扰及电磁吸力等因素对传感器的影响。为了使输出特性得到有效改善，要求构成差动的两个变隙式电感传感器在结构尺寸、材料及电气参数等方面均完全一致。

变气隙式、变面积式和螺线管式三种类型自感传感器相比较，变气隙式的灵敏度最高（原始气隙 δ 一般取值很小，约为 $0.1 \sim 0.5$ mm），因而它对电路的放大倍数要求很低，缺点是非线性严重，为了限制非线性误差，示值范围只能很小（最大示值范围 $\Delta\delta < \delta/5$），自由

行程小（衔铁在 $\Delta\delta$ 方向的运动受铁心限制），制造装配困难。变面积式的优点是线性较好，示值范围和自由行程较大。螺线管式的示值范围大，自由行程大，结构简单，制造装配容易，但灵敏度低是其缺点，可以在放大电路方面加以解决，因此目前螺线管式自感传感器用得越来越多。

三、测量电路

自感式传感器将被测量的变化转换为自感的变化。为了测出自感的变化，以及送入下级电路进行放大和处理，需要用转换电路把自感转换为电压或电流的变化。通常可将自感变化转换为电压（电流）的幅值、频率、相位的变化，它们分别称为调幅、调频、调相电路。

（一）调幅电路

1. 交流电桥

（1）电路原理

调幅电路的主要形式是交流电桥。图 4-4 为交流电桥测量电路，把传感器的两个线圈作为电桥的两个桥臂 Z_1 和 Z_2，另外两个相邻的桥臂用纯电阻 R 代替。

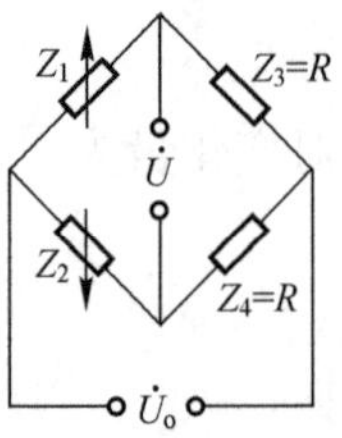

设 Z_1、Z_2 是差动电感传感器线圈的阻抗，有

$$Z_1 = r_1 + j\omega L_1$$
$$Z_2 = r_2 + j\omega L_2$$

式中，r_1、r_2 为线圈电阻。若差动电感传感器的两线圈为理想对称，则有 $r_1 = r_2$，初始阻抗相等。在输出端开路的情况下有

图 4-4　交流电桥测量电路

$$\Delta \dot{U} = \frac{\dot{U}(r_1 + j\omega L_1)}{2r + j\omega(L_1 + L_2)} - \frac{\dot{U}}{2} = \frac{\dot{U}}{2} \cdot \frac{j\omega(L_1 - L_2)}{2r + j\omega(L_1 + L_2)} \tag{4-20}$$

因为线圈电阻很小，所以当 $\omega L \gg r$ 时，式（4-20）变为

$$\Delta \dot{U} = \frac{\dot{U}}{2} \frac{L_1 - L_2}{L_1 + L_2} \tag{4-21}$$

对于变间隙式传感器，由于

$$L_1 = \frac{W^2 \mu_0 S}{2(\delta_0 \pm \Delta\delta)}$$

$$L_2 = \frac{W^2 \mu_0 S}{2(\delta_0 \mp \Delta\delta)}$$

所以

$$\Delta \dot{U} = \pm \frac{\dot{U}}{2} \frac{\Delta\delta}{\delta_0} \tag{4-22}$$

可以看出输出电压变化与气隙变化成正比。由于电源电压直接影响传感器输出信号，所以要求电压稳定。

（2）零点残余电压

在电桥测量电路中，当传感器两线圈阻抗相等时，电桥平衡，输出电压应该为零。由于

传感器阻抗是一个复数阻抗，为了达到电桥平衡，要求两线圈的电阻 R 和电感 L 都相等。实际上，电桥的绝对平衡是无法精确达到的。画出衔铁位移 x 与电桥输出电压有效值的关系曲线，如图 4-5 所示，虚线为理想特性曲线，实线为实际特性曲线，在零点总是有一个最小的输出电压，此即为零点残余电压，用 e_0 表示。

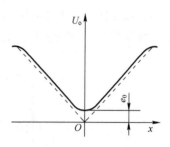

图 4-5 U_o-x 特性曲线

零点残余电压主要是由传感器的两个二次绕组的电气参数和几何尺寸不对称，以及磁性材料的非线性等引起的。零点残余电压的波形十分复杂，主要由基波和高次谐波组成。基波产生的主要原因是：传感器的两个二次绕组的电气参数、几何尺寸不对称，导致它们产生的感应电动势幅值不等、相位不同，因此不论怎样调整衔铁位置，两线圈中的感应电动势都不能完全抵消。高次谐波中起主要作用的是三次谐波，其产生的原因是磁性材料磁化曲线的非线性（磁饱和、磁滞）。

零点残余电压一般在几十 mV 以下，如果零点残余电压过大会使灵敏度下降，非线性误差增大，不同档位的放大倍数有显著差别，甚至造成放大器末级趋于饱和，致使仪器电路不能正常工作，甚至不能反映被测量的变化。

因此，零点残余电压的大小是判别传感器质量好坏的重要指标之一。在制造传感器时，要规定其零点残余电压不得超过某一定值。仪器在使用过程中，若有迹象表明传感器的零点残余电压太大，就要进行调整。

2. 变压器电桥

如图 4-6 所示为变压器式交流电桥，电桥两臂 Z_1、Z_2 为传感器线圈阻抗，另外两桥臂分别为交流变压器二次线圈的 $1/2$。当负载开路时，桥路输出电压为

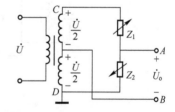

图 4-6 变压器式交流电桥测量电路

$$\dot{U}_o = \frac{Z_2}{Z_1+Z_2}\dot{U} - \frac{1}{2}\dot{U} = \frac{Z_2-Z_1}{Z_1+Z_2}\frac{\dot{U}}{2} \quad (4-23)$$

当传感器的衔铁处于中间位置时，即 $Z_1 = Z_2 = Z$，此时有 $\dot{U}_o = 0$，电桥平衡。

当传感器衔铁上移时，如 $Z_1 = Z+\Delta Z$，$Z_2 = Z-\Delta Z$，则

$$\dot{U}_o = -\frac{\Delta Z}{Z}\frac{\dot{U}}{2} = -\frac{\Delta L}{L}\frac{\dot{U}}{2} \quad (4-24)$$

当传感器衔铁下移时，如 $Z_1 = Z-\Delta Z$，$Z_2 = Z+\Delta Z$，则

$$\dot{U}_o = \frac{\Delta Z}{Z}\frac{\dot{U}}{2} = \frac{\Delta L}{L}\frac{\dot{U}}{2} \quad (4-25)$$

衔铁上、下移动相同距离时，输出电压相位相反，大小随衔铁的位移而变化。由于是交流电压，输出指示无法判断位移方向，必须配合相敏检波电路来解决。

3. 谐振式测量电路

谐振式测量电路如图 4-7a 所示，传感器电感 L 与电容 C、变压器一次侧串联在一起，接入交流电源，变压器二次侧将有电压输出，输出电压的频率与电源频率相同，而幅值随着

电感 L 而变化，图 4-7b 为输出电压与电感 L 的关系曲线，其中 L_0 为谐振点的电感值，此电路灵敏度很高，但线性差，适用于线性度要求不高的场合。

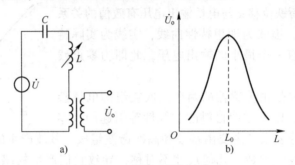

a)

图 4-7 谐振式调幅电路

a) 测量电路 b) 输出电压与电感 L 的关系曲线

（二）调频电路

调频电路的基本原理是传感器电感 L 的变化将引起输出电压频率的变化。测量电路如图 4-8 所示，通常把传感器电感 L 和电容 C 接入一个振荡回路中，其振荡频率 $f = 1/(2\pi\sqrt{LC})$。当 L 变化时，振荡频率随之变化，根据 f 的大小即可测出被测量的值。图 4-8b 是 f 与 L 的关系曲线，表明其具有非线性关系。

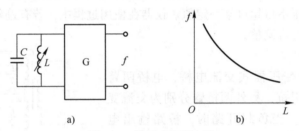

图 4-8 谐振式调频电路

a) 测量电路 b) f 与 L 的关系曲线

（三）调相电路

调相电路是利用传感器电感 L 的变化引起输出电压相位的变化进行测量的。图 4-9a 是测量电路，L 是传感器线圈。设电感线圈具有高品质因数，忽略其损耗电阻，则固定电阻与线圈上的压降 $\dot{U}_R$ 和 $\dot{U}_L$ 两相量是垂直的，如图 4-9b 所示。当电感 L 变化时，输出电压幅值不变，相位角 φ 随之变化，φ 和 L 的关系为

$$\varphi = -2\tan^{-1}(\omega L/R) \tag{4-26}$$

式中，ω 为电源角频率。

当 L 有微小变化 ΔL 时，输出电压相位变化为

$$\Delta\varphi = -\frac{2(\omega L/R)}{1+(\omega L/R)^2}\frac{\Delta L}{L} \tag{4-27}$$

特性关系如图 4-9c 所示。

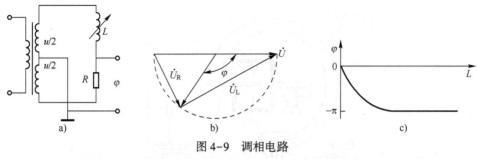

图 4-9　调相电路

a) 测量电路　b) 线圈和电阻压降的相量关系　c) 输出电压相位和 L 的关系曲线

四、自感式传感器的应用

1. 电感式滚柱直径分选装置

如图 4-10 所示为电感式滚柱直径分选装置原理图，它由轴向式电感测微器逐个测量滚柱的直径，经测量电路处理后得到每个滚柱直径的公差，然后计算机控制相应料斗的电磁翻板打开，使该滚柱落入料斗，这样不同公差的滚柱就会分别滚入对应的料斗，完成分拣。

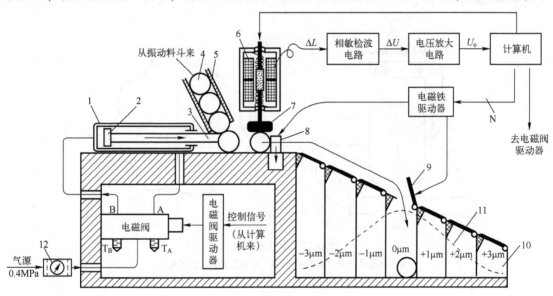

图 4-10　电感式滚柱直径分选装置

1—气缸　2—活塞　3—推杆　4—被测滚柱　5—落料管　6—电感测微器　7—钨钢测头　8—限位挡板

9—电磁翻板　10—滚柱的公差分布　11—容器（料斗）　12—气源处理三联件

2. 变隙式差动电感压力传感器

图 4-11 是变隙式差动电感压力传感器，它由 C 形弹簧管、铁心、衔铁及线圈等组成。

当被测压力进入 C 形弹簧管时，C 形弹簧管产生变形，其自由端发生位移，带动与自由端连接成一体的衔铁运动，使线圈 1 和线圈 2 中的电感发生大小相等、符号相反的变化，即一个电感量增大，另一个电感量减小。电感的这种变化通过电桥电路转换成电压输出。由于输出电压与被测压力之间呈比例关系，所以只要用检测仪表测量出输出电压，即可得知被测压力的大小。传感器输出信号的大小取决于衔铁位移的大小，而输出信号的相位则取决于衔铁移动的方向。

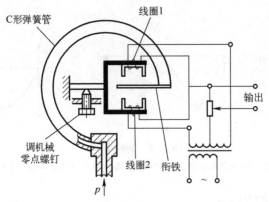

图 4-11 变隙式差动电感压力传感器

3. 电感式圆度计

图 4-12 是电感式圆度计的测量原理，采用旁向式电感测微头。测微头 2 绕圆柱柱面 1 旋转一周，测得圆周各点到圆心的距离，根据测量值可绘制出圆周的实际轮廓，经后续处理后即可得到圆度值。

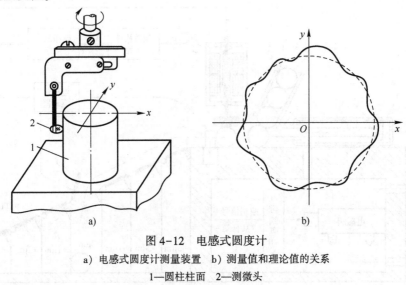

图 4-12　电感式圆度计

a) 电感式圆度计测量装置　b) 测量值和理论值的关系

1—圆柱柱面　2—测微头

第二节　互感式传感器

把被测量变化转换为线圈互感变化的传感器称为互感式传感器。这种传感器是根据变压器的基本原理制成的，并且二次绕组经常用差动形式连接，构成差动变压器式传感器，简称差动变压器。在这种传感器中，一般将被测量的变化转换为变压器的互感变化，变压器一次线圈输入交流电压，二次线圈则感应出电动势。差动变压器式传感器可以直接用于位移测量，也可以测量与位移有关的任何机械量，如振动、加速度、应变、张力和厚度等。

一、差动变压器的工作原理及特性

差动变压器的结构形式较多，有变隙式、螺线管式和变面积式等（如图 4-13 所示），但其工作原理基本相同。线性差动变压器（Linear variable differential transformer，LVDT）是一种主要的类型，它具有结构简单、测量线性范围大、精度高、灵敏度高、性能可靠等优点，因此被广泛用于非电量的测量。

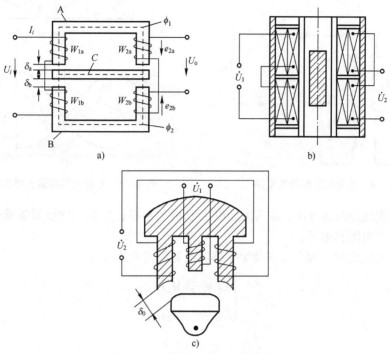

图 4-13　差动变压器式传感器
a）变隙式　b）螺线管式　c）变面积式

差动变压器式传感器由一个一次线圈、两个二次线圈和插入线圈中央的铁心组成，其中两个二次线圈反相串联。在忽略铁损、导磁体磁阻和线圈分布电容的理想条件下，其等效电路如图 4-14 所示。

当一次绕组加以激励电压 $\dot{U}$ 时，根据变压器的工作原理，在两个二次绕组 W_{2a} 和 W_{2b} 中便会产生感应电动势 $\dot{E}_{2a}$ 和 $\dot{E}_{2b}$。如果变压器结构完全对称，则当活动衔铁处于初始平衡位置时，必然会使两互感系数 $M_1 = M_2$。根据电磁感应原理，将有 $\dot{E}_{2a} = \dot{E}_{2b}$。由于变压器的两个二次绕组反相串联，所以，$\dot{U}_o = \dot{E}_{2a} - \dot{E}_{2b} = 0$。

假设衔铁向上移动，则由于磁阻变化，W_{2a} 中的磁通将大于 W_{2b} 中的，使 $M_1 > M_2$，因而 $\dot{E}_{2a}$ 和 $\dot{E}_{2b}$ 也随之增大或减小。所以当 $\dot{E}_{2a}$、$\dot{E}_{2b}$ 随着衔铁位移 x 变化时，$\dot{U}_o$ 也将随 x 而变化。图 4-15 是差动变压器输出电压 $\dot{U}_o$ 与活动衔铁位移 Δx 的关系曲线。其中，实线为理论特性曲线，虚线曲线为实际特性曲线。差动变压器在零位移时的实际输出电压并不等于零。差动变压器在零位移时的输出电压称为零点残余电压。零点残余电压的存在使传感器的输出特性不经过零点，造成实际特性与理论特性不完全一致。

当二次侧开路时，有

$$\dot{I}_1 = \frac{\dot{U}}{r_1 + j\omega L_1} \tag{4-28}$$

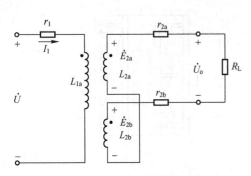

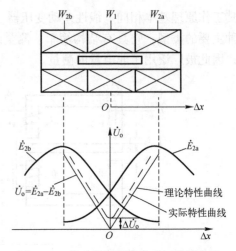

图 4-14 差动变压器等效电路　　　　图 4-15 差动变压器输出电压特性曲线

式中，$\dot{U}$ 为一次线圈激励电压；ω 为激励电压 U 的角频率；$\dot{I}_1$ 为一次线圈激励电流；r_1、L_1 为一次线圈直流电阻和电感。

根据电磁感应定律，两个二次绕组中感应电动势的表达式为

$$\begin{cases} \dot{E}_{2a} = -j\omega M_1 \dot{I}_1 \\ \dot{E}_{2b} = -j\omega M_2 \dot{I}_1 \end{cases} \tag{4-29}$$

所以

$$\dot{U}_o = \dot{E}_{2a} - \dot{E}_{2b} = -\frac{j\omega(M_1 - M_2)\dot{U}}{r_1 + j\omega L_2} \tag{4-30}$$

输出电压的有效值为

$$U_o = \frac{\omega(M_1 - M_2)U}{\sqrt{r_1^2 + (\omega L_1)^2}} \tag{4-31}$$

从式（4-31）可以看出，当其他参数为定值时，差动变压器的输出电压仅仅是一次绕组与两个二次绕组之间互感之差的函数。因此，只要求出互感 M_1、M_2 和活动衔铁位移 x 的关系式，即可得到螺线管式差动变压器的基本特性表达式。

活动衔铁处于中间位置时

$$M_1 = M_2 = M$$
$$U_o = 0$$

活动衔铁向上移动时

$$M_1 = M + \Delta M, \quad M_2 = M - \Delta M$$
$$U_o = \frac{2\omega\Delta M U}{\sqrt{r_1^2 + (\omega L_1)^2}} \tag{4-32}$$

活动衔铁向下移动时

$$M_1 = M - \Delta M, \quad M_2 = M + \Delta M$$
$$U_o = -\frac{2\omega\Delta M U}{\sqrt{r_1^2 + (\omega L_1)^2}} \tag{4-33}$$

二、测量电路

差动变压器由位移引起互感变化，但输出的是调幅电压信号。测量电路可以采用专用集成电路，如 AD598/698，只需外接少量无源元件就可将差动变压器的相应信号转换为单极性或双极性直流电平，非常方便。下面介绍 AD598 的原理和应用。

如图 4-16 所示为 AD598 芯片功能框图，该芯片主要包含两部分：一部分为正弦信号发生器，其频率及幅值由外接元件决定；另一部分为二次线圈信号调理电路，会产生一个与衔铁位移成正比的直流电压信号。AD598 既可以驱动 24 V、频率范围为 20 Hz～20 kHz 的一次线圈，又可接收最低为 100 mV 的二次输入，适用于很多不同类型的差动变压器。

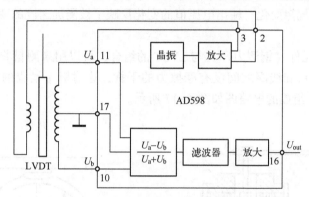

图 4-16 AD598 集成电路芯片功能框图

AD598 可以连接为双电源或单电源工作方式。图 4-17 是双电源供电时 AD598 与差动变压器的连接图。具体细节请参考差动变压器和 AD598 的手册。利用外部无源元件来设置的

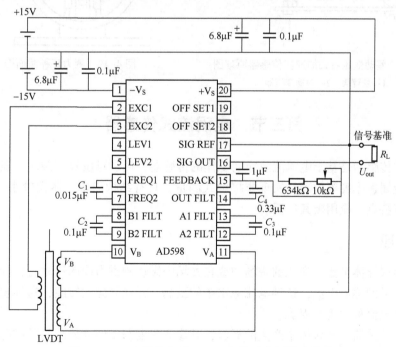

图 4-17 双电源供电时 AD598 与差动变压器连接图

参数包括：激励频率和幅度、AD598 系统带宽以及比例因子（V/inch）。另外，有一些可选参数，如零偏调整、滤波和信号积分等需要用附加的外部元件来设置。

三、差动变压器式传感器的应用

1. 差动变压器式加速度传感器

图 4-18 为差动变压器式加速度传感器的原理结构示意图。它由悬臂梁 1 和差动变压器 2 构成。测量时，将悬臂梁 1 的底座及差动变压器 2 的线圈骨架固定，将衔铁的 A 端与被测振动体相连，此时传感器作为加速度测量中的惯性元件，它的位移与被测加速度成正比，使对加速度的测量转变为对位移的测量。当被测体带动衔铁以 $\Delta x(t)$ 振动时，导致差动变压器的输出电压也按相同规律变化，输出电压值的变化反映了被测加速度的变化。

2. 测力环称

图 4-19 是弹性元件（钢测力环）与 LVDT 的组合，可以用来测量非常小的负载。这种方法的优点是，在衔铁和线圈之间没有摩擦力的干扰，这对极小量程的重量测量是很重要的。该组合与 AD598 组成的电路图如图 4-17 所示。

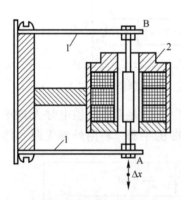 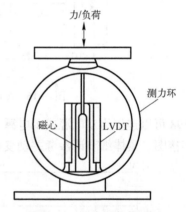

图 4-18　差动变压器式加速度传感器原理图　　　　图 4-19　测力环秤截面图
1—悬臂梁　2—差动变压器

第三节　电涡流式传感器

电涡流式传感器是基于电涡流效应而工作的传感器，可以对位移、振动、表面温度、速度、应力及金属板厚度等物理量实现非接触式测量，具有结构简单、体积较小、灵敏度高、频率响应宽等特点，应用极其广泛。

一、工作原理

当块状金属导体被置于变化的磁场中或在磁场中做切割磁力线的运动时，导体内就会产生呈漩涡状流动的感应电流，这种电流像水中的漩涡一样在导体内转圈，这种现象称为电涡流效应，这种电流称之为电涡流。

电涡流式传感器在金属体中产生的涡流，其渗透深度与传感器线圈的励磁电流的频率有关。根据电涡流在导体内的贯穿情况，通常把电涡流传感器按激励频率的高低分为高频反射式和低频透射式两大类，前者的应用较广泛。

电涡流式传感器的工作原理如图 4-20 所示。根据法拉第定律，当传感器线圈通以正弦交变电流 I_1 时，线圈周围空间会产生正弦交变磁场 H_1，使置于此磁场中的金属导体中出现感应电涡流 I_2，I_2 又产生新的交变磁场 H_2。根据楞次定律，H_2 的作用将反抗原磁场 H_1，由于磁场 H_2 的作用，涡流要消耗掉一部分能量，导致传感器线圈的等效阻抗发生变化。由上可知，线圈阻抗的变化完全取决于被测金属导体的电涡流效应。

图 4-21 是电涡流式传感器的等效电路。根据基尔霍夫定律，可列出方程为

$$\begin{cases} R_1\dot{I}_1 + j\omega L_1\dot{I}_1 - j\omega M\dot{I}_2 = \dot{U}_1 \\ R_2\dot{I}_2 + j\omega L_2\dot{I}_2 - j\omega M\dot{I}_1 = 0 \end{cases} \tag{4-34}$$

式中，ω 为线圈励磁电流角频率；R_1、L_1 为线圈电阻和电感；L_2 为短路环等效电感；R_2 为短路环等效电阻；M 为互感系数。

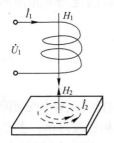

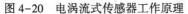

图 4-20　电涡流式传感器工作原理

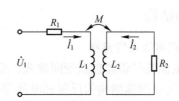

图 4-21　电涡流式传感器等效电路

解此方程组可得电涡流传感器的等效阻抗为

$$Z = \frac{\dot{U}_1}{\dot{I}_1} = R_1 + \frac{\omega^2 M^2}{R_2^2 + \omega^2 L_2^2}R_2 + j\omega\left[L_1 - \frac{\omega^2 M^2}{R_2^2 + \omega^2 L_2^2}L_2\right] \tag{4-35}$$

$$= R_{eq} + j\omega L_{eq}$$

式中，R_{eq}、L_{eq} 分别为线圈受电涡流影响后的等效电阻和等效电感：

$$R_{eq} = R_1 + \frac{\omega^2 M^2}{R_2^2 + \omega^2 L_2^2}R_2 \tag{4-36}$$

$$L_{eq} = L_1 - \frac{\omega^2 M^2}{R_2^2 + \omega^2 L_2^2}L_2 \tag{4-37}$$

由式（4-36）和（4-37）可以看出，有导体影响后，线圈阻抗的实部有效电阻增加，而虚部等效电感减小，这样使线圈阻抗发生了改变，这种作用称为反射阻抗作用。

为了同时研究阻抗实部、虚部两部分的作用，常用品质因数 Q 来表示。根据品质因数的定义，无金属导体影响时，线圈的品质因数为

$$Q_1 = \frac{\omega L_1}{R_1} \tag{4-38}$$

有金属导体影响时，线圈的品质因数变为

$$Q = \frac{\omega L_{eq}}{R_{eq}} = Q_1\left(1 - \frac{L_2\omega^2 M^2}{L_1 Z^2}\right)\bigg/\left(1 + \frac{R_2\omega^2 M^2}{R_1 Z^2}\right) \tag{4-39}$$

式中，$Z=\sqrt{R_2^2+\omega^2 L_2^2}$ 为金属导体中产生涡流的圆环部分的阻抗，称涡流环流阻抗。

可见，由于涡流的影响，线圈复阻抗的实数部分增大，虚数部分减小，因此线圈的品质因数 Q 下降。因此，可以通过测量 Q 值的变化来间接判断电涡流的大小。

由上述分析可见，电涡流式传感器的等效电气参数如线圈阻抗 Z、线圈电感 L_{eq} 和品质因数 Q 值都是互感系数 M 的函数，而 M 又是线圈与金属导体之间距离 x 的非线性函数。由于 H、R_2、L_2 和 M 的大小取决于金属导体的电阻率 ρ、金属导体的磁导率 μ 以及线圈励磁频率 f，因此，电涡流式传感器的阻抗 Z、电感 L_{eq} 和品质因数 Q 都是由 ρ、μ、x、f 等多个参数决定的多元函数，若只改变其中一个参数，其余参数保持不变，便可测定该可变参数。例如，若被测材料的情况不变，线圈励磁频率 f 不变，而 $Z=f(\rho,\mu,x,f)$，则阻抗 Z 就成为距离 x 的单值函数，便可制成涡流位移传感器。

此外，电涡流式传感器还可利用导体电阻率随温度变化的特性实现温度测量；利用磁导率与硬度有关的特性实现非接触式硬度连续测量；利用裂纹引起导体电阻率、磁导率等变化的综合影响，进行金属表面裂纹及焊缝的无损检测等。

二、类型与结构

1. 反射式电涡流传感器

反射式电涡流传感器包括变间隙式、变面积式和螺线管式，其中变间隙式最为常用。如图 4-22 所示为变间隙结构的反射式电涡流传感器，其结构比较简单，主要是一个安置在框架上的线圈，线圈可以绕成一个扁平圆形粘贴于框架上，也可以在框架上开一条槽，导线绕制在槽内而形成一个线圈。线圈的导线一般采用高强度漆包线，如要求高一些，可用银或银合金线，在较高的温度条件下，须用高温漆包线。由于激励频率较高，对所用电缆与插头也要求较高。

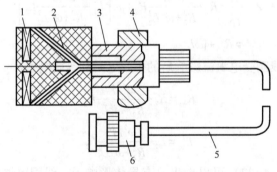

图 4-22 反射式电涡流传感器的结构示意图
1—线圈　2—框架　3—框架衬套　4—支架　5—电缆　6—插头

分析表明，这种传感器当线圈外径大时线圈的磁场轴向分布范围大，但磁感应强度的变化梯度小，当线圈外径小时则相反。也就是说，当线圈外径大时，线性范围大，但灵敏度低；当线圈外径小时，线性范围小，但灵敏度高。另外，被测物体的物理性质（电导率和磁导率）、尺寸与形状都对传感器的特性有影响。

2. 透射式电涡流传感器

透射式电涡流传感器采用低频激励，贯穿深度大，适用于测量金属材料的厚度。

图 4-23 为透射式电涡流传感器的结构原理图。在被测金属板的上方设有发射传感器线圈 L_1，在被测金属板下方设有接收传感器线圈 L_2。当在 L_1 上加低频电压 U_1 时，L_1 上产生交变磁通 φ_1，若两线圈间无金属板，则交变磁通直接耦合至 L_2 中，L_2 产生感应电压 U_2。如果将被测金属板放入两线圈之间，则 L_1 线圈产生的磁场将导致在金属板中产生电涡流，并将贯穿金属板，此时磁场能量受到损耗，使到达 L_2 的磁通将减弱为 φ_1'，从而使 L_2 产生的感应电压 U_2 下降。金属板越厚，涡流损失就越大，电压 U_2 就越小。因此，可根据 U_2 的大小得知被测金属板的厚度。透射式电涡流厚度传感器的检测范围可达 $(1 \sim 100)$ mm，分辨率为 $0.1\ \mu m$。

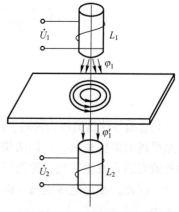

图 4-23　透射式电涡流传感器原理图

三、测量电路

1. 电桥法

电桥法原理如图 4-24 所示。图中 L_1 和 L_2 是两个电涡流传感器的两个线圈的电感值，L_1、C_1 和 L_2、C_2 分别并联后，与 R_1、R_2 组成电桥的四个桥臂，振荡器提供电桥电压及检波器所需的电源电压。

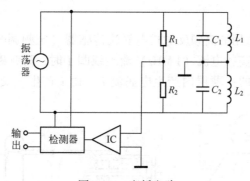

图 4-24　电桥电路

初始状态时，电桥平衡，由电桥的平衡条件有 $Z_1R_2 = Z_2R_1$，则电桥输出为 0。当被测导体与线圈耦合时，由于在导体内产生电涡流，使线圈阻抗随两者之间距离的改变而发生变化，破坏了电桥的平衡状态，使电桥输出也随之变化，经放大、检波以后，其输出信号就反映了被测量的变化。

这种电路结构简单，主要用于差动式电涡流传感器。

2. 调幅法

由传感器线圈 L、电容器 C 和石英晶体组成的石英晶体振荡电路如图 4-25 所示。石英晶体振荡器起恒流源的作用，给谐振回路提供一个频率 (f_0) 稳定的激励电流 i_o，LC 回路的输出电压为

$$u_o = i_o f(Z) \tag{4-40}$$

式中，Z 为 LC 回路的阻抗。

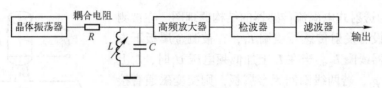

图 4-25 石英晶体振荡电路

当金属导体远离或去掉时，LC 并联谐振回路谐振频率即为石英振荡频率，$f_0 = 1/2\pi\sqrt{LC}$，回路呈现的阻抗最大，谐振回路上的输出电压也最大；当金属导体靠近传感器线圈时，线圈的等效电感 L 发生变化，导致回路失谐，从而使输出电压降低，L 的数值随距离 x 的变化而变化。因此，输出电压也随 x 而变化。输出电压经放大、检波后，由指示仪表直接显示出 x 的大小。

3. 调频法

如图 4-26 所示，传感器线圈接入 LC 振荡回路，当传感器与被测导体之间的距离 x 改变时，在涡流影响下，传感器的电感发生变化，从而导致振荡频率的变化，该变化的频率是距离 x 的函数，即 $f = L(x)$，该频率可由数字频率计直接测量，或者通过 f-V 变换，用数字电压表测量对应的电压。

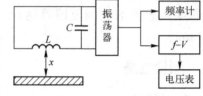

图 4-26 调频电路

四、电涡流式传感器的应用

1. 电涡流测振传感器

如图 4-27 所示为测振用的高频反射式电涡流传感器（定频调幅式）。图 4-27a 为原理图，图 4-27b 为结构图。高频电流（1 MHz）流经线圈 1 时，高频磁场作用于金属板 2，由于趋肤效应，在金属表面的一薄层内产生电涡流 i_s，由 i_s 产生一交变磁场，又反作用于线

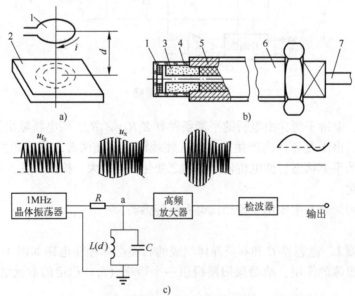

图 4-27 电涡流测振传感器原理及结构框图（定频调幅式）

a）原理图 b）结构图 c）结构框图

1—线圈 2—金属板 3—陶瓷框架 4—保护罩 5—绝缘填充料 6—壳体 7—电缆

圈，从而引起线圈的自感及阻抗发生变化，这种变化与线圈至金属表面的距离 d 有关。其结构为：线圈 1 粘贴在陶瓷框架 3 上，外面罩以保护罩 4，壳体 6 内放有绝缘填充料 5，传感器用电缆 7 与涡流测振仪相接。

实际的电涡流传感器可看成由电感 L 和电容 C 组成的一并联谐振回路，如图 4-27c 所示。晶体振荡器产生 1 MHz 的等幅高频信号经电阻 R 加到传感器上，当 L 随 d 变化时，即当振动体的位移变化时，其 a 点的 1 MHz 高频波被调制，该调制信号经高频放大、检波后输出。输出电压 u_o 与振动位移 d 成正比。

2. 电涡流温度传感器

在较小的温度范围内，导体的电阻率与温度的关系可表示为

$$\rho_t = \rho_0(1+\alpha\Delta t) \tag{4-41}$$

式中，ρ_t 是温度为 t 时的电阻率；ρ_0 是温度为 t_0 时的电阻率；α 是在给定温度范围内的电阻温度系数；Δt 是温度变化值，$\Delta t = t - t_0$。

如果保持电涡流传感器的机、电、磁各参数不变，使传感器的输出只随被测导体电阻率而变化，就可以测得温度的变化。如图 4-28 所示为一种测量液体或气体介质温度的电涡流温度传感器。

电涡流温度传感器可用来测量液体、气体介质温度或金属材料的表面温度，适合于低温到常温的测量。电涡流温度传感器的最大优点是反应速度快。其他温度计往往有热惯性问题，时间常数为几秒甚至更长。而用厚度为 0.001 5 mm 的铅板作为温度敏感元件所构成的电涡流温度传感器，其热惯性为 0.001 s。

3. 多层厚度电涡流检测

金属多层结构厚度检测是许多重要领域急需解决的问题。涡流检测方法具有很多优点，比如灵敏度高，适用于导电材料，造价低，不需要耦合剂以及可用于高温、薄管、细线和内空表面等难以进行检测的特殊场合等。因此，可以采用多频涡流检测技术进行飞机多层搭接件内部腐蚀气隙和复合镀层厚度等的检测。

如图 4-29 所示，一个正圆柱空心探头线圈放置于 M 层金属结构上方，各层的电导率、磁导率及厚度等可以不同，但是每一层的特性假设为均匀、各向同性。用电涡流法测量金属结构厚度或者多层厚度时，期望测量出由厚度引起的阻抗变化，如果抑制其他参数引起的线圈阻抗变化，而测定那些与厚度有关的参数，就可测量出厚度的变化。

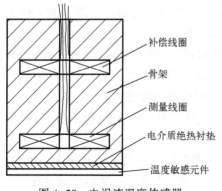

图 4-28　电涡流温度传感器

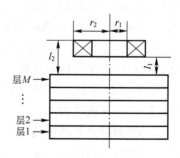

图 4-29　多层厚度电涡流检测原理图

第四节 压磁式传感器

压磁式传感器又称为磁弹性传感器,是利用铁磁材料的磁性质变化来实现对外力的检测的。它的输出功率大,信号灵敏度高,结构简单,牢固可靠,抗干扰性能好,过载能力强,便于制造及经济实用,广泛应用于力学量测量、无损检测等领域。

一、压磁效应

铁磁材料具有晶体的构造,在晶体形成的过程中形成了磁畴。各个磁畴的磁化强度矢量是随机的,在没有外磁场作用时,材料总的磁化强度为零。当有外磁场作用时,磁畴的磁化强度矢量向外磁场方向产生转动,材料呈现磁化。当外磁场很强时,各个磁畴的磁化强度矢量都转向与外磁场平行,这时材料呈现磁饱和现象。

在磁化过程中,各磁畴之间的界限发生移动,因而产生机械形变,这种现象称为磁致伸缩效应。

铁磁材料在外力的作用下,引起内部发生形变,产生应力,使各磁畴之间的界限发生移动,磁畴磁化强度矢量转动,从而也使材料的磁化强度发生相应的变化。这种由于应力而使铁磁材料的磁性质变化的现象,称为压磁效应。

铁磁材料的压磁效应的具体内容为:1) 当材料受到压力时,在作用力方向磁导率 μ 减小,而在与作用力相垂直方向,μ 略有增大。当作用力是拉力时,其效果相反。2) 作用力取消后,磁导率复原。3) 铁磁材料的压磁效应还与外磁场有关。为了使磁感应强度与应力间有单值的函数关系,必须使外磁场强度的数值一定。

二、工作原理

铁磁材料在受外力时,内部产生应力,引起磁导率变化。当铁磁材料上绕有线圈时,将引起线圈阻抗变化。当铁磁材料上同时绕有激励绕组和输出绕组时,磁导率的变化将导致绕组间的耦合系数变化,从而使输出电动势发生变化。这样就把作用力变换成电量输出。

压磁式传感器的工作原理如图 4-30 所示。在压磁材料的中间部分开有四个对称的小孔,在孔 1、2 间绕有激励绕组 N_{12},孔 3、4 间绕有输出绕组 N_{34}。当激励绕组中通过交变电流时铁心中就产生磁场。若把孔间的空间分成 A、B、C、D 四个区域,在无外力的情况下,四个区域的磁导率是相同的,合成磁场强度 H 平行于输出绕组的平面,磁力线不与输出绕组交链,所以 N_{34} 不产生感应电动势,如图 4-30b 所示。

在压力 F 作用下,如图 4-30c 所示,A、B 区域将受到一定的应力,而 C、D 区域基本上仍处于自由状态,于是 A、B 区域的磁导率下降,磁阻增大,而 C、D 区域磁导率基本不变,这样激励绕组所产生的磁力线将重新分布,部分磁力线绕过 C、D 区域闭合,于是合成磁场 H 不再与 N_{34} 平面平行,一部分磁力线与 N_{34} 交链而产生感应电动势 e。F 值越大,与 N_{34} 交链的磁通越多,e 值越大。

压磁式传感器的缺点是测量精度不高,反应速度低。但其输出功率大,抗干扰能力强,过载性能好,结构与电路简单,能在恶劣环境下工作,寿命长,所以很适合在重工业、化学工业等部门应用。

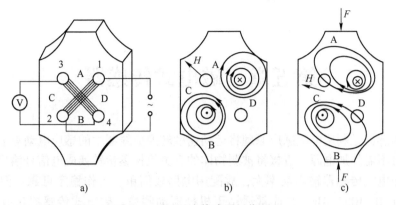

图 4-30　压磁式传感器工作原理

a）压磁式传感器结构　b）无外力作用时的磁力线分布　c）有外力作用时的磁力线分布

压磁式传感器最直接的应用是用作测力传感器，不过其他物理量如果可以变换为力的话，也可以使用压磁式传感器进行测量。

思考题与习题

1. 变隙式电感传感器为什么只能测微小位移？
2. 差动变压器式传感器有哪几种结构形式？各有什么特点？
3. 试比较差动自感式传感器与差动变压器式传感器的异同。
4. 交流电桥的平衡条件是什么？
5. 什么是零点残余电压？其产生的原因是什么？如何减小？
6. 有一只螺管型差动式电感传感器，已知电源电压 $U = 4$ V，$f = 400$ Hz，传感器线圈的电阻和电感分别为 $R_1 = R_2 = 40\ \Omega$，$L_1 = L_2 = 30$ mH，用两只匹配电阻设计成四臂等阻抗电桥，如图 4-31 所示，试求：

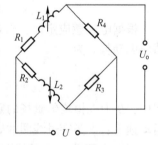

① 匹配电阻 R_3 和 R_4 的值为多少才能使电压灵敏度达到最大？

② 当 $\Delta Z = 10\ \Omega$ 时，电桥输出电压 U_o 为多少？

图 4-31　四臂等阻抗电桥

7. 差动变压器式传感器在频率为 200 Hz，峰峰值为 6 V 的电压激励下，若衔铁运动频率为 20 Hz 的正弦波，其位移幅值为 ± 2 mm，已知传感器灵敏度为 2 V/mm，试画出激励电压、输入位移和输出电压波形，并配以适当的测量电路。

8. 电涡流式传感器的工作原理是怎样的？它与自感式、互感式传感器在原理上有何异同？

9. 反射式电涡流传感器与透射式电涡流传感器有何异同？

10. 利用电涡流式传感器测量板材厚度，已知励磁电源频率 $f = 1$ MHz，被测材料磁导率 $\mu = 4\pi \times 10^{-7}$ H/m，材料的电阻率 $\rho = 2.9 \times 10^{-8}\ \Omega \cdot$ m，问：

① 采用高频反射式电涡流传感器测量时，涡流穿透深度 h 为多少？

② 能否用低频透射式电涡流传感器测量板材厚度？说明理由。

第五章　磁电式传感器

磁电式传感器是利用电磁感应原理将运动速度转换成线圈中的感应电动势输出的一种传感器，工作时不需外加电源，直接将被测物体的有关机械参量转换成电信号输出，属于有源型传感器。磁电式传感器输出功率大，故配用电路较简单，工作稳定可靠，但响应频率较低，通常在（10~1000）Hz。它非常适用于机械振动测量。磁电式传感器具有双向转换特性，利用其逆转换效应可构成力（或力矩）发生器和电磁激振器等。

磁电式传感器有磁电感应式传感器、霍尔传感器和磁栅式传感器，以及各类磁敏传感器等。

第一节　磁电感应式传感器

磁电感应式传感器是一种机-电能量变换型传感器，不需要辅助电源，就能把被测对象的机械量转换成易于测量的电信号。由于它输出功率大，可大大简化二次仪表，且性能稳定可靠，输出阻抗小，具有一定的工作带宽，非常适用于机械振动测量，所以得到普遍应用。

一、工作原理

根据电磁感应定律，当导体在稳恒均匀磁场中沿垂直磁场方向运动时，在导体内产生的感应电动势 e 为

$$e = -\frac{\mathrm{d}\phi}{\mathrm{d}t} = -Bl\frac{\mathrm{d}x}{\mathrm{d}t} = -Blv \tag{5-1}$$

式中，B 为稳恒均匀磁场的磁感应强度；l 为运动导体的有效长度；v 为导体相对于磁场的运动速度；ϕ 为穿过线圈的磁通。

当一个匝数为 W 的线圈相对静止地处于随时间变化的磁场中时，线圈内的感应电动势 e 为

$$e = -W\frac{\mathrm{d}\phi}{\mathrm{d}t} \tag{5-2}$$

根据以上原理，可以设计出两种磁电式传感器结构：变磁通式和恒磁通式。

（一）变磁通式磁电传感器

变磁通式磁电传感器又称为磁阻式磁电传感器，它是利用磁路中磁阻的变化来工作的，可用来测量旋转物体的角速度。

变磁通式磁电传感器按结构不同可分为两种：开磁路变磁通式磁电传感器和闭磁路变磁通式磁电传感器。

1. 开磁路变磁通式磁电传感器

如图 5-1 所示为开磁路变磁通式转速传感器，其中感应线圈 3 和永久磁铁 5 静止不动，

测量齿轮 2 安装在被测旋转体 1 上，随其一起转动。每转动一个齿，齿的凹凸引起磁路磁阻变化一次，磁通也就变化一次，线圈 3 中产生感应电动势，其变化频率等于被测转速与测量齿轮 2 上齿数的乘积。

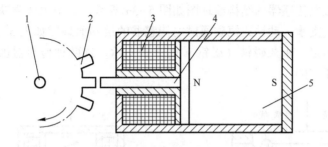

图 5-1　开磁路变磁通式转速传感器

1—被测旋转体　2—测量齿轮　3—感应线圈　4—软铁　5—永久磁铁

这种传感器结构简单，但输出信号较小，且因高速轴上加装齿轮较危险而不宜用于测量高转速的场合。另外当被测轴振动较大时，传感器的输出波形失真较大。

2. 闭磁路变磁通式磁电传感器

如图 5-2 所示为闭磁路变磁通式转速传感器，它由装在转轴 3 上的内齿轮 4 和外齿轮 5、永久磁铁 1 和感应线圈 2 组成，内、外齿轮的齿数相同。当转轴 3 连接到被测转轴上时，外齿轮 5 不动，内齿轮 4 随被测轴而转动，内、外齿轮的相对转动使气隙磁阻产生周期性变化，从而引起磁路中磁通的变化，使线圈内产生周期性变化的感应电动势，感应电动势的频率与被测转速成正比。

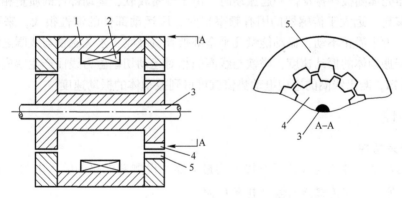

图 5-2　闭磁路变磁通式转速传感器

1—永久磁铁　2—感应线圈　3—转轴　4—内齿轮　5—外齿轮

变磁通式传感器对环境条件要求不高，能在 $(-150 \sim 90)$ ℃ 的温度下工作，且不影响测量精度，也能在油、水雾及灰尘等条件下工作。但它的工作频率下限较高，约为 50 Hz，上限可达 100 kHz。

（二）恒磁通式磁电传感器

在恒磁通式磁电传感器中，磁路系统产生恒定的直流磁场（磁场由永久磁铁产生），磁路中的工作气隙固定不变，因而气隙中的磁通也是恒定不变的。其运动部件可以是线圈（动圈式），也可以是磁铁（动铁式），相应的，恒磁通式磁电传感器也分为两种：动圈式恒磁通磁电传感器和动铁式恒磁通磁电传感器。

动圈式恒磁通磁电传感器的结构原理图如图 5-3a 所示，其中永久磁铁与传感器壳体固定，线圈组件用弹簧支承。动铁式恒磁通磁电传感器的结构原理图如图 5-3b 所示，其中线圈与传感器的壳体固定，永久磁铁（磁钢）用弹簧支承。这两种传感器虽然结构不同，但其工作原理是完全相同的。

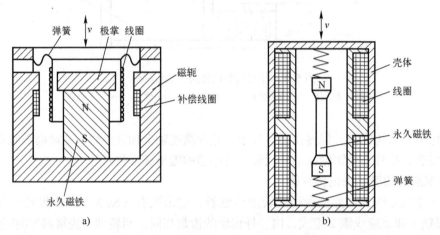

图 5-3　恒磁通式磁电传感器结构原理图
a）动圈式　b）动铁式

当传感器壳体随被测振动体一起振动时，由于弹簧较软，运动部件的质量相对较大，当振动频率足够高（远大于传感器的固有频率）时，因运动部件的惯性很大，来不及随振动体一起振动，近乎静止不动，振动能量几乎全部被弹簧吸收，永久磁铁与线圈之间的相对运动速度接近于振动体的振动速度，磁铁与线圈的相对运动切割磁力线而产生感应电动势。由式（5-1）可知，测出线圈的感应电动势值就可得到振动体的振动速度。

二、基本特性

（一）误差特性

磁电式传感器在使用时，其后要接入测量电路。设测量电路的输入电阻为 R_f，传感器的内阻为 R，则磁电式传感器的输出电流 I_o 为

$$I_o = \frac{B_0 lWv}{R+R_f} \tag{5-3}$$

传感器的电流灵敏度为

$$S_I = \frac{I_o}{v} = \frac{B_0 lW}{R+R_f} \tag{5-4}$$

传感器的输出电压和电压灵敏度分别为

$$U_o = I_o R_f = \frac{B_0 lWvR_f}{R+R_f} \tag{5-5}$$

$$S_U = \frac{U_o}{v} = \frac{B_0 l W R_f}{R + R_f} \tag{5-6}$$

当传感器的工作温度发生变化，或受到外界磁场干扰、受到机械振动或冲击时，其灵敏度将发生变化，从而产生测量误差。相对误差的表达式为

$$\gamma = \frac{dB}{B} + \frac{dl}{l} - \frac{dR}{R} \tag{5-7}$$

1. 温度误差

当温度变化时，式（5-7）中右边三项都不为零。一般情况下，温度每变化1℃，铜线的长度和电阻变化为 $dl/l \approx 0.167 \times 10^{-4}$，$dR/R \approx 0.43 \times 10^{-2}$，而 dB/B 的变化取决于磁性材料，对于铝镍钴永磁合金，$dB/B \approx -0.02 \times 10^{-2}$，这样由式（5-7）可得由温度引起的误差为

$$\gamma_t \approx (-0.45\%)/℃$$

这一数值显然不能忽略，所以需要进行温度补偿。补偿通常采用热磁分流器。热磁分流器由具有很大负温度系数的特殊磁性材料做成。它搭在传感器的两个极靴上，在正常工作温度下已将气隙磁通分流掉一小部分。当温度升高时，热磁分流器的磁导率显著下降，经它分流掉的磁通占总磁通的比例较正常工作温度下显著降低，从而保持气隙的工作磁通不随温度变化，起到温度补偿作用。

2. 永久磁铁的不稳定误差

由式（5-6）可知，若 $R_f \gg R$，电压灵敏度 S_U 为

$$S_U = B_0 l W \tag{5-8}$$

于是有

$$\gamma = \frac{dB}{B} + \frac{dl}{l} \tag{5-9}$$

此时永久磁铁的不稳定性将成为误差的决定性因素。影响永久磁铁稳定性的因素很多，主要有温度、冲击、振动和时间等因素。永久磁铁必须进行各种稳定性处理，以使其磁性能稳定。

另外，当永久磁铁工作在最大磁能积 $(BH)_m$ 时，它的体积最小。因此，使永久磁铁尽可能工作在最大磁能积上是其磁路设计中的一个重要原则。

3. 非线性误差

磁电式传感器在工作时，线圈内的感应电流产生的交变磁通量叠加到永久磁铁磁通上，引入非线性误差。传感器灵敏度越高，线圈中电流越大，这种非线性越严重。

为补偿非线性误差，可在传感器中加入补偿线圈，如图5-3a所示。补偿线圈通以经放大后的电流。适当选择补偿线圈参数，可使其产生的交变磁通与传感器线圈本身所产生的交变磁通互相抵消，从而达到补偿的目的。

（二）输出特性

1. 动态特性

磁电式传感器是一个典型的二阶系统，可以用一个由集中质量 m、集中弹簧 K 和集中阻尼 c 组成的二阶系统来表示。其幅频特性与相频特性分别为

$$A_V(\omega) = \frac{(\omega/\omega_n)^2}{\sqrt{[1-(\omega/\omega_n)^2]^2+[2\xi(\omega/\omega_n)]^2}} \tag{5-10}$$

$$\varphi_V(\omega) = -\arctan\frac{2\xi(\omega/\omega_n)}{1-(\omega/\omega_n)^2} \tag{5-11}$$

式中，ω 为被测振动的角频率；ω_n 为传感器运动系统的固有角频率；$\omega_n=\sqrt{K/m}$，其中 K 为弹簧刚度；ξ 为传感器运动系统的阻尼比，$\xi=c/2\sqrt{mK}$，其中 c 为阻尼系数。

图 5-4 为磁电式速度传感器的幅频响应特性曲线，其相频特性与一般二阶传感器的相频特性（如图 1-10 所示）相同。

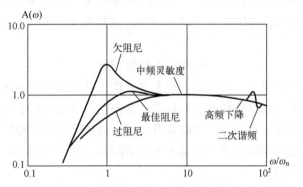

图 5-4 磁电式速度传感器的频率特性曲线

从磁电式速度传感器的频率特性可以看到，只有在 $\omega\gg\omega_n$ 的情况下，$A_V(\omega)\approx1$，相对速度 $v(t)$ 的大小才可以作为被测振动速度 $v_0(t)$ 的量度。因此磁电式速度传感器的固有频率较低，一般为 $(10\sim15)\mathrm{Hz}$。为了抑制共振峰值，以减小幅值误差来扩大工作频率范围，通常取阻尼比 $\xi=0.5\sim0.7$。在 $\omega>1.7\omega_n$ 时，其幅值误差 $|A(\omega)-1|\times100\%$ 不超过 5%，但这时相位差为 120° 左右。这样大的相位差，根本无法达到精确测定振动相位的要求。当 $\omega>(7\sim8)\omega_n$ 时，不但可以准确测量幅值，而且相位差接近 180°，传感器成为一个反相器。但在工作频率更高时，因线圈阻抗增大，传感器的灵敏度会随频率增加而下降。

不同结构形式的磁电式传感器，其频率响应特性也不同，但频率响应范围一般为 $(10\sim2000)\mathrm{Hz}$ 左右。

2. 灵敏度

磁电式传感器的电压灵敏度 $S_U=B_0lW$，可看作常数。因此，在理想情况下，传感器的输出电动势正比于振动速度（如图 5-5 中虚线所示）。但是，传感器的实际输出特性并非完全线性，而是一条偏离理想直线的曲线（如图 5-5 中实线所示）。也就是说，传感器的输出特性在振动速度很小和很大的情况下是非线性的，但在实际的工作范围内其线性度还是比较好的。

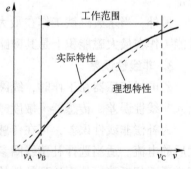

图 5-5 磁电式振动
传感器的输出特性曲线

三、测量电路

磁电式传感器直接输出感应电动势，且传感器通常具有较高的灵敏度，所以一般不需要高增益放大器。但磁电式传感器是速度传感器，若要获取被测位移或加速度信号，则需要配用积分或微分电路。图5-6为一般测量电路框图，其中 S_W 为联动开关，进行量程选择和处理电路的选择。

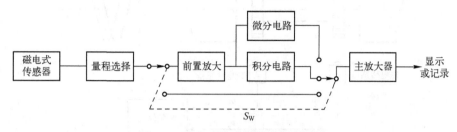

图5-6 磁电式传感器测量电路框图

四、应用实例

（一）动圈式振动速度传感器

图5-7是动圈式振动速度传感器结构示意图。其结构主要由钢制圆形外壳2制成，里面用铝支架4将圆柱形永久磁铁5与外壳2固定成一体，永久磁铁5中间有一小孔，穿过小孔的芯轴1两端架起线圈6和阻尼环7，芯轴1两端通过圆形弹簧片3支撑架空且与外壳2相连。工作时，传感器与被测物体刚性连接，当物体振动时，传感器外壳2和永久磁铁5随之振动，而架空的芯轴1、线圈6和阻尼环7因惯性而不随之振动。因而，磁路气隙中的线圈6切割磁力线而产生正比于振动速度的感应电动势，线圈的输出通过引线输出到测量电路。该传感器测量的是振动速度参数，若在测量电路中接入积分电路，则输出电动势与位移成正比；若在测量电路中接入微分电路，则其输出电动势与加速度成正比。

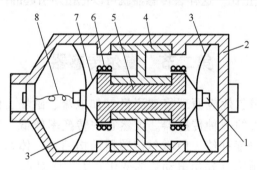

图5-7 动圈式振动速度传感器

1—芯轴 2—外壳 3—弹簧片 4—铝支架 5—永久磁铁 6—线圈 7—阻尼环 8—引线

（二）磁电式扭矩传感器

图5-8是磁电式扭矩传感器的工作原理图。在驱动源和负载之间的扭转轴的两侧安装有齿形圆盘。它们旁边装有相应的两个磁电传感器。磁电式传感器的结构如图5-9所示。传感器的检测元件部分由永久磁铁、感应线圈和铁心组成。永久磁铁产生的磁力线与齿形圆盘交链。当齿形圆盘旋转时，圆盘齿的凸凹引起磁路气隙的变化，于是磁通量也发生变化，在线圈中感应出交流电压，其频率在数值上等于圆盘上齿数与转数的乘积。

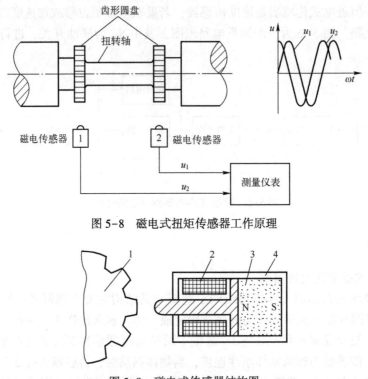

图 5-8　磁电式扭矩传感器工作原理

图 5-9　磁电式传感器结构图

1—齿形圆盘　2—线圈　3—永久磁铁　4—铁心

当扭矩作用在转轴上时，两个磁电传感器输出的感应电压 u_1 和 u_2 存在相位差。这个相位差与扭转轴的扭转角成正比。这样，传感器就可以把扭矩引起的扭转角转换成相位差的电信号。

第二节　霍尔传感器

霍尔传感器是基于霍尔效应原理将被测量（如电流、磁场、位移、压力、压差及转速等）转换成电动势输出的一种传感器。虽然它的转换率较低，受温度影响大，要求转换精度较高时必须进行温度补偿，但霍尔传感器结构简单，体积小，坚固，频率响应宽（从直流到微波），动态范围（输出电动势的变化）大，无触点，使用寿命长，可靠性高，易于微型化和集成电路化，因此在测量技术、自动化技术和信息处理等方面得到广泛的应用。

一、霍尔效应

置于磁场中的静止载流导体，当它的电流方向与磁场方向不一致时，载流导体上平行于电流和磁场方向上的两个面之间产生电动势，这种现象称为霍尔效应。该电动势称为霍尔电动势。如图 5-10 所示，在垂直于外磁场 B 的方向上放置一块长为 l、宽为 b、厚为 d 的导电板，导电板通以电流 I，方向如图 5-10 所示。导电板中的电流使金属中的自由电子在电场作用下做定向运动。

86

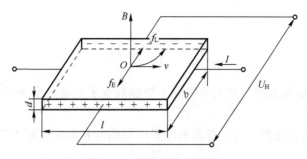

图 5-10　霍尔效应原理图

此时，每个电子受到洛伦兹力 f_L 的作用，f_L 的大小为

$$f_L = eBv \tag{5-12}$$

式中，e 为电子电荷量，$e = 1.602 \times 10^{-19}\,C$；$v$ 为电子运动的平均速度；B 为磁场的磁感应强度。

f_L 的方向在图 5-10 中是向内的，此时电子除了沿电流反方向做定向运动外，还在 f_L 的作用下向侧面漂移，结果使导电板内侧面积累电子，而外侧面积累正电荷，从而形成了附加内电场 E_H，称为霍尔电场，该电场强度 E_H 为

$$E_H = \frac{U_H}{b} \tag{5-13}$$

式中，U_H 即为霍尔电动势。

霍尔电场的出现，使得定向运动的电子除了受洛伦兹力 f_L 作用外，还受到霍尔电场力 f_E 的作用，其大小为

$$f_E = eE_H$$

f_E 阻止电荷继续在两个侧面累积。随着内、外侧面累积电荷量的增加，霍尔电场增大，电子受到的霍尔电场力也增大，当电子所受洛伦兹力与霍尔电场作用力大小相等、方向相反时，即

$$eE_H = eBv \tag{5-14}$$

则

$$E_H = Bv \tag{5-15}$$

此时两侧面累积电荷量不再增加，达到动态平衡状态。

若金属导电板单位体积内的电子数（即电子浓度）为 n，电子定向运动的平均速度为 v，则根据电流的定义，激励电流 $I = nevbd$，即

$$v = \frac{I}{nebd} \tag{5-16}$$

将式 (5-16) 代入式 (5-15) 得

$$E_H = \frac{IB}{nebd} \tag{5-17}$$

将式 (5-17) 代入式 (5-13) 得

$$U_H = \frac{IB}{ned} \tag{5-18}$$

于是有

$$U_H = \frac{R_H IB}{d} = K_H IB \qquad (5-19)$$

式中，$R_H = \frac{1}{ne}$，称为霍尔系数，其大小取决于导体载流子密度，反映了霍尔电动势的强弱；

$K_H = \frac{R_H}{d}$ 称为霍尔片的灵敏度，它是指在单位磁感应强度和单位控制电流作用下，所能输出的霍尔电动势的大小。

由式（5-19）可见，霍尔电动势正比于激励电流及磁感应强度，其灵敏度 K_H 与霍尔系数 R_H 成正比，而与霍尔片厚度 d 成反比。为了提高灵敏度，霍尔元件常制成薄片形状。

由于载流体的电阻率 $\rho = \frac{1}{ne\mu}$（μ 为载流子的迁移率），因此

$$R_H = \frac{1}{ne} = \rho\mu \qquad (5-20)$$

从式（5-20）可知，霍尔系数等于霍尔片材料的电阻率 ρ 与电子迁移率 μ 的乘积。若要霍尔效应强，则希望有较大的霍尔系数 R_H，因此要求霍尔片材料有较大的电阻率和载流子迁移率。一般金属材料载流子迁移率很高，但电阻率很小，而绝缘材料电阻率极高，但载流子迁移率极低，故只有半导体材料才适于制造霍尔片。

二、霍尔元件的结构及特性

（一）霍尔元件的基本结构

霍尔元件的结构很简单，它由霍尔片、四根引线和壳体组成，如图5-11a所示。霍尔片是一块矩形半导体单晶薄片，引出四根引线：1、1′两根引线加激励电压或电流，称为激励电极（或控制电极）；2、2′引线为霍尔输出引线，称为霍尔电极。霍尔元件的壳体是用非导磁金属、陶瓷或环氧树脂封装的。在电路中，霍尔元件一般可用两种符号表示，如图5-11b所示。

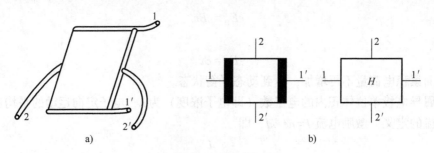

图5-11 霍尔元件

a）外形结构示意图 b）图形符号

目前最常用的霍尔元件材料是锗（Ge）、硅（Si）、锑化铟（InSb）、砷化铟（InAs）、砷化镓（GaAs）和不同比例亚砷酸铟和磷酸铟组成的 In（$As_y P_{1-y}$）型固熔体（其中 y 表示百分比）等半导体材料。其中，N 型锗容易加工制造，其霍尔系数、温度性能和线性度都较好。N 型硅的线性度最好，其霍尔系数、温度性能同 N 型锗，但其电子迁移率比较低，

带负载能力较差，通常不用于制造单个霍尔元件。In（As_yP_{1-y}）型固熔体的热稳定性最好。锑化铟和砷化铟是目前使用最多的霍尔元件材料。锑化铟具有良好的低温性能，灵敏度也相当高，但受温度的影响大，因此在温度补偿方面应采取措施。砷化铟的霍尔系数较小，温度系数也较小，输出特性的线性度好。

（二）霍尔元件的基本特性

（1）额定激励电流和最大允许激励电流

当霍尔元件自身温升10℃时所流过的激励电流称为额定激励电流。以元件最大允许温升为限制所对应的激励电流称为最大允许激励电流。因霍尔电动势随激励电流增加而线性增加，所以使用中希望选用尽可能大的激励电流。改善霍尔元件的散热条件可以使激励电流增大。

（2）输入电阻和输出电阻

激励电极间的电阻值称为输入电阻。霍尔电极输出电动势对外部电路来说相当于一个电压源，其电源内阻即为输出电阻。以上电阻值是在磁感应强度为零，且环境温度在20℃±5℃时所确定的。

（3）霍尔电动势温度系数

在一定的磁感应强度和激励电流下，温度每变化1℃时，霍尔电动势变化的百分率称为霍尔电动势温度系数。它同时也是霍尔系数的温度系数。

三、霍尔传感器的基本电路

霍尔传感器的基本电路如图5-12所示。控制电流由电源E提供，R_W用以调节控制电流的大小。霍尔传感器的输出端接负载R_L。R_L可以是一般电阻，也可以是放大器的内阻或指示器的内阻。

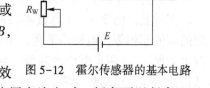

在磁场和控制电流的作用下，负载上就有输出电压。在实际使用中，输入信号可以是电流I或磁感应强度B，或者两者同时作为输入，输出信号相应地正比于I或B，或IB。

I、E既可以是直流，也可以是交流。由于建立霍尔效应所需要的时间很短（$10^{-14} \sim 10^{-12}$ s），因此，当控制电流用交流电时，频率可以很高（几千兆赫）。

图5-12　霍尔传感器的基本电路

四、霍尔传感器的误差及其补偿

由于制造工艺问题以及实际使用时所存在的各种影响霍尔元件性能的因素，如元件安装不合理、环境温度变化等，都会影响霍尔元件的转换精度，带来误差。

（一）霍尔元件的零位误差及其补偿

1. 不等位电动势及其补偿

（1）不等位电动势和不等位电阻

当霍尔元件的激励电流为I时，若元件所处位置的磁感应强度为零，则输出的霍尔电动势应该为零，但实际不为零。这时测得的空载霍尔电动势称为不等位电动势，如图5-13所示。产生这一现象的原因有：

1）霍尔电极安装位置不对称或不在同一等位面上（如图 5-13 所示）。

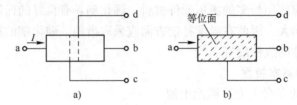

图 5-13　不等位电动势示意图

a）两电极点不在同一等位面上　b）等位面歪斜

2）半导体材料材质不均匀造成电阻率不均匀或几何尺寸不均匀。

3）激励电极接触不良造成激励电流的分布不均匀等。

不等位电动势也可用不等位电阻表示，即

$$r_0 = \frac{U_0}{I} \tag{5-21}$$

式中，U_0 为不等位电动势；r_0 为不等位电阻；I 为激励电流。

由式（5-21）可以看出，不等位电动势即为激励电流流经不等位电阻 r_0 所产生的电压。

（2）霍尔元件不等位电动势的补偿

一般要求不等位电动势 $U_0 < 1\,mV$。除了在工艺上采取措施降低不等位电动势外，还需要采用补偿电路对其进行补偿。分析不等位电动势时，可以把霍尔元件等效为一个电桥来进行分析。

图 5-14 为霍尔元件的等效电路，其中 a、b 为激励电极，c、d 为霍尔电极，电极分布电阻分别用 r_1、r_2、r_3、r_4 表示，把它们看作电桥的四个桥臂。理想情况下，电极 c、d 处于同一等位面上，$r_1 = r_2 = r_3 = r_4$，电桥平衡，不等位电动势 U_0 为零。实际上，由于 c、d 电极不在同一等位面上，因此四个电阻的阻值不相等，电桥不平衡，不等位电动势也不等于零。此

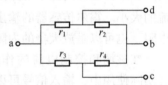

图 5-14　霍尔元件的等效电路

时可根据 c、d 两点电位的高低，判断应在某一桥臂上并联一定的电阻，使电桥达到平衡，从而使不等位电动势为零。几种补偿电路如图 5-15 所示。其中，图 5-15a 是不对称补偿电路，这种电路结构简单、容易调整，但工作温度变化后原补偿关系会遭到破坏；图 5-15b~d 是对称补偿电路，因而在温度变化时补偿的稳定性要好些，但这种电路减小了霍尔元件的输入电阻，增大了输入功率，降低了霍尔电动势的输出。

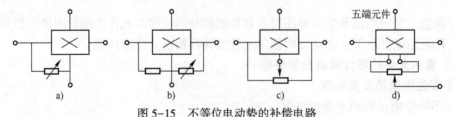

图 5-15　不等位电动势的补偿电路

2. 寄生直流电动势

在外加磁场为零，霍尔元件用交流激励时，霍尔电极的输出除了交流不等位电动势外，

还有一直流电动势，称为寄生直流电动势。寄生直流电动势产生的原因有：

1）激励电极与霍尔电极接触不良，形成非欧姆接触，造成整流效应，从而产生直流电动势。

2）两个霍尔电极大小不对称，则两个电极的热容不同、散热状态不同，从而形成极间温差电动势。

寄生直流电动势一般在 1 mV 以下，它是影响霍尔元件温漂的原因之一。

在霍尔元件制作和安装时，应尽量使电极实现欧姆接触，并做到散热均匀，提供良好的散热条件。

（二）霍尔元件的温度误差及其补偿

霍尔元件是采用半导体材料制成的，因此它的许多参数都具有较大的温度系数。当温度变化时，霍尔元件的载流子浓度、迁移率、电阻率及霍尔系数都将发生变化，从而使霍尔元件产生温度误差。

为了减小霍尔元件的温度误差，可采取以下措施：

1）选用温度系数较小的霍尔元件。

2）采用恒温措施，保持霍尔元件所在处的温度不变。

3）由 $U_H = K_H IB$ 可看出，采用恒流源供电是个有效措施，它可以使霍尔电动势稳定，但这只能减小由于输入电阻随温度变化引起的激励电流 I 变化所产生的影响。

霍尔元件的灵敏系数 K_H 也是温度的函数，它随温度变化将引起霍尔电动势的变化。霍尔元件的灵敏系数与温度的关系可写成

$$K_H = K_{H0}(1 + \alpha \Delta T) \tag{5-22}$$

式中，K_{H0} 为温度 T_0 时的 K_H 值；ΔT 为温度的变化量，$\Delta T = T - T_0$，其中 T_0 为初始温度；α 为霍尔电动势的温度系数。

大多数霍尔元件的温度系数 α 是正值，它们的霍尔电动势随温度升高而增加 $\alpha \Delta T$ 倍。但如果同时让激励电流 I_S 相应地减小，并能保持 K_H 与 I_S 的乘积不变，也就抵消了灵敏系数 K_H 增加的影响。图 5-16 就是按此思路设计的一个既简单、补偿效果又较好的补偿电路。电路中 I_S 为恒流源，分流电阻 R_P 与霍尔元件的激励电极相并联。当霍尔元件的输入电阻随温度升高而增加时，旁

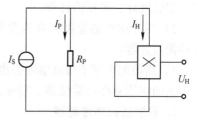

图 5-16　恒流源温度补偿电路

路分流电阻 R_P 自动地增大分流，减小了霍尔元件的激励电流 I_H，从而达到补偿的目的。

在如图 5-16 所示的温度补偿电路中，设初始温度为 T_0，霍尔元件输入电阻为 R_{i0}，灵敏系数为 K_{H0}，分流电阻为 R_{P0}，根据分流概念得

$$I_{H0} = \frac{R_{p0}I_s}{R_{p0} + R_{i0}} \tag{5-23}$$

当温度升至 T 时，电路中各参数变为

$$R_i = R_{i0}(1 + \delta \Delta T) \tag{5-24}$$

$$R_p = R_{p0}(1 + \beta \Delta T) \tag{5-25}$$

式中，δ 为霍尔元件输入电阻温度系数；β 为分流电阻温度系数。于是有

$$I_H = \frac{R_p I_s}{R_p + R_i} = \frac{R_{p0}(1+\beta\Delta T)I_s}{R_{p0}(1+\beta\Delta T) + R_{i0}(1+\delta\Delta T)} \tag{5-26}$$

虽然温度升高了 ΔT，为使霍尔电动势不变，补偿电路必须满足温升前、后的霍尔电动势不变，即 $U_{H0} = U_H$，则

$$K_{H0}I_{H0}B = K_H I_H B \tag{5-27}$$

有

$$K_{H0}I_{H0} = K_H I_H \tag{5-28}$$

将式（5-22）、式（5-23）、式（5-26）代入式（5-28），经整理并略去 $\alpha\beta(\Delta T)^2$ 高次项后可得

$$R_{p0} = \frac{(\delta-\beta-\alpha)R_{i0}}{\alpha} \tag{5-29}$$

当霍尔元件选定后，其输入电阻 R_{i0}、温度系数 δ 及霍尔电动势温度系数 α 是确定值。由式（5-29）即可计算出分流电阻 R_{p0} 及所需的温度系数 β 值。为了满足 R_{p0} 及 β 两个条件，分流电阻可取温度系数不同的两种电阻的串、并联组合，这样虽然麻烦，但效果很好。

此外，还可以采用恒压源和输入回路串联电阻，或者利用温度补偿元件（如热敏电阻、电阻丝等）等方法进行温度补偿。

五、霍尔传感器的应用

根据霍尔传感器的工作原理，其应用可以分为以下三个方面。

1）当控制电流 I 为常数时，霍尔元件处于磁场中，元件所感受的磁场因元件与磁场的相对位置、角度变化而变化，其输出正比于磁感应强度 B。在这方面的应用有磁场强度计、霍尔转速表、角位移测量仪、磁性产品计数器、霍尔式角编码器以及基于测量微小位移的霍尔式加速度计、微压力计等。

2）当外加磁感应强度 B 为常数时，输出正比于控制电流 I，利用这一原理可做成过电流检测装置等。

3）当控制电流 I 与磁感应强度 B 皆为变量时，传感器的输出与两者的乘积成正比。在这方面的应用有模拟乘法器、功率计等。

1. 霍尔式位移传感器

如图 5-17 所示为几种霍尔式位移传感器的工作原理图。

图 5-17a 将磁场强度相同的两块永久磁铁同极性相对地放置，霍尔元件处在两块磁铁的中间。由于磁铁中间的磁感应强度 $B=0$，因此霍尔元件输出的霍尔电动势 U_H 也等于零，此时位移 $\Delta x = 0$。若霍尔元件在两块磁铁中产生相对位移，霍尔元件感受到的磁感应强度也随之改变，这时 U_H 不为零，其量值大小反映出霍尔元件与磁铁之间相对位置的变化量。

图 5-17b 是一种结构简单的霍尔位移传感器，是由一块永久磁铁组成磁路的传感器，在霍尔元件处于初始位置即 $\Delta x = 0$ 时，霍尔电动势 U_H 不等于零，当 Δx 发生变化时，霍尔电动势 U_H 也发生变化，从而可以测出位移量的大小。

图 5-17c 是一个由两个结构相同的磁路组成的霍尔式位移传感器，为了获得较好的磁场梯度，在磁极端面装有极靴，产生均匀的梯度场。当霍尔元件调整好初始位置时，可以使霍尔电动势 $U_H = 0$。这种传感器的灵敏度很高，但它所能检测的位移量较小，适合于微位移

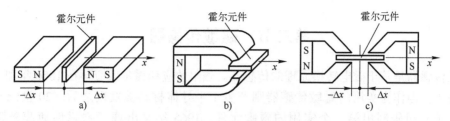

图 5-17　霍尔式位移传感器的工作原理图

及振动的测量。

2. 霍尔式转速传感器

图 5-18 是几种不同结构的霍尔式转速传感器。转盘的输入轴与被测转轴相连，当被测转轴转动时，转盘随之转动，固定在转盘附近的霍尔传感器便可在每一个小磁铁通过时产生一个相应的脉冲，检测出单位时间的脉冲数，便可得到被测转速。根据磁性转盘上小磁铁的数目，就可确定传感器测量转速的分辨率。

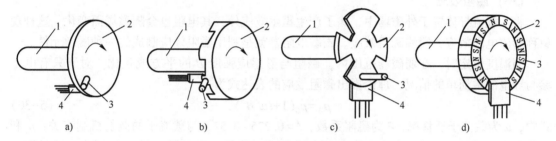

图 5-18　几种霍尔式转速传感器的结构图
1—输入轴　2—转盘　3—小磁铁　4—霍尔传感器

3. 霍尔式压力传感器

任何非电量只要能转换成位移量的变化，均可利用霍尔式位移传感器的原理变换成霍尔电动势。霍尔式压力传感器就是其中一种，如图 5-19a 所示。它首先由弹性元件（可以是波登管或膜盒）将被测压力变换成位移，由于霍尔元件固定在弹性元件的自由端上，因此弹性元件产生位移时会带动霍尔元件，使它在线性变化的磁场中移动，从而输出霍尔电动势。如图 5-19b 所示为均匀梯度磁场的磁钢外形。

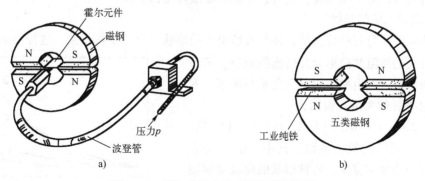

图 5-19　霍尔式压力传感器和磁钢外形
a）传感器结构原理　b）均匀梯度磁场的磁钢外形

93

第三节 磁敏传感器

磁敏传感器是基于磁电转换原理的传感器。磁阻效应和霍尔效应早在 1856 年和 1879 年就被发现了，但作为实用的磁敏传感器则产生于半导体材料被发现之后。20 世纪 60 年代初，西门子公司研制出第一个实用的磁敏元件，1966 年又出现了铁磁性薄膜磁阻元件，1968 年索尼公司研制出性能优良、灵敏度高的磁敏二极管，1974 年美国物理学家 Wiegand 发明了双稳态磁性元件。目前上述磁敏元件已得到广泛的应用。

磁敏传感器主要有霍尔式磁敏传感器、磁敏电阻器、磁敏二极管和磁敏晶体管，本节主要介绍磁敏电阻器、磁敏二极管和磁敏晶体管。

一、磁敏电阻器

磁敏电阻器（Magnetoresistance）是基于磁阻效应的磁敏元件，也称 MR 元件。

（一）磁阻效应

将一载流导体置于外磁场中，除了产生霍尔效应外，其电阻也会随磁场而变化，这种现象称为磁电阻效应，简称磁阻效应。磁敏电阻器就是利用磁阻效应制成的一种磁敏元件。

当温度恒定时，在弱磁场范围内，磁阻与磁感应强度 B 的平方成正比。对于只有电子参与导电的最简单的情况，理论推出磁阻效应的表达式为

$$\rho_B = \rho_0(1 + \xi\mu^2 B^2) \tag{5-30}$$

式中，μ 为载流子迁移率；ξ 为磁阻系数，$\xi = 0.275 \sim 0.57$，与载流子的散射机制有关；ρ_0 和 ρ_B 分别为零磁场下和磁感应强度为 B 时的电阻率。可见，磁阻随 B 增加而增大，这是因为在外加磁场作用下，某些载流子受到的洛伦兹力比霍尔电场作用力大时，它的运动轨迹就偏向洛伦兹力的方向。这些载流子从一个电极流到另一个电极所通过的路径就要比无磁场时的路径长些，因此增加了电阻率。磁阻元件的电阻值与磁场的极性无关，它只随磁场强度的增加而增大。

设电阻率的变化为 $\Delta\rho = \rho_B - \rho_0$，则电阻率的相对变化率为

$$\Delta\rho/\rho_0 = \xi\mu^2 B^2 \tag{5-31}$$

可见，磁场一定时电子迁移率越高的材料（如 InSb、InAs 和 NiSb 等半导体材料），其磁阻效应越明显，灵敏度越高，更适合于制作磁敏传感器。

（二）磁敏电阻的形状

磁阻效应除了与材料有关外，还与磁敏电阻的形状、尺寸密切相关。这种与磁敏电阻形状、尺寸有关的磁阻效应称为几何磁阻效应。若考虑其形状的影响，电阻率的相对变化量与磁感应强度 B 和迁移率 μ 的关系可表示为

$$\Delta\rho/\rho_0 = \xi(\mu B)^2[1 - f(L/b)] \tag{5-32}$$

式中，$f(L/b)$ 是形状效应系数，其中，L、b 分别为磁敏电阻的长度和宽度。各种形状的磁敏电阻器其磁阻 R_B 与磁感应强度的关系如图 5-20 所示，图中 R_0 为 $B = 0$ 时的电阻值。可以看出，长方形磁阻

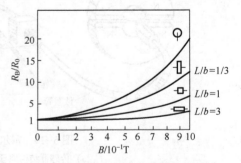

图 5-20 磁阻 R_B 与磁感应强度 B 关系

器件只有在 $L<b$ 的条件下才表现出较高的灵敏度。把 $L<b$ 的扁平器件串联起来，就会得到零磁场电阻值较大、灵敏度较高的磁阻器件。

磁敏电阻大多采用 N 型半导体材料制成，其灵敏度一般是非线性的，且受温度影响较大，因此，使用磁敏电阻时，一般要设计温度补偿电路。

（三）磁敏电阻的应用

磁敏电阻的应用非常广泛。除了用它做成探头，配上简单电路用来探测各种磁场外，在测量方面还可制成位移检测器、角度检测器、功率计及安培计等。此外，可用磁敏电阻制成交流放大器、振荡器等。

二、磁敏二极管和磁敏晶体管

磁敏二极管和磁敏晶体管是 PN 结型的磁电转换元件，输出信号大，灵敏度高，工作电流小，能识别磁场的极性，体积小，电路简单等，比较适用于磁场、转速的检测及探伤等方面的应用。

（一）磁敏二极管

磁敏二极管是利用电子和空穴双注入效应及复合效应原理制成的元件。磁敏二极管的两端是高掺杂的半导体 P^+ 和 N^+，中间是一个较长的本征半导体 i。它不像普通二极管的 P 型和 N 型半导体会直接接触，在接触面附近形成 PN 结，磁敏二极管的 P^+ 型和 N^+ 型半导体不直接接触，因此它又叫 P^+-i-N^+ 型长二极管，其结构、电路符号和工作原理如图 5-21 所示。

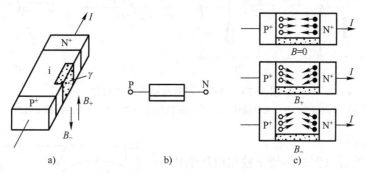

图 5-21　磁敏二极管结构和工作原理

a）结构　b）电路符号　c）工作原理

磁敏二极管的特点是在长基区（i 区）的一侧设置了载流子高复合区 γ，γ 区对面则是复合速率很低的光滑表面。当元件被施加正向电压时，在无磁场的情况下，P^+ 区的空穴和 N^+ 区的电子分别流入 N^+ 区和 P^+ 区形成电流，仅有少量电子和空穴在 i 区复合掉。当加上正向磁场 B_+ 时，由于洛仑兹力的作用，使电子和空穴偏向 γ 区，并在 γ 区很快复合掉，空穴和电子一旦复合就失去导电作用，这时 i 区的载流子密度减小，使 i 区的电阻增加，电流减小，i 区电压降增大，而 P^+i 结和 N^+i 结上的电压降减小，促使注入 i 区的载流子数量下降，使 i 区电流进一步减小，直到达到某一稳定状态。若磁场强度越强，电子和空穴受到的洛仑兹力就越大，单位时间内进入 γ 区复合的电子和空穴数量就越多，外电路的电流越小。当加上负向磁场 B_- 时，电子和空穴受到洛仑兹力的作用向光滑区偏移，复合率明显变小，i 区的等效电阻减小，则外电路的电流变大。因此，可以根据电流的变化确定磁场的大小和方向，实现磁电转换。

高复合面与光滑面的复合率差别越大，磁敏二极管的灵敏度就越高。若在磁敏二极管上加反向偏压，则仅有很微小的电流流过，并且几乎与磁场无关。因此，该器件仅能在正向偏压下工作。

磁敏二极管的主要特性如下。

（1）伏安特性

磁敏二极管正向偏压与通过电流的关系称为磁敏二极管的伏安特性。不同磁场强度和方向下的伏安特性如图 5-22 所示。可见，在不同磁场作用下，其伏安特性不同。

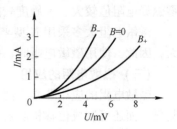

图 5-22　磁敏二极管
伏安特性示意图

（2）磁电特性

在给定条件下，磁敏二极管输出的电压变化与外加磁场的关系称为磁敏二极管的磁电特性。磁敏二极管通常有单只和互补两种使用方式，其接法及磁电特性如图 5-23 所示。单只使用时，正向磁灵敏度大于反向使用时；互补使用时，正、反向磁灵敏度曲线对称，且在弱磁场下有较好的线性。

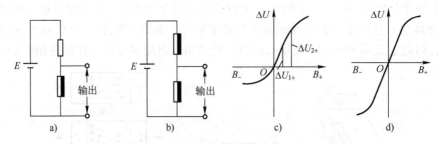

图 5-23　磁敏二极管接法及磁电特性
a）单只接法　b）互补接法　c）单只接法磁电特性　d）互补接法磁电特性

（3）温度特性

温度特性是在标准测试环境下输出电压变化量 ΔU 或无磁场作用下两端电压 U_o 随温度变化的规律。锗磁敏二极管温度特性曲线如图 5-24 所示。可见，随着温度的变化，输出电压发生变化，灵敏度也随之变化。因此，在实际使用时，必须对其进行温度补偿。选用两只性能相近的磁敏二极管，按相反磁极性组合，即将它们的磁敏面相对或背向放置，串接在电路中。无论温度如

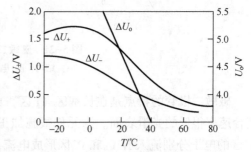

图 5-24　锗磁敏二极管温度特性曲线

何变化，其分压比总保持不变，输出电压随温度变化而始终保持不变，这样就达到了温度补偿的目的。不仅如此，互补电路还能提高磁灵敏度。此外，还可采用差分、全桥或热敏电阻补偿电路。

磁敏二极管与其他磁敏器件相比，具有以下特点。

1）灵敏度高。磁敏二极管的灵敏度比霍尔元件高几百甚至上千倍，而且电路简单，成本低廉，更适合于测量弱磁场。

2）具有正、反磁灵敏度，这一点是磁阻器件所欠缺的。故磁敏二极管可用作无触点开关。

3）灵敏度与磁场关系呈线性的范围比较窄，适用于弱磁场条件下，这一点不如霍尔元件。

（二）磁敏晶体管

磁敏晶体管又称为磁敏三极管，分为锗磁敏晶体管（如 3BCM 型）和硅磁敏晶体管（如 3CCM 型）两种。它是在弱 P 型或弱 N 型本征半导体上用合金法或扩散法形成发射区、基区和集电区，和普通晶体管一样也引出三个电极，用 e、b、c 表示。图 5-25 为 NPN 型磁敏晶体管的结构和符号。

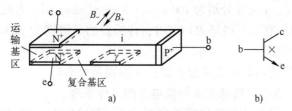

图 5-25　NPN 型磁敏晶体管结构和符号

a）结构　b）符号

像磁敏二极管一样，在长基区的一个侧面制成高复合区 γ。长基区分为运输基区和复合基区。复合区的体积比从发射极到集电极的运输区的体积大得多。当不受磁场作用时，由于基区宽度大于载流子有效扩散长度，因而注入的载流子大部分通过 e-i-b 形成基极电流 I_b，少部分载流子被传输到集电极 c 形成集电极电流 I_c，因而形成了基极电流大于集电极电流的情况，使电流放大系数 $\beta=(I_c/I_b)<1$，如图 5-26a 所示。当受到正向磁场 B_+ 作用时，由于磁场力的作用，载流子偏向高复合区 γ 一侧，增大了载流子的复合速率，使集电极电流 I_c 减小，如图 5-26b 所示。当反向磁场 B_- 作用时，在磁场力的作用下，载流子向集电极 c 一侧偏转，载流子的复合速率减小，使集电极电流 I_c 增大，如图 5-26c 所示。

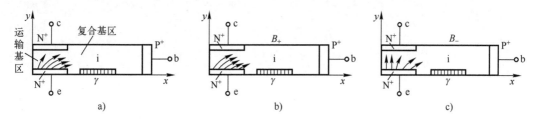

图 5-26　磁敏晶体管磁电特性

a）无外加磁场　b）正向磁场　c）负向磁场

由上述分析可知，磁敏晶体管在正、反向磁场作用下集电极电流 I_c 出现明显变化，具有较高的磁灵敏度。

磁敏晶体管的灵敏度比磁敏二极管大几倍至十几倍，其工作电压也较宽，响应快，输出功率大，体积小，无触点，成本低廉，在位移测量、磁场测量、磁力探伤及工业自动化中得到了广泛应用。

思考题与习题

1. 磁电式传感器的工作原理是什么？

2. 动圈式磁电传感器的基本结构是怎样的？

3. 磁电式传感器主要有哪些误差影响因素？如何进行补偿？

4. 某动圈式速度传感器弹簧系统的刚度 $K=3200$ N/m，测得其固有频率为 20 Hz，现欲将其固有频率减小为 10 Hz，问弹簧刚度应为多大？

5. 什么是半导体的霍尔效应？霍尔电动势与哪些因素有关？

6. 某霍尔元件 l、b、d 尺寸分别为 100 mm×3.5 mm×1 mm，沿 l 方向通以电流 $I=1.0$ mA，在垂直于 l 和 b 的方向加有均匀磁场 $B=0.3$ T，传感器的灵敏度为 22 V/(A·T)，试求其输出霍尔电动势及载流子浓度。

7. 什么是霍尔元件的不等位电动势？其产生原因是什么？

8. 说明如图 5-16 所示恒流源温度补偿电路的工作原理。

9. 以图 5-17c 所示霍尔式位移传感器为例，证明其输出 U_H 与位移 x 成正比。

10. 磁敏传感器有哪几种类型？简述其应用。

11. 磁敏二极管和磁敏三极管的工作原理有何不同？

12. 磁敏晶体管可应用于哪些场合？试举一例说明。

第六章 压电式传感器

压电式传感器是以某些物质的压电效应为基础，在外力作用下，在物质表面产生电荷，实现非电量电测的目的，它是一种有源型传感器。压电效应是可逆的，是一种双向传感器。1880 年，法国科学家居里兄弟首先发现了电气石的压电效应，开启了压电学的历史，之后人们发现一系列单晶、多晶陶瓷材料和近年来发展起来的有机高分子聚合材料都具有相当强的压电效应。压电转换元件是一种典型的力敏元件，主要用于测量压力、加速度、机械冲击和振动等。压电传感器具有体积小、重量轻、结构简单、工作可靠、固有频率高、灵敏度和信噪比高等优点，主要缺点是在使用中无静态输出、阻抗高及工作温度有限等，很多压电材料的工作温度不能超过 250℃。因此，压电传感器不能用于静态测量，只能测量动态变化的量，例如压电式加速度传感器应用于飞机、汽车、船舶、桥梁和建筑的振动和冲击测量。

近年来随着材料、加工及电子技术的飞跃发展，进一步拓展了压电传感器的应用领域，如利用压电效应制成的超声波传感器、声发射传感器和声表面波（SAW）传感器，在工程力学、生物医学及电声学等诸多技术领域中都获得了广泛的应用。

第一节 压电效应与压电元件

一、压电效应

对某些电介质，在一定方向对其加力而使其变形时，在它的两个相对的表面上会产生符号相反的电荷，当外力去掉后，电介质又重新恢复到不带电的状态，这一现象称为正压电效应，将机械能转换为电能。当作用力的方向改变时，电荷的极性也随之改变，如图 6-1 所示。当压电元件受到外力 F 作用时，在相应的表面产生表面电荷 Q，其关系为

$$Q = dF \qquad (6-1)$$

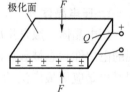

图 6-1 正压电
效应示意图

式中，d 为压电系数，是描述压电效应的物理量，与材料特性有关。

当在电介质极化方向施加电场，电介质在一定方向上会产生机械变形或机械压力，当外加电场去掉后，这些变形或压力随之消失，这就是逆压电效应（也称电致伸缩效应），将电能转换为机械能。

二、压电材料

具有压电效应的敏感功能材料称为压电材料，性能优异的压电材料是设计高性能压电式传感器的关键。压电材料的主要特性参数如下。

1）压电系数：是衡量材料压电效应强弱的参数，直接关系到压电元件的输出灵敏度。

2）弹性常数：弹性常数、刚度决定着压电器件的固有频率和动态特性。

3）介电常数：对于一定形状、尺寸的压电元件，其固有电容与介电常数有关，而固有电容又影响着压电传感器的频率下限。

4）机械耦合系数：其意义是在压电效应中，转换输出能量（如电能）与输入的能量（如机械能）之比的平方根，是衡量压电材料机-电能量转换效率的一个重要参数。

5）电阻：压电材料的绝缘电阻将减少电荷泄漏，从而改善压电传感器的低频特性。

6）居里点温度：指压电材料开始丧失压电特性的温度。

压电材料要求具有大的压电系数，机械强度高，刚度大，具有高电阻率、大介电常数和高居里点，温度、湿度和时间稳定性好等。

压电材料可以分为两大类：压电晶体和压电陶瓷。常用压电材料性能参数见表6-1。

表 6-1　常用压电材料性能参数

性能参数 〳 名称	石英	钛酸钡	锆钛酸铅 PZT-4	锆钛酸铅 PZT-5	锆钛酸铅 PZT-8
压电系数/（pC/N）	$d_{11}=2.31$ $d_{14}=0.73$	$d_{15}=260$ $d_{31}=-78$ $d_{33}=190$	$d_{15}\approx410$ $d_{31}=-100$ $d_{33}=230$	$d_{15}\approx670$ $d_{31}=15$ $d_{33}=600$	$d_{15}=330$ $d_{31}=-90$ $d_{33}=200$
相对介电常数（ε_r）	4.5	1200	1050	2100	1000
居里点温度/℃	573	115	310	260	300
密度/（10^3kg/m^3）	2.65	5.5	7.45	7.5	7.45
弹性模量/（10^9N/m^2）	80	110	83.3	117	123
机械品质因数	$10^5 \sim 10^6$		≥500	80	≥800
最大安全应力/（10^5N/m^2）	95~100	81	76	76	83
体积电阻率/（Ω·m）	$>10^{12}$	10^{10}（25℃）	$>10^{10}$	10^{11}（25℃）	
最高允许温度/℃	550	80	250	250	
最高允许湿度/%	100	100	100	100	

1. 压电晶体

压电晶体一般是指压电单晶体。当单晶体受外应力时内部晶格结构变形，使原来宏观表现的电中性状态被破坏而产生电极化，从而产生压电效应。石英晶体是单晶体中具有代表性同时也是应用最广泛的一种压电晶体，化学式为 SiO_2，其在各个方向上的特性是不同的。石英晶体外形为规则的六角棱柱体，有三个互相垂直的晶轴，如图 6-2 所示。其中，x 轴称为电轴，是沿柱面夹角的等分线，垂直于电轴的面上压电效应最强（正压电效应），此方向的压电效应称为"纵向压电效应"。y 轴称为机械轴，是垂直于六边形对边的轴线，在电场作用下，沿该轴方向的机械变形最明显（逆压电效应），此方向的压电效应称为"横向压电效应"。z 轴垂直于 x、y 轴，称为光轴，力沿 z 轴方向作用时不产生压电效应，此轴可用光学方法确定，故称光轴或中性轴。

石英晶体是各向异性的，许多物理特性取决于晶体方向。为利用石英晶体的压电效应进行力-电转换，需将晶体沿一定方向切割成晶片，如图 6-2c 所示为 X 切晶片，常用的还有 Y 切晶片。当沿电轴 x 轴方向加作用力 F_x 时，则在与 x 轴垂直的平面上产生电荷 Q_x，两者关系为

$$Q_x = d_{11} F_x \tag{6-2}$$

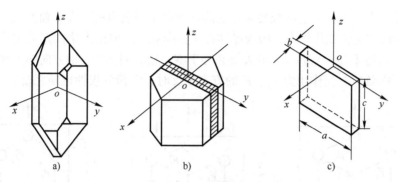

图 6-2 石英晶体

a) 晶体外形 b) 切割方向 c) 晶片

式中，d_{11} 为压电系数，其 2 位数字下标分别表示产生电荷的极化方向和作用力方向，1、2、3 分别表示 x 轴、y 轴和 z 轴。若作用力 F_y 是沿着机械轴 y 轴方向，则电荷仍在与 x 轴垂直的平面上产生，并满足

$$Q_x = d_{12}\frac{a}{b}F_y = -d_{11}\frac{a}{b}F_y \tag{6-3}$$

式中，a、b 分别为晶片的长度和厚度。

上述讨论假设晶体沿 x 轴和 y 轴方向受到的是压力。当晶体沿 x 轴和 y 轴方向受到拉力作用时，同样会产生压电效应，只是电荷的极性将随之改变。石英晶片上电荷极性与受力方向的关系如图 6-3 所示。

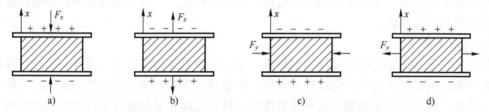

图 6-3 晶体切片上电荷极性与受力方向的关系

a) x 轴方向受压力 b) x 轴方向受拉力 c) y 轴方向受压力 d) y 轴方向受拉力

石英晶体具有压电效应，是由其内部分子结构决定的。将石英晶体中的硅离子和氧离子在垂直于晶体 z 轴的 xy 平面上进行投影，等效为正六边形排列，如图 6-4 所示，图中 "+" 代表硅离子 Si^{4+}，"–" 代表氧离子 O^{2-}，化学式为 SiO_2。当石英晶体未受外力作用时，正、负离子正好分布在正六边形的顶角上，形成三个互成 120° 夹角的电偶极矩 $\vec{P}_1$、$\vec{P}_2$、$\vec{P}_3$，如图 6-4a 所示。此时正负电荷重心重合，电偶极矩的矢量和等于零，即 $\vec{P}_1 + \vec{P}_2 + \vec{P}_3 = 0$，所以晶体表面不产生电荷，即呈电中性。当石英晶体受到沿 x 轴方向的压力作用时，晶体沿 x 方向将产生压缩变形，正负离子的相对位置也随之变动。如图 6-4b 所示，此时正负电荷重心不再重合，电偶极矩在 x 方向上的分量由于 $\vec{P}_1$ 的减小和 $\vec{P}_2$、$\vec{P}_3$ 的增加而不等于零。在 x 轴的正方向出现正电荷，电偶极矩在 y 方向上的分量为零，不出现电荷。当晶体受到沿 y 轴方向的压力作用时，晶体的变形如图 6-4c 所示。与图 6-4b 情况相似，$\vec{P}_1$ 增大，$\vec{P}_2$、$\vec{P}_3$

减小。在 x 轴上出现电荷，它的极性为 x 轴的正方向出现负电荷。在 y 轴方向上仍不出现电荷。如果沿 z 轴方向施加作用力，因为晶体在 x 方向和 y 方向所产生的形变完全相同，所以正负电荷重心保持重合，电偶极矩的矢量和等于零。这表明当沿 z 轴方向施加作用力时，晶体不会产生压电效应。当作用力 F_x、F_y 的方向相反时，电荷的极性也随之改变。

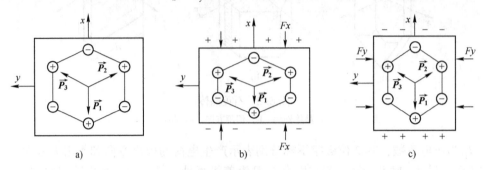

图 6-4 石英晶体压电效应机理
a) 晶体结构 b) x 方向受力 c) y 方向受力

石英晶体是一种具有良好压电特性的压电晶体，其介电常数和压电系数温度稳定性好，在常温范围内参数几乎不变，而且机械强度高，绝缘性能好。当温度达到 573℃，石英晶体就失去压电特性，该温度即为其居里点温度。

石英晶体有天然石英和人工石英。人工石英晶体的物理、化学性质与天然石英晶体没有多大区别，但天然石英晶体由于经过亿万年的时间形成，其介电常数、压电系数、线性和重复性等均较人工石英晶体稳定，同时具有较高的机械强度，一般标准测力和振动加速度传感器仍选用天然石英晶体。

2. 压电陶瓷

压电陶瓷是人工制造的多晶体压电材料，是用必要成分的原料进行混合、成型、高温烧结，由粉粒之间的固相反应和烧结过程获得的微细晶粒无规则集合而成的多晶体，实际上也是铁电陶瓷。原始的压电陶瓷不具有压电性质，材料内部的晶粒有许多自发极化的电畴，它有一定的极化方向，从而存在电场。在无外电场作用时，电畴在晶体中杂乱分布，它们各自的极化效应被相互抵消，压电陶瓷内极化强度为零。为了使压电陶瓷具有压电效应，必须进行极化处理，即在一定温度下对压电陶瓷施加强电场（如 20~30kV/cm 的直流电场），经过 (2~3) h 以后，压电陶瓷就具备压电性能，陶瓷内部电畴的极化方向在外电场作用下都趋向于电场的方向，这个方向就是压电陶瓷的极化方向，通常取 z 轴方向。经过极化处理的压电陶瓷在外电场去掉后其内部仍存在着很强的剩余极化强度，当压电陶瓷受外力作用时，电畴的界限发生移动，因此剩余极化强度将发生变化，压电陶瓷就呈现出压电效应。极化过程如图 6-5 所示。

当压电陶瓷在沿极化方向受力 F 时，在垂直于极化方向（z 轴）的两面镀有电极的表面上分别出现正、负电荷 Q，对应关系为

$$Q = d_{33}F \tag{6-4}$$

式中，d_{33} 是压电陶瓷的压电系数，下标"33"表示极化方向及受力方向均为 z 轴方向。

压电陶瓷的电极最常见的是将一层银通过煅烧与陶瓷表面牢固地结合在一起。电极的附着力很重要，如结合不好便会降低有效电容和阻碍极化。

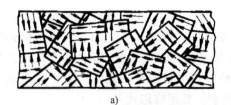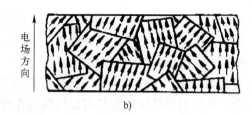

a)　　　　　　　　　　　　　b)

图 6-5　压电陶瓷中的电畴

a) 未极化　b) 电极化

压电陶瓷制造工艺成熟，通过改变配方或掺杂可使材料的技术性能有较大的改变，以适应各种要求。它还具有良好的可塑性，可以方便地加工成各种所需的形状。在通常情况下，其压电系数比压电晶体高很多，一般比石英晶体高几百倍，而制造成本仅为单晶材料的 1%~10%。目前大多数压电元件都采用压电陶瓷。但压电陶瓷的居里点温度低，温度稳定性和机械强度等不如石英晶体。

常用的压电陶瓷材料有以下几种：钛酸钡（$BaTiO_3$）、锆钛酸铅（PZT）系列压电陶瓷及铌镁酸铅（PMN）压电陶瓷等。

1) 钛酸钡（$BaTiO_3$）压电陶瓷。通常是把碳酸钡（$BaCO_3$）和二氧化钛（TiO_2）按相等物质的量（1∶1 摩尔分子）混合成型后，在 1350℃ 左右的高温下烧结而成的。烧成后，在居里点附近的温度下，在 2 kV/mm 的直流电场中以冷却的方式进行极化处理。它的特点是压电系数高（$d_{33} = 191 \times 10^{-12}\,C/N$）和价格便宜。主要缺点是居里点温度较低，只有 120℃，机械强度也低于石英晶体。

2) 锆钛酸铅（PZT）系压电陶瓷。PZT 是由钛酸铅（$PbTiO_3$）和锆酸铅（$PbZrO_3$）按 47∶53 的摩尔分子比组成的固熔体。具有较高的压电系数（$d_{33} = 2 \times 10^{-9} \sim 5 \times 10^{-9}\,C/N$）和居里点温度（300℃ 以上），是目前采用较多的一种压电材料。在上述材料中加入微量的铌（Nb）、镧（La）或锑（Sb）等，可以得到不同性能的 PZT 材料。

3) 铌酸盐系压电陶瓷。这一系是以铁电体铌酸钾（$KNbO_3$）和铌酸铅（$PbNb_2O_6$）为基础原料的。铌酸钾和钛酸钡十分相似，优点是具有较高的居里点温度（435℃），铌酸铅的特点是能经受接近居里点（570℃）的高温而不会去极化，近年来铌酸盐系压电陶瓷在水声传感器方面受到重视。

上述 $BaTiO_3$ 是单元系压电陶瓷的代表，PZT 是二元系的代表。在压电陶瓷的研究中，研究者在二元系的 $Pb(Ti, Zr)O_3$ 中进一步添加另一种成分组成三元系压电陶瓷，其中铌镁酸铅 $[Pb(Mg_{1/3}Nb_{2/3})O_3]$ 与 $PbTiO_3$ 和 $PbZrO_3$ 所组成的三元系铌镁酸铅压电陶瓷获得了更好的压电性能，$d_{33} = (800 \times 10^{12} \sim 900 \times 10^{12})\,C/N$ 和较高的居里点温度，前景非常广阔。

三、压电方程

压电材料存在纵向和横向压电效应，并且除了受单向应力外，还存在剪切力。为讨论更一般压电元件的压电效应，建立如图 6-6 所示坐标系。

压电方程可表示为

$$q_i = d_{ij}\sigma_j \tag{6-5}$$

图 6-6　压电元件坐标系

式中，q 为电荷密度；d 为压电系数；σ 为受到的应力。下标 i 和 j 具有一定的含义，$i=1$、2、3，表示产生电荷表面的法线分别为 x、y 和 z 轴方向；$j=1$、2、3、4、5、6，表示沿 x、y 和 z 轴方向作用的单向应力和在垂直于 x、y 和 z 轴平面内作用的剪切应力，单向应力的符号规定拉应力为正、压应力为负，剪切应力的符号用右手螺旋法则确定，图 6-6 表示了它们的方向。压电材料的压电特性可以用压电方程表示，其矩阵形式是

$$
\begin{bmatrix} q_1 \\ q_2 \\ q_3 \end{bmatrix} = \begin{bmatrix} d_{11} & d_{12} & d_{13} & d_{14} & d_{15} & d_{16} \\ d_{21} & d_{22} & d_{23} & d_{24} & d_{25} & d_{26} \\ d_{31} & d_{32} & d_{33} & d_{34} & d_{35} & d_{36} \end{bmatrix} \begin{bmatrix} \sigma_1 \\ \sigma_2 \\ \sigma_3 \\ \sigma_4 \\ \sigma_5 \\ \sigma_6 \end{bmatrix} \tag{6-6}
$$

定义压电系数矩阵 $\boldsymbol{D}$ 为

$$
\boldsymbol{D} = \begin{bmatrix} d_{11} & d_{12} & d_{13} & d_{14} & d_{15} & d_{16} \\ d_{21} & d_{22} & d_{23} & d_{24} & d_{25} & d_{26} \\ d_{31} & d_{32} & d_{33} & d_{34} & d_{35} & d_{36} \end{bmatrix} \tag{6-7}
$$

压电系数矩阵 $\boldsymbol{D}$ 是正确选择压电元件、受力状态、变形方式、能量转换率以及晶片几何切型的重要依据。石英晶体压电系数矩阵可表示为

$$
\boldsymbol{D} = \begin{bmatrix} d_{11} & -d_{11} & 0 & d_{14} & 0 & 0 \\ 0 & 0 & 0 & 0 & -d_{14} & -2d_{11} \\ 0 & 0 & 0 & 0 & 0 & 0 \end{bmatrix} \tag{6-8}
$$

式中，独立的压电系数是 d_{11} 和 d_{14}。压电陶瓷压电系数矩阵可表示为

$$
\boldsymbol{D} = \begin{bmatrix} 0 & 0 & 0 & 0 & d_{15} & 0 \\ 0 & 0 & 0 & d_{15} & 0 & 0 \\ d_{31} & d_{31} & d_{33} & 0 & 0 & 0 \end{bmatrix} \tag{6-9}
$$

式中，独立的压电系数是 d_{33}、d_{31} 和 d_{15}。

四、压电元件常用结构形式

从压电系数矩阵可以看出，当压电元件承受机械应力作用时，具有能量转换作用的变形方式有以下几种。

1. 厚度变形（TE 方式）

如图 6-7a 所示，对应的是石英晶体的纵向压电效应，作用力在 x 轴方向通过 d_{11} 在垂直 x 轴平面产生电荷，产生的表面电荷密度为

$$
q_1 = d_{11}\sigma_1 \tag{6-10}
$$

2. 长度变形（LE 方式）

如图 6-7b 所示，对应的是石英晶体的横向压电效应，作用力在 y 轴方向通过 d_{12} 在垂直 x 轴平面产生电荷，产生的表面电荷密度为

$$
q_1 = d_{12}\sigma_2 \tag{6-11}
$$

3. 面剪切变形（FS 方式）

如图 6-7c 所示，晶体受剪切面与产生电荷的面共面，表面电荷密度为

$$q_1 = d_{14}\sigma_4 \quad (X \text{ 切晶片})\tag{6-12}$$

4. 厚度剪切变形（TS 方式）

如图 6-7d 所示，晶体受剪切面与产生电荷的面不共面，表面电荷密度为

$$q_2 = d_{26}\sigma_6 \quad (Y \text{ 切晶片})\tag{6-13}$$

5. 体积变形（VE 方式）

如图 6-7e 所示，压电陶瓷可通过体积变形获得压电效应，这时垂直于 z 轴的平面上产生的表面电荷密度为

$$q_3 = d_{31}\sigma_1 + d_{32}\sigma_2 + d_{33}\sigma_3\tag{6-14}$$

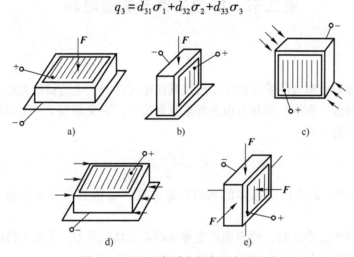

图 6-7　压电元件受力状态及变形方式

a）厚度变形　b）长度变形　c）面剪切变形　d）厚度剪切变形　e）体积变形

压电元件在实际使用中，如仅用单片压电片工作的话，要产生足够的表面电荷需要有足够的作用力。当被测量力较小时（例如测量粗糙度或微压差时），可采用两片或两片以上的压电片组合在一起使用，以提高输出灵敏度。由于压电材料是有极性的，因此有串联和并联两种接法，如图 6-8 所示。

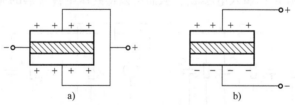

图 6-8　压电元件连接方式

a）并联接法　b）串联接法

压电元件两电极间的压电陶瓷或石英为绝缘体，因此构成一电容器，电容量 C、两极板间电压 U 和表面电荷量 Q 之间关系为

$$C = Q/U\tag{6-15}$$

当两压电元件并联连接，是将相同极性端连接在一起，总电容量 C'、总电压 U'、总电

荷 Q' 与单片的 C、U、Q 之间的关系为

$$C'=2C \quad U'=U \quad Q'=2Q \tag{6-16}$$

当两压电元件串联连接，是将不同极性端连接在一起，总电容量 C'、总电压 U'、总电荷 Q' 与单片的 C、U、Q 之间的关系为

$$C'=C/2 \quad U'=2U \quad Q'=Q \tag{6-17}$$

可见，并联接法输出电荷大，本身电容大，时间常数大，适宜用在测量慢变信号并且以电荷作为输出量的地方；串联接法输出电压大，本身电容小，适宜用于以电压作为输出信号，且测量电路输入阻抗很高的地方。

第二节 等效电路与测量电路

一、等效电路

压电式传感器对被测量的感受程度是通过其压电元件产生电荷量的大小来反映的，因此它相当于一个电荷源，而压电元件电极表面聚集电荷时，它又相当于一个以压电材料为电介质的电容器，其电容量为

$$C_a=\frac{\varepsilon_r\varepsilon_0 S}{\delta} \tag{6-18}$$

式中，S 为极板面积；ε_r 为压电晶体的相对介电常数；ε_0 为真空介电常数；δ 为压电元件厚度。

当压电元件受外力作用时，两表面产生等量的正、负电荷 Q，压电元件的开路电压（认为其负载电阻为无限大）U 为

$$U=\frac{Q}{C_a} \tag{6-19}$$

因此，压电元件可以等效为一个电荷源和一个电容器并联的电路，也可以等效为一个电压源和一个电容器串联的电路，如图 6-9 所示，点画线框内即为压电元件部分，其中 R_a 为压电元件的漏电阻。利用压电式传感器进行测量时，要与测量电路相连接，应考虑电缆电容 C_c、放大器的输入电阻 R_i、输入电容 C_i，从而可以得到压电传感器的完整等效电路。

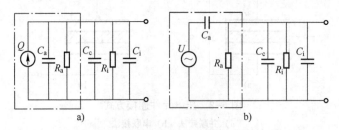

图 6-9 压电元件等效电路
a) 电荷源等效电路 b) 电压源等效电路

对应压电元件的两种等效电路形式，压电式传感器的灵敏度有电压灵敏度 K_u 和电荷灵敏度 K_q 两种，分别表示单位应力产生的电压和电荷，即

$$K_u = \frac{U}{F} \tag{6-20}$$

$$K_q = \frac{Q}{F} \tag{6-21}$$

且电压灵敏度 K_u 与电荷灵敏度 K_q 之间的关系为

$$K_u = \frac{K_q}{C_a} \tag{6-22}$$

二、测量电路

压电传感器产生的电荷很少，信号微弱，而自身又要有极高的绝缘电阻以防止电荷迅速泄漏引起测量误差，因此，压电元件后续测量电路需要接入前置放大器。其作用有两个：一是放大压电元件的微弱电信号；二是把高阻抗输入变换为低阻抗输出。对应压电元件的两种等效电路形式，前置放大器也有两种形式：一是电压放大器，输出电压与输入电压（压电元件的输出电压）成正比；二是电荷放大器，输出电压与输入电荷成正比。

（一）电压放大器

压电元件等效为电压源，接到放大倍数为 $-A$ 的放大器，简化后的等效电路如图 6-10 所示。其中等效电阻 $R = R_a // R_i$，等效电容 $C = C_c + C_i$。

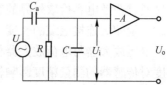

图 6-10　电压放大器等效电路

设压电元件的材料为压电陶瓷，在 z 轴方向受一交变力作用，即 $f = F_m \sin\omega t$，又 $Q = d_{33}f$，则压电元件的输出电压 U 也按正弦规律变化，即

$$U = \frac{Q}{C_a} = \frac{d_{33}F_m \sin\omega t}{C_a} = U_m \sin\omega t \tag{6-23}$$

式中，U_m 为电压幅值。放大器输入端的电压为 U_i，写成复数形式为

$$\dot{U}_i = d_{33}\dot{F} \frac{j\omega R}{1 + j\omega R(C_a + C)} \tag{6-24}$$

电压 U_i 的幅值为

$$U_{im}(\omega) = \frac{d_{33}F_m \omega R}{\sqrt{1 + \omega^2 R^2 (C_a + C_c + C_i)^2}} \tag{6-25}$$

U_i 与输入作用力 f 之间的相位差可表示为

$$\varphi(\omega) = \frac{\pi}{2} - \arctan[\omega(C_a + C_c + C_i)R] \tag{6-26}$$

由式（6-25）可见，当作用在压电元件上的力是静态力，即 $\omega = 0$ 时，前置放大器输入电压 U_i 幅值为零。因为电荷通过放大器的输入电阻和传感器本身的泄漏电阻漏掉，这也从原理上决定了压电式传感器不能测量静态物理量。

当 ω 很大，即 $\omega \to \infty$（一般 $\omega\tau > 3$）时，放大器输入端电压幅值为

$$U_{im}(\infty) = \frac{d_{33}F_m}{C_a + C_c + C_i} \tag{6-27}$$

这时，压电传感器的电压灵敏度为

$$K_u(\infty) = \frac{U_{im}(\infty)}{F_m} = \frac{d_{33}}{C_a + C_c + C_i} \tag{6-28}$$

由式（6-28）可见，电缆电容 C_c 和放大器输入电容 C_i 的存在都会使放大器的输入电压和灵敏度下降。如果更换电缆，电缆电容发生变化，压电传感器的电压灵敏度随之变化，传感器必须重新对灵敏度进行校准方能使用。取测量电路的时间常数 $\tau = R(C_a + C_c + C_i)$，则传感器的相对幅频特性为

$$k_1(\omega) = \frac{U_{im}(\omega)}{U_{im}(\infty)} = \frac{\omega\tau}{\sqrt{1+(\omega\tau)^2}} \tag{6-29}$$

取 $k_1(\omega) = 1/\sqrt{2}$，对应的 ω 即为频率下限 ω_L，计算可得 $\omega_L = 1/\tau$。为了扩展测量频率下限，应增大时间常数 τ。时间常数与测量回路的电阻及电容有关。若通过增加测量回路的电容量来提高时间常数，会使传感器的电压灵敏度降低，因为灵敏度与电容呈反比关系，因此需提高测量回路的电阻。由于压电元件本身的绝缘电阻一般都较大，测量回路电阻主要取决于前置放大器的输入电阻，放大器输入电阻越大，测量回路的时间常数越大，传感器的低频响应越好。但要将放大器的输入电阻 R_i 提高到 $10^9\,\Omega$ 以上是很困难的。由于输入阻抗很高，非常容易通过杂散电容拾取外界的交流 50 Hz 干扰和其他干扰，因此要对引线进行仔细的屏蔽，同时尽量缩短连接电缆的长度以减小电缆电容，增加电压灵敏度。

电压放大器与电荷放大器相比，电路简单，元器件少，价格便宜，工作可靠。但是电缆长度对传感器的测量精度影响较大，在一定程度上限制了压电传感器在某些场合的应用。若将电压放大器装入传感器之中，组成一体式传感器，可以有效减小电缆影响。

（二）电荷放大器

电荷放大器实质上是一个具有深度负反馈的高增益运算放大器，将高内阻的电荷源转换为低内阻的电压源。当放大器开环增益和输入电阻、反馈电阻相当大时，放大器的输出电压正比于输入电荷 Q。其电路如图 6-11 所示，C_F 为电荷放大器的反馈电容，R_F 为并在反馈电容两端的漏电阻。

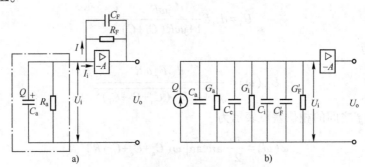

图 6-11 电荷放大器等效电路图

a) 基本电路图 b) 等效电路图

为方便运算，将电阻转化为导纳进行计算。把 C_F、R_F 等效到运算放大器的输入端，等效电容 $C_F' = C_F(1+A)$，等效电导 $G_F' = G_F(1+A)$，式中 $G_F = 1/R_F$。考虑其他电阻和电容参数，电荷放大器的等效电路如图 6-10b 所示。放大器输入电压 U_i 为

$$\dot{U}_i = \frac{j\omega\dot{Q}}{[G_a + G_i + (1+A)G_F] + j\omega[C_a + C_c + C_i + (1+A)C_F]} \tag{6-30}$$

输出电压 U_o 为

$$\dot{U}_o = -A\dot{U}_i = \frac{-j\omega A\dot{Q}}{[G_a+G_i+(1+A)G_F]+j\omega[C_a+C_c+C_i+(1+A)C_F]} \tag{6-31}$$

式中，A 为放大器的放大倍数，通常为 $10^4 \sim 10^8$。因此，式（6-31）分母中 $(1+A)C_F \gg C_a + C_c + C_i$，由于 $(1+A)G_F \gg G_a + G_i$，式（6-31）可简化为

$$\dot{U}_o \approx -\frac{j\omega\dot{Q}}{G_F+j\omega C_F} \tag{6-32}$$

可见，此时输出电压 U_o 只取决于输入电荷 Q 以及反馈电路的参数 C_F、R_F。压电元件本身的电容大小和电缆长短将不影响电荷放大器的输出或影响极小，这是电荷放大器相比电压放大器的突出优点。当被测量频率足够高时，$\omega C_F \gg G_F$，式（6-32）可进一步简化为

$$\dot{U}_o \approx -\frac{Q}{C_F} \tag{6-33}$$

式（6-33）中的输出电压 U_o 与 A 也无关，只取决于 Q 和 C_F。因此，为了得到必要的测量精度，要求反馈电容 C_F 的温度和时间稳定性好。考虑到不同的量程等因素，C_F 的容量做成可选择的，范围一般为 $(100 \sim 10^4)$ pF。

当被测量频率 ω 很低，且 A 仍足够大时，输出电压由式（6-31）可得

$$\dot{U}_o \approx -\frac{j\omega\dot{Q}}{G_F+j\omega C_F} \tag{6-34}$$

输出电压幅值为

$$U_o = \frac{\omega Q}{\sqrt{G_F^2+\omega^2 C_F^2}} \tag{6-35}$$

式（6-35）中的输出电压 U_o 不仅与 Q 有关，还与参数 C_F、R_F 和频率 ω 有关，与 A 无关。并且信号频率 ω 越小，反馈电阻对应的 G_F 项影响越大。当 $U_o(\omega) = Q/(\sqrt{2}C_F)$ 时，即 $G_F = C_F\omega$ 时，对应频率 ω 为下限截止频率 ω_L，即

$$\omega_L = \frac{G_F}{C_F} = \frac{1}{R_F C_F} \tag{6-36}$$

可见，低频时电荷放大器的频率响应仅取决于反馈电路参数 C_F 和 R_F，其中 C_F 的大小可以根据式（6-33）确定。当给定下限截止频率 ω_L 时，R_F 可由式（6-36）确定。反馈电阻 R_F 还提供直流反馈功能。

根据电荷放大器的输出电压公式（6-34），可认为传感器的灵敏度与电缆电容无关，更换电缆和使用较长电缆（数百米）时，无须重新校正传感器灵敏度。压电式传感器配用电荷放大器时，低频响应比使用电压放大器时要好得多，可对准静态的物理量进行有效测量。但是，电荷放大器比电压放大器的价格高，电路较复杂，调整也比较困难。

第三节　压电式传感器的应用

压电元件是一种典型的力敏感元件，可以用来测量最终能转换为力的多种物理量。在实际应用中，常用来测量力和加速度，且压电传感器的高频响应好，没有静态输出，主要用于

测量动态参数。

一、压电式力传感器和压力传感器

压电元件是一种典型的力敏元件，实现力-电转换。压电式力传感器设计的关键是选取合适的压电材料、变形方式、晶片数目及连接方式、传力机构等。压电元件的变形方式以利用纵向压电效应的厚度变形方式最为简便。压电材料的选择主要取决于所测力的量值大小、测量精度要求和工作环境温度等因素。结构上通常采用机械串联、电气并联的一对或数对晶片，可使传感器的电荷输出灵敏度增大。压电传感器可以测量单向力、双向力和三向力。图6-12是单向压电测力传感器结构示意图，两片压电晶片安装在金属基座内，由绝缘套绝缘并定位，受力为串联，电气方面为并联。力传感器在装配时必须加较大的预紧力，以保证良好的线性度，这是因为压电式传感器在测量低压力时线性度不好。

图6-13是测量均布压力传感器的结构图。拉紧的薄壁管对晶片提供预载力，感受外部压力的是由挠性材料做成的很薄的膜片。预载筒外的空腔可以连接冷却系统，以保证传感器工作在一定的环境温度条件下，避免因温度变化造成预载力变化引起的测量误差。

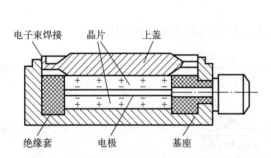

图6-12 单向压电式测力传感器结构示意图

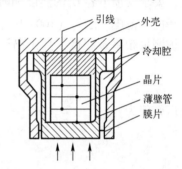

图6-13 测量均布压电式压力传感器示意图

二、压电式加速度传感器

压电式加速度传感器又称压电加速度计或压电加速度表，被广泛用于检测导弹、飞机、车辆等的冲击和振动测试中，它具有体积小、重量轻等优点。压电式加速度传感器由质量块、压电元件、预压弹簧和基座等组成，压电元件的变形一般有纵向变形、横向变形和剪切变形三种。较常用的结构如图6-14所示，压电元件是纵向变形，基座用于将传感器与待测物体刚性地固定在一起。

该系统相当于典型二阶系统，系统固有频率 $\omega_0 = \sqrt{k/m}$，k 是弹簧弹性系数，m 是质量块的质量。当待测物体运动或振动时，若振动体的频率远低于传感器的固

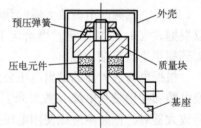

图6-14 压电式加速度
传感器结构图

有频率 ω_0，则质量块与基座感受到相同的振动，并受到与加速度方向相反的惯性力的作用，此力为 $F=ma$。这样，质量块就有一正比于加速度的交变力作用在压电元件上。由于压电效应，在压电元件上、下表面上就产生交变电荷，若压电元件材料为压电陶瓷，则传感器的输

出电荷（电压）与作用力成正比，即

$$q = d_{33}F = d_{33}ma \qquad (6-37)$$

亦即与振动体的加速度成正比。压电加速度传感器的灵敏度为

$$q/a = d_{33}F/a = d_{33}m \qquad (6-38)$$

可见，压电加速度传感器的灵敏度与压电材料的压电系数和质量块的质量有关。因此，为提高传感器灵敏度，一般选择压电系数大的压电陶瓷片。若增加质量块的质量会影响被测振动，同时会降低振动系统的固有频率，所以一般不采用增加质量的办法来提高传感器灵敏度。此外可采用增加压电片的数目并通过合理的连接方法来提高传感器灵敏度。

输出电量由传感器输出端引出，输入到前置放大器后就可以用普通的测量仪器测出运动加速度，如在放大器中加入适当的积分电路，就可以测出振动速度或位移。

三、压电新材料传感器及其应用

聚偏二氟乙烯（PVDF）是一种有机高分子物性型敏感材料，1969年由日本学者 Kawai 首先发现其具有很强的压电效应。几十年来，对 PVDF 的研究一直没有中断。近年来，PVDF 与微电子技术结合，可制成多功能传感元件，如高分子压电薄膜或高分子压电电缆传感器，应用领域不断拓展。

PVDF 与无机压电材料相比具有许多优点：

1）具有较高的压电灵敏度，压电系数比石英晶体高十多倍。

2）柔性和加工性能好，可制成 5 μm ~ 1 mm 厚度不等、形状不同的大面积薄膜，因此适于做大面积的传感阵列器件。

3）声阻抗低，仅为 PZT 压电陶瓷的 1/10，与水和人体肌肉的声阻抗接近，并且柔顺性好，便于贴近人体，与人体接触安全舒适，因此用作水听器和医用仪器的传感元件时，可不用阻抗变换器。

4）频响宽，室温下在 $(10^{-5} \sim 5 \times 10^8)$ Hz 范围内响应平坦，即从准静态、低频、高频至超高频均能实现机-电能量转换。

5）机械强度高，耐冲击，化学稳定性好，在室温下不被酸、碱、强氧化剂和卤素所腐蚀，并具有良好的热稳定性。

6）质量轻，密度只是 PZT 压电陶瓷的 1/4，定成传感器对被测量的结构影响小。

7）容易加工和安装，可根据实际需要定制形状。

采用 PVDF 制成的高分子压电薄膜振动感应片结构如图 6-15 所示，厚度约 0.2 mm，大小为 10 mm×20 mm，在其正反两面各喷涂透明的 SnO_2 导电电极，也可用热印制工艺制作铝薄膜电极，再用超声波焊接上两根柔软的电极引线，并用保护膜覆盖。高分子压电薄膜振动感应片可用作玻璃破碎报警装置。使用时，将感应片粘贴在玻璃上。当玻璃遭暴力打碎的瞬间，会产生几千赫兹至超声波（高于 20 kHz）的振动，压电薄膜感受到该剧烈振动信号，表面会产生电荷 Q，经放大处理后，用电缆线传送到集中报警装置，发出报警信号。由于感应片很小且透明，不易被察觉，所以可安装于贵重物品柜台、展览橱窗、博物馆及家庭等玻璃窗角落处，作防盗报警用。

高分子压电电缆结构如图 6-16 所示，主要由铜芯线（内电极）、铜网屏蔽层（外电极）、管状 PVDF 高分子压电材料绝缘层和弹性橡胶保护层组成。当管状高分子压电材料受压时，其

内外表面产生电荷 Q。高分子压电电缆可用于周界报警系统和测速系统等。周界报警系统又称线控报警系统，它警戒的是一条边界包围的重要区域，当入侵者进入防范区内时，系统便发出报警信号。报警系统如图 6-17 所示，在警戒区域的四周埋设多根单芯高分子压电电缆，屏蔽层接大地。当入侵者踩到电缆上面的柔性地面时，该压电电缆受到挤压，产生压电脉冲，引起报警。通过编码电路，还可以判断入侵者的大致方位。压电电缆可长达数百米，可警戒较大的区域，不受电、光、雾及雨水等的干扰，费用也比其他周界报警系统便宜。

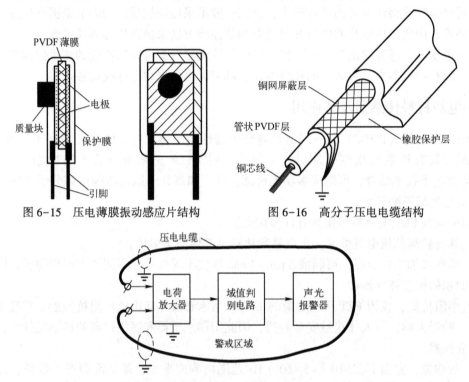

图 6-15　压电薄膜振动感应片结构　　　　图 6-16　高分子压电电缆结构

图 6-17　高分子压电电缆周界报警系统

高分子压电电缆测速系统如图 6-18 所示，两根高分子压电电缆相距 2m，平行埋设于柏

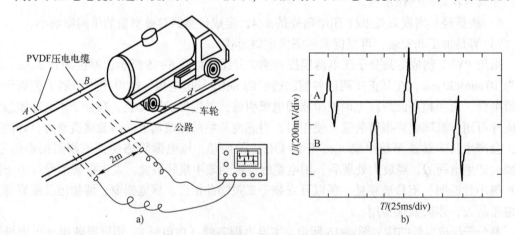

图 6-18　PVDF 高分子压电电缆测速原理图

a）PVDF 压电电缆安装示意图　b）压电电缆输出信号示意图

油公路的路面下 50 mm 处，它可以用来测量汽车的车速及其超重，并根据存储在计算机内部的档案数据，判定汽车的车型。当一辆超重车辆以较快的车速压过测速传感器系统时，根据两根 PVDF 压电电缆的输出信号波形，可以估算车速和汽车前后轮间距 d，由此判断车型，核定汽车的允许载重量，再根据信号幅度估算汽车载重量，判断是否超重。

第四节　基于压电效应的声传感器

声传感器是把外界声场中的声信号转换成电信号的传感器。它在通信、噪声控制、环境检测、音质评价、文化娱乐、超声检测、水下探测和生物医学工程及医学方面有广泛的应用。其种类很多，按其特点和频率等，将其划分为超声波传感器、声表面波传感器和声发射传感器；根据其作用原理，有压电式、磁致伸缩式、电磁式及电容式等，其中基于压电效应的声传感器应用最为广泛。

一、声学基础知识

声波是声音的传播形式，是一种机械波，由物体（声源）振动产生，声波传播的空间称为声场。声波在气体和液体介质中传播时是一种纵波，但在固体介质中传播时可能混有横波。按频率分类，频率低于 20 Hz 的声波称为次声；频率为 20 Hz~20 kHz 的声波称为可听波，就是人耳可以听到的声波；频率为 20 kHz~1 GHz 的声波称为超声波；频率大于 1 GHz 的声波称为特超声或微波超声。

1. 声波类型

声源在介质中的施力方向与波在介质中的传播方向不同，声波的波型也不同，主要有纵波、横波和表面波。

纵波是质点振动方向与波的传播方向一致的波，它能在固体、液体和气体介质中传播。

横波是质点振动方向垂直于传播方向的波，它只能在固体介质中传播。

表面波是质点的振动介于横波与纵波之间，沿着介质表面传播，其振幅随深度增加而迅速衰减的波，表面波只在固体的表面传播。

2. 声速

声波在传声介质中每秒钟传播的距离称为声波的传播速度，简称声速，用符号 c 表示，单位为 m/s。除了空气，水、金属及木头等弹性介质也都能够传递声波，它们都是声波的良好介质。在不同介质中声音的传播速度是不同的，在标准大气压下，0℃ 的空气中，声速是 331.4 m/s。空气的温度越高，声速越大。声音在固体中传播的速度最快，其次是液体，再次是气体。如在水中的传播速度一般是 1450 m/s，在钢铁中的传播速度约为 5000 m/s。声波不能在真空中传播，因为在真空状态中没有任何弹性介质。

3. 声压

声压是指由声波引起的压强变化量。若空气中没有声波，空气中的压强即为大气压，当声波传播时，某处的空气疏密地变化，使压强在大气压附近上、下变化，相当于在原来大气压强中叠加一个变化的压强，这个叠加上去的压强就是声压，用符号 P 表示，单位为 Pa，即 N/m^2。

由于声波是随时间而疏密相间不断变化的，所以任一点的声压都是随时间不断变化的，即每一瞬间的声压（称为瞬时声压）可正可负，声压变化的平均值为零。通常所说的声压是指一段时间内瞬时声压的方均根值，即有效声压，故总是正值。对于正弦波形声波，有效声压等于瞬时声压最大值 P_{max} 除以 $\sqrt{2}$，即 $P=P_{max}/\sqrt{2}$。一般来说，如未加说明，声压指有效声压。

4. 声阻抗率

声阻抗率是声传播过程中的一个非常重要的概念，定义为声场中某位置的声压 P 与该位置的振动速度 c 的比值，即 $Z_s=P/c$。显然，在相同声压作用下，对于声阻抗率大的介质，其介质质点振速小，而对于声阻抗率小的介质，其介质质点振速就大。因此，声阻抗率可理解为声场中某位置处介质的限速能力，或声波传导时介质位移需要克服的阻力大小。一般 Z_s 为复数。对于平面声波，$Z_s=c\rho$，其中，ρ 是介质密度。

5. 声功率

声波是能量传播的一种形式，因此也常用能量的大小来表示声音的强弱。声源在单位时间内向外辐射的声能量称为声功率，用符号 W 表示，单位为 W。

6. 声强

声强也是衡量声波传播过程中声音强弱的物理量，指在单位时间内声波通过垂直于声波传播方向单位面积的声能量，用符号 I 表示，单位为 W/m^2。若声能通过的面积为 S，则声强为 $I=W/S$。

7. 声波的反射和折射

当声波由一种介质入射到另一种介质时，由于在两种介质中的传播速度不同，在介质界面上会产生反射、折射和波型转换等现象。

当声波从介质1入射到介质2时，入射角为 α，一部分波以 α' 角被反射回来，另一部分以 β 角方向透射到介质2中，如图6-19所示。这时入射波、反射波与透射波的方向就满足斯涅耳（Snell）定律，即

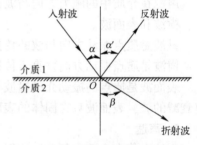

图6-19　声波的入射、反射和折射示意图

$$\alpha=\alpha' \tag{6-39}$$

$$\frac{\sin\alpha}{\sin\beta}=\frac{c_1}{c_2} \tag{6-40}$$

式中，c_1 为介质1中的声速；c_2 为介质2中的声速。

8. 声波的衰减

当声波在介质中传播时，随着传播距离的增加，能量逐渐衰减，其衰减的程度与声波的扩散、散射及吸收等因素有关。其声压和声强的衰减规律为

$$P_x=P_0 e^{-ax} \tag{6-41}$$

$$I_x=I_0 e^{-2ax} \tag{6-42}$$

式中，x 为声波与声源间的距离；P_x、I_x 分别为距声源 x 处的声压和声强；a 为衰减系数，单位为 Np/cm（奈培/厘米）。

当声波在介质中传播时，能量的衰减取决于声波的扩散、散射和吸收。1）扩散衰减随声波传播距离的增加而引起声能的减弱。在理想介质中，声波的衰减仅来自于声波的扩散，使得单位面积上所存在的声能减小，听到的声音就变得微弱。2）散射衰减是指声波在介质

中传播时，固体介质中的颗粒界面或流体介质中的悬浮粒子使声波产生散射，其中一部分声能不再沿原来传播的方向运动，而形成散射。散射衰减与散射粒子的形状、尺寸、数量、介质的性质和散射粒子的性质有关。吸收衰减是由于介质的黏滞性，使声波在介质中传播时造成质点间的内摩擦，从而使一部分声能转换为热能，通过热传导进行热交换，导致声能的损耗。3) 吸收随声波频率的升高而增高。

二、超声波传感器

超声波是一种频率高于 20 kHz 的声波，由换能晶片在电压的激励下发生振动而产生，具有频率高、波长短、绕射现象小等特点，因此方向性好，穿透能力强，易于获得较集中的声能，在水中传播距离远，碰到活动物体时能产生多普勒效应。超声波传感器是利用超声波特性研制而成的传感器，利用声波进行检测，是一种完全不与被测介质接触的传感器，对周围环境的湿度和灰尘非常不敏感，能够长期、稳定且准确工作，广泛应用在工业、国防及生物医学等方面。

在超声波检测技术中，通过仪器首先将超声波发射出去，再将接收回来的超声波转换成电信号。习惯上把发射部分和接收部分均称为超声波换能器，有时也称为超声波探头。超声波探头主要由压电晶片组成，既可以发射超声波，也可以接收超声波。

1. 探头结构

超声波探头有许多不同的结构，可分为直探头、斜探头、表面波探头、兰姆波探头及双探头等。

直探头又称直式换能器，可发射和接收纵波，主要由压电晶片、阻尼块和保护膜组成，其结构如图 6-20 所示。压电晶片是换能器中的主要元件，一般采用 PZT 压电陶瓷材料制作，利用压电材料的正、逆压电效应实现能量转换。发射探头是利用逆压电效应进行工作的，极化的压电陶瓷在周期电信号激励下，产生伸缩振动（机械振动），推动周围介质运动，激发出超声波。接收探头则利用正压电效应工作，超声波在传播过程中引起介质机械振动，压电陶瓷接收机械振动，转化为相应的电信号。大多数压电晶片做成圆板形，两面敷有银层，作为导电的极板，晶片底面接地线引至电路上。为避免压电片与被测试件直接接触而磨损晶片，在晶片下粘合一层软性保护膜或硬性保护膜。软性保护膜可采用厚约 0.3 mm 的薄塑料膜，它与表面粗糙的工件接触较好。而硬性保护膜可采用不锈钢片或陶瓷片。压电片的厚度与超声波的频率成反比。当保护膜的厚度为波长的整数倍时，声波的穿透率最大。保护膜的厚度为 1/4 波长的奇数倍时，声波的穿透率最小。在选择保护膜的材料性质时，要注意声阻抗的匹配。晶片与保护膜黏合后，换能器的谐振频率会降低。阻尼块的作用是降低晶片的机械品质因数，吸收声能量。如果没有阻尼块，当电振荡脉冲停止时，压电晶片会因惯性作用而继续振动，加长了超声波的脉冲宽度，使盲区增大，分辨率变差。当阻尼块的声阻抗等于晶片的声阻抗时，效果最佳。

斜探头又称斜式换能器，可发射与接收横波，主要由压电晶片、阻尼块及斜楔块组成，结构如图 6-21 所示。晶片产生纵波，经斜楔块入射到被测试件中，转换为横波。斜楔为有机玻璃，被测件为钢，斜式换能器的角度（即入射角）在 28°~61°之间时，在钢中可以产生横波。

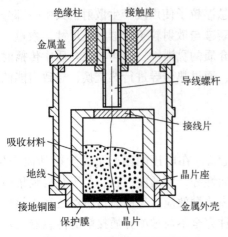

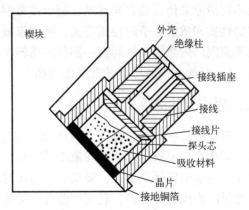

图 6-20　直探头结构示意图 　　　　　　图 6-21　斜探头结构示意图

2. 超声波传感器的应用

超声波传感器是通过某些介质的声学特性，如声速、声衰减和声阻抗等参数随被测量的变化而实现测量的装置。测量中应用最多的是介质声速这一物理量。声速与介质的许多特性及所处的状态都有特定的关系，如声速与介质的温度、压强和流速等有关，同时，通过声速和传播时间，可间接实现距离的测量。

按超声波的波形分，超声波又可分为连续超声波和脉冲波。连续超声波是指持续时间较长的超声振动波。而脉冲波则是持续时间仅有几十个往复脉冲的振动波。为了减少干扰，超声波传感器大多采用脉冲波形式。

（1）超声波物位测量

物位在过程控制中泛指物料表面的相对位置。超声波物位传感器是利用超声波在两种介质的分界面上的反射特性制成的。如果从发射超声脉冲开始，到接收换能器接收到反射波为止的这个时间间隔为已知，就可以求出分界面的位置，利用这种方法可以对物位进行测量。

根据发射和接收换能器的功能，该传感器又可分为单换能器和双换能器两种形式。单换能器的传感器发射和接收超声波使用同一个换能器，而双换能器的传感器发射和接收各由一个换能器担任。超声波发射和接收换能器可设置在液体介质中，让超声波在液体介质中传播，如图 6-22 所示。由于超声波在液体中的衰减比较小，发射的超声脉冲幅度较小也可以传播。超声波发射和接收换能器可以安装在液面的上方，让超声波在空气中传播，如图 6-23 所示。这种方式便于安装和维修，但超声波在空气中的衰减会比较厉害。

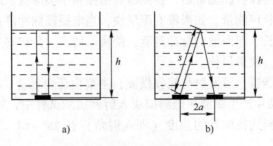

图 6-22　超声波在液体中传播

a）单换能器　b）双换能器

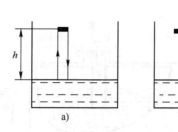

图 6-23　超声波在空气中传播

a) 单换能器　b) 双换能器

对于单换能器来说，超声波从发射器到液面，又从液面反射到换能器的时间为

$$t = \frac{2h}{c} \tag{6-43}$$

则

$$h = \frac{ct}{2} \tag{6-44}$$

式中，h 为换能器距液面的距离；c 为超声波在介质中传播的速度。

对于双换能器，超声波从发射到接收经过的路程为 $2s$，而

$$s = \frac{ct}{2} \tag{6-45}$$

因此液位高度为

$$h = \sqrt{s^2 - a^2} \tag{6-46}$$

式中，s 为超声波从反射点到换能器的距离；a 为两换能器间距的一半。

可见，只要测得超声波脉冲从发射到接收的时间间隔，便可求得待测的物位。超声波物位传感器具有精度高和使用寿命长的特点，但若液体中有气泡，或液面发生波动，便会产生较大的误差。在一般使用条件下，它的测量误差为±0.1%。

物位测量是超声学最成功的应用领域之一。尤其是近 20 年来，国内外已广泛将超声物位计应用于料仓或容器内料位（液体或固体）的测量。图 6-24 是超声波用于罐内液位高度测量的示意图，在罐体上部入孔处安装空气传导型双晶超声波探头，依据反射原理，可测出超声波往返时间 t，利用式（6-45）和式（6-46）可求出超声波单程传播高度 h_3，再根据 $h_2 = h_1 - h_3$ 求出液面高度 h_2。当流体边进边出时，液面涌动是不可避免的，这将使反射波在涌动界面上产生散射，给单程传播高度 h_3 的测量准确度带来不利影响，为减小此影响需在图示位置安装防涌管。这既可将超声波的传播路径限定在某一狭窄空间内，也可使管内液面涌动幅度降低，达到测量要求。上述方法除了可测量液位外，也可测量粉体和粒状物的物位。

超声物位计按量程可以分为：①小量程，测量范围为 2 m 以内，工作频率为（60~300）kHz；②短量程，测量范围为（2~10）m，工作频率为（40~60）kHz；③中量程，测量范围为（10~30）m，工作频率为（16~30）kHz；④长量程，测量范围为（30~50）m，工作频率为 16 kHz 左右；⑤大量程，测量范围为 50 m 以上，工作频率为 10 kHz 左右。

（2）超声波测距

超声波测距的原理与物位测量的原理基本相同。与其他测距方法，如雷达测距、红外测

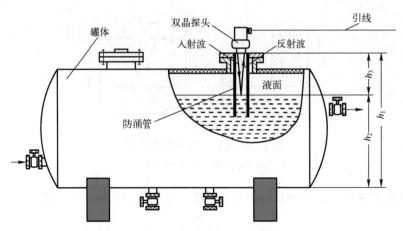

图 6-24　超声波液位测量示意图

距和激光测距等相比较，具有以下优点：超声波对色彩和光照度不敏感，可用于识别透明及漫反射性差的物体（如玻璃、抛光体）；超声波对外界光线和电磁场不敏感，可用于黑暗、有灰尘或烟雾、电磁干扰强、有毒等恶劣环境中；超声波传感器结构简单，体积小，费用低，技术难度小，信息处理简单可靠，易于小型化和集成化。因此，超声波作为一种测距手段，已越来越受到重视。

利用超声波原理进行测距时，首先测出超声脉冲从发射到接收这一过程所需的时间，再根据介质中的声速，就可以求得从探头到物体表面之间的距离。

但超声波测距在实际使用中存在一定局限，因为在介质中传播时，超声波的衰减比较厉害，从而对超声波测距的最大测量距离有了限制，所以通常用于 10 m 以内距离的测量。超声波频率越高，波长越短，其方向性就越强，但同时频率越高衰减就越大，这一矛盾限制了超声波技术的进一步应用。因此，超声波在近距离测量时具有精度高、硬件易实现等特点，在机器人智能系统中得到广泛应用。

（3）超声波测厚

超声波测厚仪是根据超声波脉冲反射原理来进行厚度测量的，可以测量金属及其他多种材料的厚度，量程范围为 $(0.08 \sim 635)$ mm。测量时，用超声波探头向被测物体发出超声脉冲，此超声脉冲以一定的速度（声速）在被测物体内传播，当传播至被测物体的底面时发生反射，反射回来的超声波又被超声波探头接收，只要检测出从发射脉冲波到接收脉冲波所需的时间 t，再乘以被测物体的声速常数 c（例如石英玻璃的声速常数是 5570 m/s），就是超声脉冲波在被测体中所经过的来回距离，也就代表了被测体的两倍厚度。

测厚仪实际工作过程如图 6-25 所示。由电路产生的高电压窄脉冲 T 输送给超声波发射探头，转化为同频率的超声波脉冲，通过耦合剂传播至被测物体表面，其中一部分由被测物体表面反射回来，为上表面回波 S，其余部分射入被测物体，再从被测物体底面反射回来，为底面回波 B。接收探头接收到 S 和 B 脉冲，测量两脉冲之间的间隔时间，经计算可以得到被测物体的厚度值。

基于超声波测量原理，可以对生产设备中的各种管道和压力容器进行厚度测量，监测它们在使用过程中受腐蚀后的变薄程度，也可以对各种板材和加工零件进行精确测量。若已知材料厚度，还可测量材料的声速。

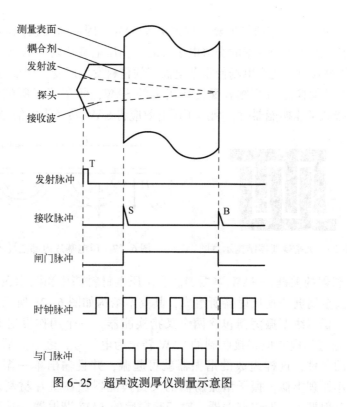

图 6-25　超声波测厚仪测量示意图

超声波传感器除了以上典型应用外，还可测量硬度、流量。此外，利用超声波在材料内部的传播，可用于无损检测与无损探伤。

三、声表面波传感器

声表面波简称 SAW（Surface Acoustic Wave）是英国物理学家瑞利于 19 世纪末在研究地震波的过程中发现的一种集中在地表面传播的声波，后来发现在任何固体表面都存在这种现象。1965 年美国的 White 和 Voltmov 发明了能在压电晶体材料表面上激励声表面波的金属叉指换能器，之后 SAW 技术得到了迅速发展。近 20 年来，人们发现 SAW 器件的频率特性与温度、压力、加速度、流量和某些气体成分之间具有确定的关系，据此开发了多种新型传感器，可用于检测各种物理、化学参数。

SAW 传感器的灵敏度高，通过将被测量转换成频率进行测量，测量精度很高，有效检测范围线性好，抗干扰能力强，适于远距离传输；数字化频率信号易于传输和处理，与计算机接口方便；制作与集成电路技术兼容，易实现集成化和智能化，重复性和可靠性好，适于批量生产；体积小，重量轻，功耗低，可获得良好的热性能和机械性能。

（一）SAW 传感器结构及工作原理

SAW 是沿弹性体表面传播的弹性波，是一种机械波，在 SAW 传感器中通过叉指换能器激励产生。叉指换能器的基本结构形式如图 6-26 所示，是由若干沉积在压电基底材料上的金属膜电极组成的，这些电极条互相交叉放置，两端由汇流条连在一起。其形状如同交叉平放的两排手指，故称为叉指换能器（IDT）。叉指换能器激励 SAW 的物理过程是通过压电材料的压电效应实现的。由于压电效应具有可逆性，所以叉指换能器既可作为发射换能器，用来激励 SAW，又可作为接收换能器，用来接收 SAW，因而这类换能器也是可逆的。当在发射叉指换能器上施加适当频率的交流电信号时，在压电基片内部的电场如图 6-27 所示，由于基片的逆压电效应，这个电场使指条电极间的材料发生形变，使质点发生位移。周期性的应变就产生沿叉指换能器两侧表面传播出去的 SAW，频率等于所施加电信号的频率。当 SAW 传播至接收叉能换能器时，利用正压电效应将 SAW 转换为电信号输出。

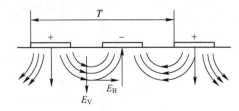

图 6-26　叉指换能器结构示意图　　　　图 6-27　压电基片内部电场示意图

SAW 传感器的关键是 SAW 谐振器。它由压电材料基片和沉积在基片上、功能不同的叉指换能器及金属栅条式反射器所组成，其基本结构如图 6-28 所示，有延迟线型和振子型两种型号。延迟线型振荡器包含两个叉指换能器，一个用作发射 SAW，另一个用作接收 SAW，并通过压电效应将接收到的 SAW 转化为电信号，经放大后正反馈到输入端。只要满足一定的条件，这样组成的谐振器就可起振，并且输出单一振荡频率，与压电石英谐振器的工作原理类似。振子型振荡器的叉指换能器做在基片材料表面中央，并在其两侧配置两组反射栅阵，形成谐振器。对于起振后的 SAW 谐振器，其谐振频率正比于 SAW 的速度，且会随着温度、压电基底材料的变形等因素影响而发生变化，频率的变化量可以作为被测量的量度。

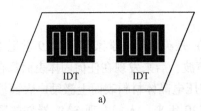

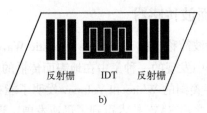

a)　　　　　　　　　　　　　　　　b)

图 6-28　SAW 谐振器结构示意图
a）延迟线型振荡器　b）振子型振荡器

（二）SAW 传感器的应用

声表面波谐振器可用来做成测量各种物理量和化学量的传感器，典型的有 SAW 温度传感器、SAW 应变传感器、SAW 压力传感器、SAW 加速度传感器、SAW 气体传感器、SAW 流量传感器及 SAW 湿度传感器等。近年来的发展趋势表明，声表面波传感器具有十分广阔的发展前景。

（1）温度传感器

SAW 的速度与周围环境温度及制作 SAW 器件的晶体材料有关。有些材料如铌酸锂具有很大的温度系数。温度不仅影响 SAW 的速度，而且影响该器件的物理尺寸（即延迟时间），使 SAW 谐振器的谐振频率发生变化。用 SAW 延迟线振荡器制作的温度传感器具有 $10^{-6}℃$ 的分辨率和良好的线性与低滞后特性。

（2）气敏传感器

SAW 气敏传感器的基本结构如图 6-29 所示。在以压电材料为衬底的表面上，一端为输入叉指换能器，另一端为输出叉指换能器，两者之间的区域淀积了对特定气体敏感的薄膜。此薄膜与被测气体发生相互作用，导致界面膜的物理性质发生变化，从而改变了 SAW 的速度或频率，通过测量声波的频率偏移或相位延迟可计算分析得到气体的种类、浓度等待测量数据。

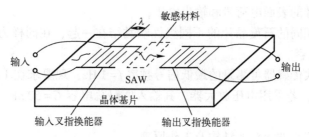

图 6-29　SAW 气敏传感器结构示意图

（3）压力传感器

SAW 压力传感器的基本结构如图 6-30 所示。以 SAW 器件压电基片如石英等作为压力振动膜，由于外加压力引起振动膜弯曲变形及其表面的应力或应变分布变化，导致 SAW 传播速度发生改变，通过采用 SAW 器件为反馈元的振荡器模式，输出信号频率与应力呈现良好的线性关系，以此检测压力的变化。

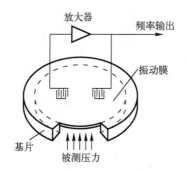

图 6-30　SAW 压力传感器结构示意图

思考题与习题

1. 压电式传感器中前置放大器的主要作用是什么？
2. 简述压电式传感器中电荷放大器和电压放大器的特点。
3. 压电传感器能否用于静态测量？试加以分析说明。
4. 何为电压灵敏度和电荷灵敏度，并说明两者之间的关系。
5. 压电元件在使用时常采用多片串联或并联的结构形式。试述在不同接法下输出电压、电荷和电容与单片压电元件对应量之间的关系，并说明它们分别适用于何种应用场合。

6. 某压力传感器测量系统，其压电式压力传感器的灵敏度为 90 pC/kPa，将它与一台灵敏度调到 0.005 V/pC 的电荷放大器相连，电荷放大器输出又接到灵敏度调成 20 mm/V 的示波器上。

① 求系统总灵敏度；

② 当压力变化为 3.5 kPa 时，示波器上的偏移量是多少？

7. 某石英压电元件 x 轴向切片 $d_{11}=2.31\times10^{-12}$ C/N，相对介电常数 $\varepsilon_r=4.5$，真空介电常数 $\varepsilon_0=8.85\times10^{-12}$ F/m，截面积 $S=8$ cm^2，厚度 $h=0.6$ cm，受到的纵向压力 $F_x=10$ N。

① 试求压电元件的表面电荷量和输出电压；

② 将两片完全相同的石英晶片的不同极性端黏结在一起，在同样力作用下，求传感器输出的电荷量和总电容。

8. 已知某压电式传感器可测量的最低信号频率 $f=1$ Hz，现要求在 1 Hz 信号频率时其灵敏度下降不超过 5%，若采用电压放大器，其输入回路总电容 $C=50$ pF，求该电压放大器输入总电阻 R。

9. 说明压电式超声波探头的结构及工作原理。

10. 超声波传感器测液位的工作原理是什么？

11. 说明声表面波传感器的结构及工作原理。

12. 声表面波传感器有哪些应用？试举例说明。

第七章 光电式传感器

光电式传感器是将光信号转换成电信号的光敏器件，它可用于检测直接引起光强变化的非电量，如光强、辐射测温及气体成分分析等，也可用来检测能转换成光量变化的其他非电量，如表面粗糙度、位移、速度及加速度等。光电式传感器的响应速度快，性能可靠，能实现非接触测量，因而在检测和控制领域获得广泛应用。

光电式传感器通常总要与特定的光源配合使用。光源可分为热辐射光源、气体放电光源、发光二极管（Light-emitting diode，LED）及激光等。热辐射光源如白炽灯、卤钨灯的输出功率大，但对电源的响应速度慢，调制频率一般低于 1 kHz，不能用于快速的正弦和脉冲调制。气体放电光源的光谱不连续，光谱与气体的种类及放电条件有关。改变气体的成分、压力、阴极材料和放电电流的大小，可以得到主要在某一光谱范围的辐射源。LED 由半导体 PN 结构成，其工作电压低，响应速度快，寿命长，体积小，重量轻，因此应用广泛。激光光源的突出优点是单色性好、方向性好和亮度高，不同激光光源在这些特点上又各有不同的侧重。

第一节 光 电 效 应

光电式传感器的作用原理是基于一些物质的光电效应。光电效应一般分为外光电效应和内光电效应两大类。

一、外光电效应

一束光可以看作是由一束以光速运动的粒子流组成的，这些粒子称为光子。光子具有能量，每个光子具有的能量 E 由下式确定：

$$E = h\nu \tag{7-1}$$

式中，h 为普朗克常数，$h = 6.626 \times 10^{-34}$ J·s；ν 为光的频率，单位为 Hz。

由式（7-1）可见，光的波长越短，即频率越高，其光子的能量也越大；反之，光的波长越长，其光子的能量也就越小。

在光线作用下，物体内的电子逸出物体表面向外发射的现象称为外光电效应。向外发射的电子叫光电子。光电子在外电场中运动所形成的电流称为光电流。基于外光电效应的光电器件有光电管、光电倍增管等。

光照射物体，可以看成一连串具有一定能量的光子轰击物体，当物体中电子吸收的入射光子能量超过逸出功 A_0 时，电子就会逸出物体表面，产生光电子发射，超过部分的能量表现为逸出电子的动能。根据能量守恒定理，有

$$h\nu = \frac{1}{2}mv_0^2 + A_0 \tag{7-2}$$

式中，m 为电子质量；v_0 为电子逸出速度。式（7-2）为爱因斯坦光电效应方程式。

由式（7-2）可知：光子能量必须超过逸出功 A_0，才能产生光电子。由于不同的材料具有不同的逸出功，因此对某种材料而言便有一个频率限，这个频率限称为红限频率。当入射光的频率低于红限频率时，无论入射光多强，照射时间多久，都不能激发出光电子；当入射光的频率高于红限频率时，不管它多么微弱，也会使被照射的物体激发电子，而且入射光越强，单位时间里入射的光子数就越多，激发出的电子数目也越多，因而光电流就越大。光电流与入射光强度成正比。

二、内光电效应

在光线作用下，物体的导电性能发生变化或产生光生电动势的效应称为内光电效应。内光电效应又可分为光电导效应和光生伏特效应。

（一）光电导效应

在光线作用下，电子吸收光子能量后引起物质电导率发生变化的现象称为光电导效应。这种效应在绝大多数的高电阻率半导体材料中都存在，因为当光照射到半导体材料上时，材料中处于价带的电子吸收光子能量后，从价带越过禁带激发到导带，从而形成自由电子，同时，价带也会因此形成自由空穴，即激发出电子-空穴对，从而使导带的电子和价带的空穴浓度增加，引起材料的电阻率减小，导电性能增强，如图7-1所示。

为了使电子从价带跃迁到导带，入射光的能量必须大于光电材料的禁带宽度 E_g，即光的波长应小于某一临界波长 λ_0，称为截止波长。共计算公式为

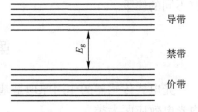

$$\lambda_0 = \frac{hc}{E_g} \qquad (7-3)$$

图7-1　电子能带示意图

式中，E_g 为禁带宽度，单位为电子伏特（eV），$1\ \text{eV} = 1.60 \times 10^{-19}\ \text{J}$；$c$ 为光速，单位为 m/s；h 为普朗克常数。

基于光电导效应的光电器件有光敏电阻（亦称光导管），常用的材料有硫化镉（CdS）、硫化铅（PbS）、锑化铟（InSb）及非晶硅等。

（二）光生伏特效应

在光线照射下，半导体材料吸收光能后，引起 PN 结两端产生电动势的现象称为光生伏特效应。基于该效应的光电器件有光电二极管、光电晶体管、光电池和半导体位置敏感器件（PSD）。

当 PN 结两端没有外加电压时，在 PN 结势垒区存在着内电场，其方向是从 N 区指向 P 区，如图7-2所示。当光照射到 PN 结上时，如果光子的能量大于半导体材料的禁带宽度，电子就能够从价带激发到导带成为自由电子，在价带产生自由空穴，从而在 PN 结内产生电子-空

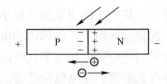

图7-2　PN 结产生光生伏特效应

穴对。这些电子-空穴对在 PN 结的内部电场作用下，电子移向 N 区，空穴移向 P 区，电子在 N 区积累，空穴在 P 区积累，从而使 PN 结两端形成电位差，PN 结两端便产生了光生电动势。

第二节　外光电效应器件

基于外光电效应工作原理制成的光电器件，一般都是真空的或充气的光电器件，如光电管和光电倍增管。

一、光电管

（一）结构

光电管由一个涂有光电材料的阴极和一个阳极构成，并且密封在一只真空玻璃管内。阴极通常是用逸出功小的光敏材料涂敷在玻璃泡内壁上做成的，阳极通常用金属丝弯曲成矩形或圆形置于玻璃管的中央。真空光电管的结构如图 7-3 所示。

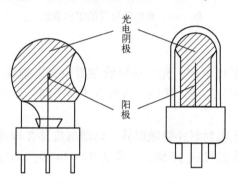

图 7-3　真空光电管的结构

（二）工作原理

如图 7-4 所示，当光电管的阴极受到适当波长的光线照射时，便有电子逸出，这些电子被具有正电位的阳极所吸引，在光电管内形成空间电子流。如果在外电路中串入一适当阻值的电阻，则在光电管组成的回路中形成电流 I_Φ，并在负载电阻 R_L 上产生输出电压 U_o。在入射光的频谱成分和光电管电压不变的条件下，输出电压 U_o 与入射光通量 Φ 成正比。

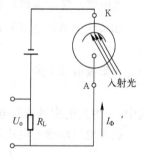

图 7-4　光电管电路

二、光电倍增管

当入射光很微弱时，普通光电管产生的光电流很小，只有零点几 μA，很不容易探测。为了提高检测灵敏度，这时常用光电倍增管对电流进行放大。

（一）工作原理

光电倍增管是利用二次电子释放效应，将光电流在管内部进行放大。二次电子释放效应是指当电子或光子以足够大的速度轰击金属表面而使金属内部的电子再次逸出金属表面的现象，这种再次逸出金属表面的电子称为二次电子。

光电倍增管的光电转换过程为：当入射光的光子打在光电阴极 K 上时，只要光子能量高于光电发射阈值，光电阴极就会发射出电子。该电子流在电场和电子光学系统（光电阴极到第一倍增极之间的系统）的作用下，经电子限速器电极 F 会聚并加速后，又打在电位

较高的第一倍增极 D_1 上，于是又产生新的二次电子，这些新的二次电子在第一与第二倍增极之间电场的作用下，又高速打在比第一倍增极电位高的第二倍增极上，使第二倍增极 D_2 同样也产生二次电子发射，如此连续进行下去，直到最后一级的倍增极产生的二次电子被更高电位的阳极 A 收集为止，从而在整个回路里形成输出电压 U_o，如图 7-5 所示。

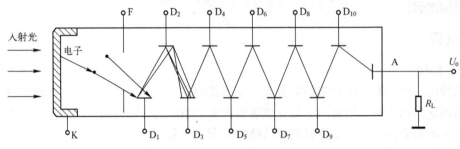

图 7-5　光电倍增管的工作原理

（二）结构

由光电倍增管的工作原理可知，光电倍增管主要由光入射窗、光电阴极、电子光学系统、倍增电极以及阳极等部分组成。按照光入射方式的不同，光电倍增管倍增极的结构有端窗式和侧窗式两种形式。

光电阴极是由半导体光电材料锑铯做成的，倍增电极是在镍或铜-铍的衬底上涂上锑铯材料而形成的，倍增电极多的可达 30 级，通常为 12~14 级。阳极是最后用来收集电子的，它输出的是电压脉冲。

（三）倍增系数

光电倍增管的倍增系数 M 等于各倍增电极的二次电子发射系数 δ_i 的乘积。

如果 n 个倍增电极的 δ_i 都一样，则有

$$M = \delta_i^n \tag{7-4}$$

因此，阳极电流 I 为

$$I = i\delta_i^n \tag{7-5}$$

式中，i 为光电阴极的光电流。

设光电倍增管的电流放大倍数为 β，则

$$\beta = \frac{I}{i} = \delta_i^n \tag{7-6}$$

光电倍增管的倍增系数与工作电压的关系是光电倍增管的重要特性。随着工作电压的增加，倍增系数 M 也相应增加，如图 7-6 所示为典型光电倍增管的倍增系数与工作电压关系。

一般 M 在 $10^5 \sim 10^6$ 之间。如果电压有波动，倍增系数也要波动，因此 M 具有一定的统计涨落。一般阳极和阴极之间的电压差为（1000~2500）V，两个相邻的倍增电极的电位差为（50~100）V。所以要求所加电压越稳越好，这样可以减小统计涨落，从而减小测量误差。

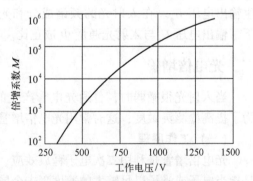

图 7-6　光电倍增管倍增系数与工作电压关系

三、外光电效应器件的应用

(一) 烟尘浊度监测仪

烟道里的烟尘浊度可以通过光在烟道里传输过程中的变化来进行检测。如果烟道浊度增加，则光源发出的光被烟尘颗粒的吸收和折射增加，到达光检测器上的光减少，因而光检测器输出信号的强弱便可反映烟尘浊度的变化。

如图7-7所示为吸收式烟尘浊度监测系统的组成框图。为了检测出烟尘中对人体危害性最大的亚微米颗粒的浊度，避免水蒸气及CO_2对光源衰减的影响，选取可见光作为光源（400~700 nm波长的白炽光）。光检测器选择光谱响应范围为（400~600）nm的光电管，以获取随浊度变化的相应电信号。为了提高检测灵敏度，采用具有高增益、高输入阻抗、低零漂及高共模抑制比的运算放大器，对信号进行放大。刻度校正用来进行调零与调满刻度，保证测试的准确性。显示器用来显示浊度的瞬时值。报警电路由多谐振荡器组成，当运算放大器输出的浊度值超过规定值时，多谐振荡器工作，输出信号经放大后推动扬声器发出报警信号。

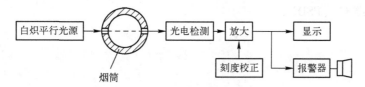

图7-7 吸收式烟尘浊度监测系统框图

(二) 光电倍增管在光谱探测领域中的应用

光电倍增管与各种光谱仪器相匹配，可以完成各种光谱的探测与分析工作。光谱探测仪通常分为发射光谱仪与吸收光谱仪。

如图7-8a所示为发射光谱仪的基本原理。通过电火花、电弧或高频高压对气体进行等离子激发、放电等方法，使被测物质中的原子或分子被激发发光，形成被测光源。被测光源发出的光经狭缝进入光谱仪后，被凹面反光镜1聚焦到平面光栅上，光栅将其光谱展开；落到凹面反光镜2上的发散光谱被聚焦到光电器件的光敏面上，光电器件将被测光谱能量转变为电信号。由于光栅转角是光栅闪耀波长的函数，通过测出光栅的转角即可检测出被测光谱的波长。发射光谱的波长分布包含了被测元素化学成分的信息，光谱的强度表征被测元素化学成分的含量或浓度。用光电倍增管作为光电检测器件，不但能够快速地检测出浓度极低元素的含量，还能检测出瞬间消失的光谱信息。由于受光电倍增管的光谱响应带宽的限制，在中、远红外波段的光谱探测中还要利用$Hg_{1-x}Cd_xTe$等光电导器件或TGS热释电器件等进行红外探测。如利用CCD等集成光电器件探测光谱，可同时快速地探测多通道光谱的特性。

如图7-8b所示为吸收光谱仪的基本原理。它与发射光谱仪的主要差别是光源，并且比发射光谱仪多一个承载被测物品的样品池。发射光谱仪的光源是被测光源，而吸收光谱仪的光源是已知光谱分布的光源。放置被测液体或气体的样品池安装在光谱仪的光路中，当已知光谱通过被测样品后，表征被测样品化学元素的特征光谱被吸收。根据吸收光谱的波长可以判断被测样品的化学成分，而吸收深度表明其含量。吸收光谱仪的光电接收器件可以选用光电倍增管或其他光电探测器件。

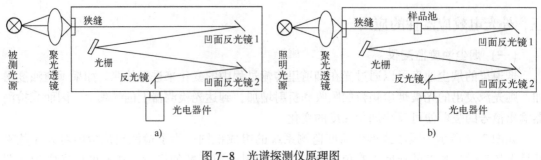

图 7-8　光谱探测仪原理图

a）发射光谱仪　b）吸收光谱仪

第三节　内光电效应器件

内光电效应分为光电导效应和光生伏特效应。基于光电导效应的光电器件有光敏电阻，基于光生伏特效应工作原理制成的光电器件有光敏管（包括光电二极管和光电晶体管）、光电池和位置敏感器件（PSD）。

一、光敏电阻

（一）结构

光敏电阻又称光导管，它几乎都是用半导体材料制成的光电器件。光敏电阻没有极性，纯粹是一个电阻器件，使用时既可加直流电压，也可加交流电压。无光照时，光敏电阻值（暗电阻）很大，电路中电流（暗电流）很小。当光敏电阻受到一定波长范围的光照时，它的阻值（亮电阻）急剧减小，电路中电流迅速增大。一般希望暗电阻越大越好，亮电阻越小越好，此时光敏电阻的灵敏度高。实际光敏电阻的暗电阻值一般在 $M\Omega$ 量级，亮电阻值在几 $k\Omega$ 以下。

光敏电阻的结构很简单，如图 7-9 所示为金属封装的硫化镉光敏电阻的结构图。在玻璃底板上均匀地涂上一层薄薄的半导体物质，称为光电导层。半导体的两端装有金属电极，金属电极与引出线端相连接，光敏电阻就通过引出线端接入电路。为了防止周围介质的影响，在半导体光敏层上覆盖了一层漆膜，漆膜的成分应使它在光敏层最敏感的波长范围内透射率最大。为了提高光敏电阻的灵敏度，光敏电阻的两个电极之间的距离要尽可能小。通常光敏电阻的电极结构有梳形结构、蛇形结构和刻线式结构，如图 7-10a～c 所示。

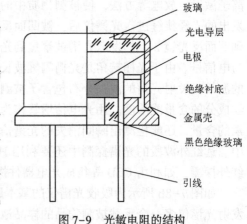

图 7-9　光敏电阻的结构

制作光敏电阻的材料一般由金属的硫化物、硒化物及碲化物等组成，如硫化镉、硫化铅、硫化铊、硫化铋、硒化镉、硒化铅及碲化铅等。

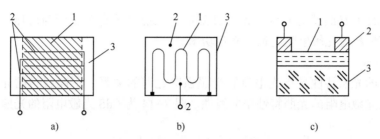

图 7-10　光敏电阻电极结构原理图

a）梳形结构　b）蛇形结构　c）刻线式结构

1—光电导材料　2—电极　3—衬底材料

（二）工作原理

光敏电阻的工作原理是基于光电导效应。如图 7-11 所示，当无光照时，光敏电阻具有很高的阻值；当光敏电阻受到一定波长范围的光照射时，光子的能量大于材料的禁带宽度，价带中的电子吸收光子能量后跃迁到导带，激发出可以导电的电子-空穴对，使电阻降低。光线越强，激发出的电子-空穴对越多，电阻值越低。光照停止后，自由电子与空穴复合，导电性能下降，电阻恢复原值。

光敏电阻的基本测量电路如图 7-12 所示。当把光敏电阻连接到外电路中，光敏电阻在受到光的照射时，由于内光电效应使其导电性能增强，电阻 R_g 值下降，所以流过负载电阻 R_L 的电流及其两端电压也随之变化。

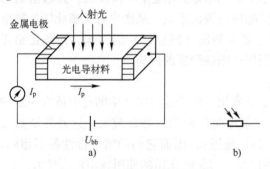

图 7-11　光敏电阻原理及符号

a）原理　b）符号

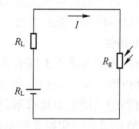

图 7-12　光敏电阻的基本测量电路

（三）主要参数及特性

光敏电阻的主要参数包括：

1）暗电阻与暗电流：光敏电阻在不受光照射时的阻值称为暗电阻，此时流过的电流称为暗电流。

2）亮电阻与亮电流：光敏电阻在受光照射时的阻值称为亮电阻，此时流过的电流称为亮电流。

3）光电流：亮电流与暗电流之差称为光电流。

光敏电阻的基本特性如下。

1. 伏安特性

在一定照度下，流过光敏电阻的电流与光敏电阻两端电压之间的关系称为光敏电阻的伏安特性。图 7-13 为硫化镉（CdS）光敏电阻的伏安特性曲线。由图可见，光敏电阻在一定

的电压范围内其 I-U 曲线为直线,说明其阻值与入射光量有关,而与电压、电流无关。使用时要注意不要超过光敏电阻的最大额定功率。

2. 光照特性

光敏电阻的光照特性是指光电流和光照强度之间的关系。不同材料的光照特性是不同的,绝大多数光敏电阻的光照特性呈非线性。图 7-14 为 CdS 光敏电阻的光照特性曲线。

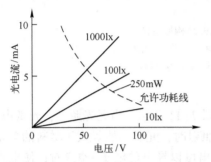

图 7-13　CdS 光敏电阻的伏安特性曲线

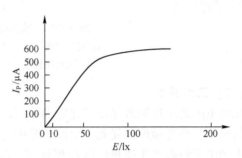

图 7-14　CdS 光敏电阻的光照特性曲线

3. 光谱特性

光敏电阻对入射光的光谱具有选择作用,也就是说,光敏电阻对不同波长的入射光有不同的灵敏度。光敏电阻的相对灵敏度与入射波长的关系称为光敏电阻的光谱特性,亦称为光谱响应。图 7-15 为几种不同材料光敏电阻的光谱特性曲线。对应于不同波长,光敏电阻的灵敏度是不同的,而且不同材料的光敏电阻光谱响应曲线也不同。从图中可见硫化镉光敏电阻的光谱响应的峰值在可见光区域,常被用作光度量测量(照度计)的探头,而硫化铅光敏电阻的光谱响应位于近红外和中红外区,常用作火焰探测器的探头。

4. 频率特性

光敏电阻的光电流不能随着光强的改变而立刻变化,即光敏电阻产生的光电流有一定的惰性,这种惰性通常用时间常数表示。大多数光敏电阻的时间常数都较大,这是其缺点之一。不同材料的光敏电阻具有不同的时间常数(ms 量级),因而它们的频率特性各不相同。图 7-16 为硫化镉和硫化铅光敏电阻的频率特性曲线,可见硫化铅的使用频率范围较大。

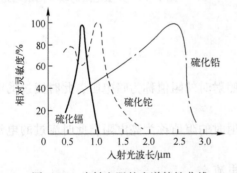

图 7-15　光敏电阻的光谱特性曲线

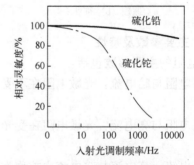

图 7-16　光敏电阻的频率特性曲线

5. 温度特性

光敏电阻和其他半导体器件一样,受温度影响较大。温度变化时,光敏电阻的灵敏度和暗电阻也随之改变,尤其是响应于红外区的硫化铅光敏电阻受温度影响更大。图 7-17 为硫化镉光敏电阻的温度特性曲线。

温度变化也影响光敏电阻的光谱响应。图 7-18 为硫化铅光敏电阻的光谱温度特性曲线，其峰值随着温度上升向波长短的方向移动。因此，硫化铅光敏电阻要在低温、恒温的条件下使用。对于可见光的光敏电阻，其温度影响要小一些。

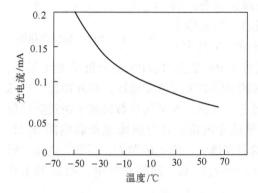

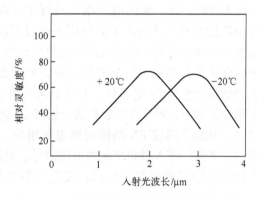

图 7-17　硫化镉光敏电阻的温度特性曲线　　图 7-18　硫化铅光敏电阻光谱温度特性曲线

二、光电二极管和光电晶体管

（一）结构

1. 光电二极管的结构

光电二极管也称为光敏二极管，其结构与一般二极管相似。它装在透明玻璃外壳中，其 PN 结装在管的顶部，以便接受光照（如图 7-19 所示），其上面有一个由透镜制成的窗口，以便使光线集中在敏感面上。光电二极管的管芯是一个具有光敏特性的 PN 结，它被封装在管壳内。光电二极管管芯的光敏面是通过扩散工艺在 N 型单晶硅上形成的一层薄膜。光电二极管的管芯以及管芯上的 PN 结面积做得较大，而管芯上的电极面积做得较小，PN 结的结深比普通半导体二极管做得浅，以提高其光电转换能力。另外，与普通的硅半导体二极管一

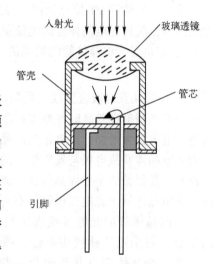

图 7-19　光电二极管结构图

样，在硅片上生长了一层 SiO_2 保护层，它把 PN 结的边缘保护起来，从而提高了光电二极管的稳定性，减小了暗电流。

2. 光电晶体管的结构

光电晶体管也称为光敏晶体管，是具有 NPN 或 PNP 结构的半导体管，它在结构上与普通半导体晶体管类似，如图 7-20 所示。为适应光电转换的要求，其基区面积做得较大，发射区面积做得较小，入射光主要被基区吸收。和光电二极管一样，光电晶体管的芯片被装在带有玻璃透镜的金属管壳内，当光照射时，光线通过透镜集中照射在芯片上。

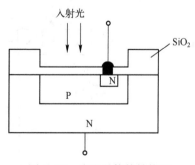

图 7-20　光电晶体管结构图

（二）工作原理

1. 光电二极管的工作原理

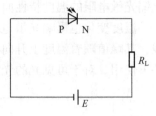

光电二极管和普通半导体二极管一样，其PN结具有单向导电性，因此光电二极管工作时应加上反向电压，如图7-21所示。当无光照时，处于反偏的光电二极管工作在截止状态，这时只有少数载流子在反向偏压的作用下越过阻挡层，形成微小的反向电流，即暗电流。反向电流小的原因是由于在PN结中P

图7-21 光电二极管电路图

型层中的电子和N型层中的空穴均很少。当光照射在PN结上时，PN结附近受光子轰击，吸收其能量而产生电子-空穴对，使得P区和N区的少数载流子浓度增加，在外加反偏电压和内电场的作用下，P区的少数载流子越过阻挡层进入N区，N区的少数载流子越过阻挡层进入P区，从而使通过PN结的反向电流增加，形成光电流。光电流流过负载电阻R_L时，在电阻两端将得到随入射光变化的电压信号。光的照度越大，光电流越大。因此，光电二极管在不受光照射时处于截止状态，受光照射时处于导通状态。这就是光电二极管的工作原理。

2. 光电晶体管的工作原理

将光电晶体管VT接在如图7-22所示的电路中，基极开路，集电极处于反偏状态。当无光照时，流过光电晶体管的电流就是正常情况下光电晶体管集电极与发射极之间的穿透电流I_{ceo}，它也是光电晶体管的暗电流，其大小为

$$I_{ceo} = (1 + h_{FE})I_{cbo} \tag{7-7}$$

式中，h_{FE}为共发射极直流放大系数；I_{cbo}为集电极与基极间的反向饱和电流。

当有光照射在基区时，激发产生的电子-空穴对增加了少数载流子的浓度，使集电极反向饱和电流大大增加，这就是光电晶体管集电极的光生电流。该电流注入发射极进行放大，成为光电晶体管集电极与发射极间的电流，它就是光电晶体管的光电流。可以看出，光电晶体管利用类似普通半导体晶体管的放大作用，将光电二极管的光电流放大了$(1 + h_{FE})$倍。所以，光电晶体管比光电二极管具有更高的灵敏度。

光电晶体管的光电灵敏度虽然比光电二极管高很多，但在需要高增益或大电流输出的场合，需采用达林顿功率管。图7-23是达林顿功率管的等效电路，它是一个光电晶体管和一个晶体管以共集电极连接方式构成的集成器件。由于增加了一级电流放大，所以输出电流能力大大加强，甚至可以不必经过进一步放大，便可直接驱动灵敏继电器。

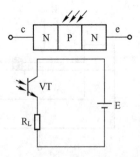

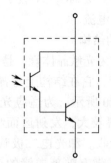

图7-22 光电晶体管电路图　　图7-23 达林顿功率管的等效电路

(三) 基本特性

1. 光谱特性

光电二极管和光电晶体管的光谱特性是指在一定照度时，输出的光电流（或用相对灵敏度 S_r 表示）与入射光波长之间的关系。硅和锗光电二极管及光电晶体管的光谱特性曲线如图 7-24 所示。可以看出，硅的峰值波长约为 0.9 μm，锗的峰值波长约为 1.5 μm，此时灵敏度最大，而当入射光的波长增大或减小时，相对灵敏度都会下降。一般来讲，锗管的暗电流较大，因此性能较差，故在可见光或探测炽热状态物体时，一般都用硅管。但对红外光的探测，用锗管较为适宜。

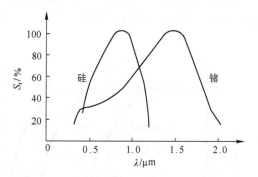

图 7-24 硅和锗光电二极管及光电晶体管的光谱特性曲线

2. 伏安特性

图 7-25 为硅光电二极管的伏安特性曲线，横坐标表示所加的反向偏压。当光照时，反向电流随着光照强度的增大而增大，在不同的照度下，伏安特性曲线几乎平行，所以只要没达到饱和值，其输出基本上不受偏压大小的影响。

图 7-26 为硅光电晶体管的伏安特性曲线。纵坐标为光电流，横坐标为集电极-发射极电压 U_{ce}。可以看出，由于晶体管的放大作用，在同样照度下，其光电流比相应的二极管大上百倍。

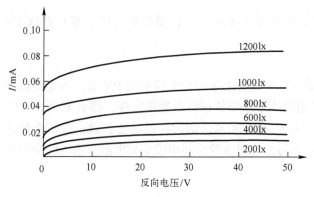

图 7-25 光电二极管的伏安特性曲线

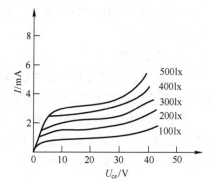

图 7-26 光电晶体管的伏安特性曲线

3. 频率特性

光电二极管和光电晶体管的频率特性是指光电二极管和光电晶体管输出的光电流（或相对灵敏度）随频率变化的关系。光电二极管的频率特性是半导体光电器件中最好的一种，普通光电二极管的频率响应时间达 0.1 μs。光电晶体管的频率特性受负载电阻的影响，图 7-27 为光电晶体管的频率特性曲线，减小负载电阻可以提高频率响应范围，但输出电压也相应减小。

4. 温度特性

光电二极管和光电晶体管的温度特性是指光电二极管和光电晶体管的暗电流及光电流与

温度之间的关系。光电晶体管的温度特性曲线如图7-28所示。从特性曲线可以看出，温度变化对输出电流的影响很小，而对暗电流的影响很大，所以，在电子电路中应对暗电流进行温度补偿，否则会产生输出误差。

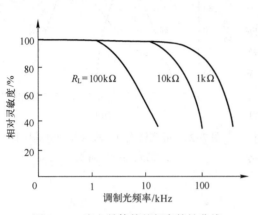

图7-27　光电晶体管的频率特性曲线

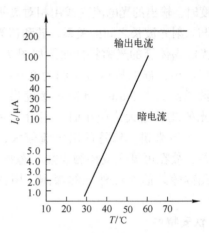

图7-28　光电晶体管的温度特性曲线

三、光电池

光电池又叫光伏电池，是一种直接将光能转换为电能的光电器件。光电池在有光线作用时实质上就是电压源，电路中有了光电池就不需要外加电源。

（一）结构

硅光电池是在一块N型硅片上，用扩散的方法掺入一些P型杂质（例如硼）形成PN结，如图7-29所示。

（二）工作原理

光电池的工作原理是基于光生伏特效应。它实质上是一个大面积的PN结，当光照射到PN结的一个面，例如P型面时，若光子能量大于半导体材料的禁带宽度，那么P型区每吸收一个光子就产生一对自由电子和空穴，电子-空穴对从表面向内部迅速扩散，在结电场的作用下最后建立一个与光照强度有关的电动势，如果在两极间串接负载电阻，则电路中便产生电流。图7-30为硅光电池原理图。

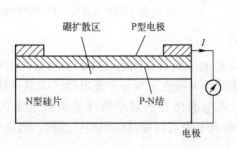

图7-29　硅光电池结构示意图

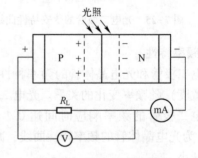

图7-30　硅光电池原理图

光电池产品的种类很多。按芯片结构可分为PN结光电池、异质结光电池及金属-半导

134

体（肖特基势垒）光电池等三种。按材料可分为单晶硅光电池、多晶硅光电池、非晶硅光电池、硒（Se）光电池、硫化镉（CdS）光电池、GaAsP 光电池及 GaAlAs/GaAs 光电池等。

（三）基本特性

光电池的基本特性有以下几种。

1. 光谱特性

光电池对不同波长的光的灵敏度是不同的。图 7-31 为硅光电池和硒光电池的光谱特性曲线。可以看出，对于不同材料的光电池，其光谱响应峰值所对应的入射光波长是不同的。硅光电池波长在 0.8 μm 附近，硒光电池在 0.5 μm 附近。硅光电池的光谱响应波长范围为（0.4~1.2）μm，而硒光电池为（0.38~0.75）μm。可见，硅光电池可以在很宽的波长范围内应用。

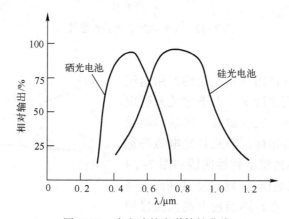

图 7-31　光电池的光谱特性曲线

2. 光照特性

光电池在不同的光照度下，其光电流和光生电动势是不同的，它们之间的关系就是光照特性。图 7-32 为硅光电池的开路电压和短路电流与光照度的关系曲线。可以看出，短路电流在很大范围内与光照度呈线性关系，而开路电压与光照度的关系是非线性的，并且当照度在 2000 lx 时就趋于饱和了。因此，用光电池作为测量元件时，应以电流源的形式来使用，不宜用作电压源。

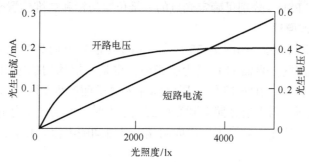

图 7-32　光电池的光照特性曲线

3. 频率特性

光电池的频率特性是指相对输出电流与调制光的调制频率之间的关系，而相对输出电流则是高频时的输出电流与低频最大输出电流之比。图7-33分别给出了硅光电池和硒光电池的频率特性曲线，横坐标表示光的调制频率。可以看出，硅光电池有较好的频率响应。

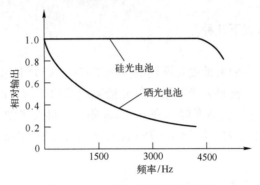

图7-33 光电池的频率特性曲线

4. 温度特性

光电池的温度特性是描述光电池的开路电压和短路电流随温度变化的情况。由于它关系到应用光电池的仪器或设备的温度漂移，影响到测量精度或控制精度等重要指标，因此是光电池的重要特性之一。硅光电池的温度特性曲线如图7-34所示。可以看出，开路电压U_{oc}随温度升高而下降的速度较快，而短路电流I_{sc}随温度升高而缓慢增加。由于温度对光电池的工作有很大影响，因此，在把它作为测量元件使用时，最好能保证温度恒定或采取温度补偿措施。

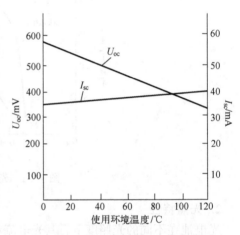

图7-34 硅光电池的温度特性曲线

四、位置敏感器件

半导体位置敏感器件（Position sensitive detector，PSD）是一种对其感光面上入射光点位置敏感的器件，其输出信号与光点在感光面上的位置有关。PSD也称为坐标光电池。PSD分为一维PSD和二维PSD，分别可确定光点的一维位置坐标和二维位置坐标。

（一）PSD的工作原理

PSD一般做成PIN结构，如图7-35所示。由于I层较厚而具有更高的光电转换效率、更高的灵敏度和响应速度。表面的P层为感光面，也是一层均匀的电阻膜，两边各有一信号输出电极，下面为N层。在P层和N层之间注入离子而产生I层，即本征层。底层的公共电极用来加反偏电压。当入射光照射到光敏面上某点时，就会产生电荷。由于存在平行于结面的横向电场作用，使光生载流子形成向两端电极流动的电流I_1和I_2，它们之和等于总电流I_0，即

$$I_0 = I_1 + I_2 \tag{7-8}$$

由于PSD面电阻是均匀的，且其阻值R_1和R_2远大于负载电阻R_L，则R_1和R_2的值仅取决于光点的位置，且有关系式

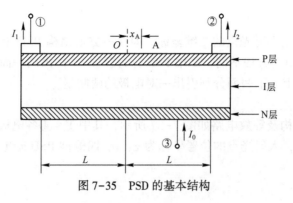

图 7-35　PSD 的基本结构

$$\frac{I_1}{I_2} = \frac{R_2}{R_1} = \frac{L-x}{L+x} \tag{7-9}$$

式中，L 为 PSD 中点到信号电极间的距离；x 为入射光点距 PSD 中点的距离。

由式（7-8）、式（7-9）联立得

$$I_1 = I_0 \frac{L-x}{2L} \tag{7-10}$$

$$I_2 = I_0 \frac{L+x}{2L} \tag{7-11}$$

由式（7-10）、式（7-11）可以看出，当入射光点位置一定时，PSD 单个电极输出电流与入射光强成正比；而当入射光强不变时，单个电极的输出电流与入射光点距 PSD 中心的距离 x 呈线性关系。由式（7-10）、式（7-11）可得

$$x = \frac{I_2 - I_1}{I_2 + I_1} L \tag{7-12}$$

可见，入射光点位置 x 只与电流 I_1 与 I_2 的和、差及比值有关，而与总电流 I_0 无关。由于 I_0 与入射光的强度成正比，这也意味着 x 与入射光的强度无关，即入射光强的变化不影响测量结果，这给测量带来了极大的方便。

（二）PSD 的结构

1. 一维 PSD

一维 PSD 的结构及等效电路如图 7-36 所示，其中 VD_j 为理想的二极管，C_j 为结电容，R_{sh} 为并联电阻，R_p 为感光层（P 层）的等效电阻。入射光点的位置可直接用式（7-12）计算。

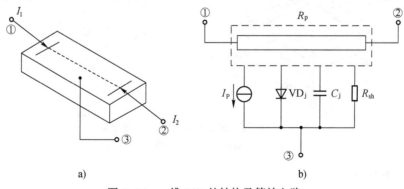

a)　　　　　b)

图 7-36　一维 PSD 的结构及等效电路

a）结构　b）等效电路

2. 二维 PSD

二维 PSD 用于测定入射光点的二维坐标，即在一方形结构 PSD 上有两对互相垂直的输出电极。由于电极的引出方法不同，二维 PSD 分为三种：1) 由同一面引出两对电极的四侧型；2) 枕型；3) 由上、下两面分别引出一对电极的两侧型。

（1）四侧型 PSD

四侧型 PSD 的结构及等效电路如图 7-37 所示，其中①~④各电极的输出信号光电流分别为 X_1、X_2、Y_1、Y_2，入射光点的位置坐标为 x、y。四侧型 PSD 暗电流小，但位置输出非线性误差大。

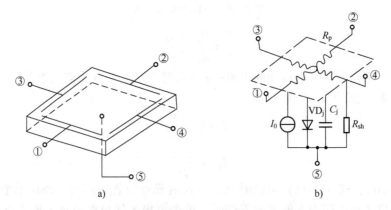

图 7-37　四侧型二维 PSD 的结构及等效电路

a）结构　b）等效电路

（2）枕型 PSD

枕型 PSD 采用了弧形电极，信号在对角线上引出，这样不仅可以减小位置输出的非线性误差，同时保留了四侧型 PSD 暗电流小、加反偏电压容易的优点。改进的枕型 PSD 的结构和等效电路如图 7-38 所示。

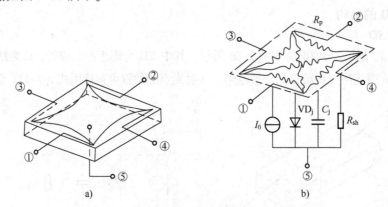

图 7-38　枕型二维 PSD 的结构及等效电路

a）结构　b）等效电路

（3）两侧型 PSD

两侧型 PSD 的结构及等效电路如图 7-39 所示。这种 PSD 线性好，但暗电流大，且无法引出公共电极，而且较难加上反偏电压。

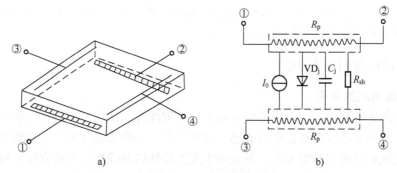

图 7-39　两侧型二维 PSD 的结构及等效电路

a）结构　b）等效电路

对于四侧型和两侧型 PSD，其输出与入射光点位置的关系为

$$x=\frac{X_2-X_1}{X_2+X_1}L \tag{7-13}$$

$$y=\frac{Y_2-Y_1}{Y_2+Y_1}L \tag{7-14}$$

对于枕型 PSD，其输出与入射光点位置的关系为

$$x=\frac{(X_2+Y_1)-(X_1+Y_2)}{X_1+X_2+Y_1+Y_2}L \tag{7-15}$$

$$y=\frac{(X_2+Y_2)-(X_1+Y_1)}{X_1+X_2+Y_1+Y_2}L \tag{7-16}$$

（三）PSD 的特性

PSD 在许多情况下适合于用作专用的位置探测器，其特性如下：

1）入射光强度和光斑大小对位置探测影响小。PSD 的位置探测输出信号和入射光点强度、光斑尺寸大小都无关。入射光强增大有利于提高信噪比，从而有利于提高位置分辨力。但入射光强不能太大，否则会引起器件的饱和。PSD 的位置输出只与入射光点的"重心"位置有关，而与光点尺寸大小无关，这一显著优点给使用带来了很大的方便，但当光点接近光敏面边缘时，光点的一部分落在光敏面外，就会产生误差。光点越靠近边缘，误差就越大。为了减小边缘效应，应尽量将光斑缩小，并只使用中央敏感面部分。

2）反偏压对 PSD 有影响。反偏压有利于提高感光灵敏度和动态响应，但会使暗电流有所增加。

3）背景光的影响。背景光强度变化会影响位置输出误差，这是因为有背景光电流 I 时，式（7-10）、式（7-11）变为

$$I_1=I_0\frac{L-x}{2L}+I \tag{7-17}$$

$$I_2=I_0\frac{L+x}{2L}+I \tag{7-18}$$

显然，当背景光强度变化时，将引起位置输出的误差。消除背景光影响的方法有两种：光学法和电学法。光学法是在 PSD 感光面上加上一透过波长与信号光源匹配的干涉滤光片，滤掉大部分的背景光。电学法可以先检测出信号光源熄灭时的光强大小，然后点亮光源，将

检测出的输出信号减去背景光的成分，或采用调制脉冲光作光源，对输出信号进行锁相放大、同步检波的办法滤去背景光的成分。

五、内光电效应器件的应用

（一）光敏电阻的应用

光敏电阻的光谱特性好，允许的光电流大，灵敏度高，使用寿命长，体积小，所以应用广泛。此外，许多光敏电阻对红外线敏感，适宜于在红外线光谱区工作。光敏电阻的缺点是型号相同的光敏电阻参数参差不齐，并且由于光照特性的非线性，不适宜用于测量要求线性的场合，常用作开关式光电信号的传感元件。

如图 7-40 所示为应用光敏电阻的灯光亮度自动控制器。灯光亮度自动控制器可按照环境光照度自动调节白炽灯或荧光灯的亮度，从而使室内的照明自动保持在最佳状态，避免人们产生视觉疲劳。控制器主要由环境光照检测电桥、放大器 A、积分器、比较器、过零检测器、锯齿波形成电路及双向晶闸管 W 等组成。过零检测器对 50 Hz 市电电压的每次过零点进行检测，并控制锯齿波形成电路使其产生与市电同步的锯齿波电压，该电压加在比较器的同相输入端。另外，由光敏电阻与电阻组成的电桥将环境光照的变化转换成直流电压的变化，该电压经放大器放大并由积分器积分后加到比较器的反相输入端，其数值随环境光照的变化而缓慢地呈正比例变化。

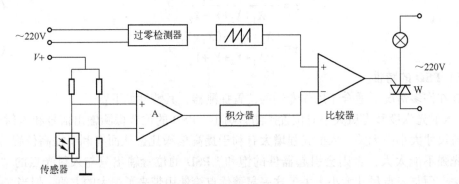

图 7-40　灯光亮度自动控制器原理框图

两个电压经过比较后，便可从比较器输出端得到随环境光照强度变化而脉冲宽度发生变化的控制信号。该控制信号的频率与市电频率同步，其脉冲宽度反比于环境光照，利用这个控制信号触发双向晶闸管 W，改变其导通角，便可使灯光的亮度随环境光照做相反的变化，从而达到自动控制环境光照不变的目的。

（二）光电晶体管的应用

光控闪光标志灯电路原理图如图 7-41 所示。电路主要由 M5332L 通用集成电路 IC、光电晶体管 VT_1 及外围元件等组成。白天，光电晶体管 VT_1 受到光照，内阻很小，使 IC 的输入电压高于基准电压，于是 IC 的 6 脚输出为高电平，标志灯 E 不亮；夜晚，无光照射光电晶体管 VT_1，其内阻增大，使 IC 的输入电压低于基准电压，于是 IC 内部振荡器开始振荡，其频率为 1.8 Hz，与此同时，IC 内部的驱动器也开始工作，使 IC 的 6 脚输出为低电平，在振荡器的控制下，标志灯 E 以 1.8 Hz 频率闪烁发光，以警示有路障存在。

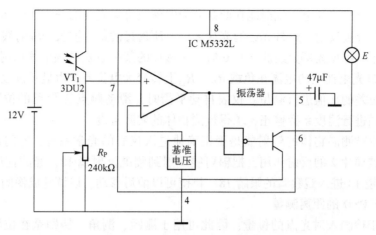

图 7-41 光控闪光标志灯电路原理图

(三) 光电池的应用

光电池的应用主要有两个方面：一是作为光电能量器件，将太阳能转变为电能；二是作为光电检测器件。

利用光电池将太阳能转变为电能，目前主要是使用硅光电池，因为它能耐较强的辐射，转换效率也较其他光电池高。

利用光电池作为光电检测器件，有着光敏面积大、频率响应高、光电流随照度线性变化等特点。因此，它既可作为光电开关应用，也可用于线性测量。

如图 7-42 所示为光电比色高温计的结构原理，它是根据普朗克定律通过测量在两个波长下的辐射强度之比而确定物体的温度。

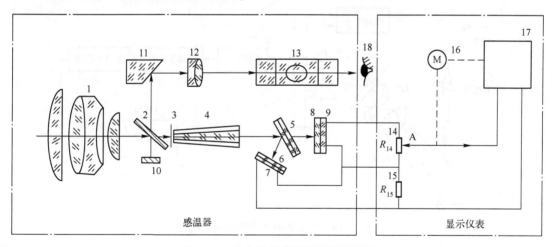

图 7-42 光电比色高温计的结构原理

1—物镜　2—平面玻璃　3—光阑　4—光导棒　5—分光镜　6、8—滤光片　7、9—硅光电池
10—瞄准反射镜　11—圆柱反射镜　12—目镜　13—多夫棱镜　14、15—硅光电池负载电阻
16—可逆电动机　17—电子电位差计　18—观察者的眼睛

光电比色高温计由感温器和显示仪表两大部分组成。在感温器的光学系统中，一束被测温物体的辐射线通过物镜 1 聚焦后，经平行平面玻璃 2 成像于光阑 3，再通过光导棒 4 混合

均匀后，投射到分光镜 5 上。辐射能在此被分为红外及可见光两部分。红外部分可透过分光镜，而可见光部分被反射。红外光经滤光片 8 后，所透过的某一波长的辐射线照射到硅光电池 9 的受光面上；可见光部分经滤光片 6 后，所透过的某一波长的辐射线照射到硅光电池 7 上。7、9 两个硅光电池上的电流在负载 R_{14}、R_{15} 上转变为电位差，由显示仪表——电子电位差计对两个电位差的比值进行测量。仪表自动平衡时，滑动触点 A 停留的位置就代表比色温度。必要时须进行温度系数修正，求得被测物体的实际温度。

为了能观察被测温物体的辐射能是否正确地进入仪表的光学系统，专门设置了瞄准系统。利用平面玻璃片 2 的反射作用，把辐射线反射到瞄准反射镜 10，经圆柱反射镜 11、目镜 12、多夫棱镜 13 进入观察者的眼睛 18。目镜可以前后移动，以调整成像的清晰度。

（四）基于 PSD 的距离测量

PSD 可用于检测入射光点的位量，因此可用于测距、测角，特别是在位置探测中有其独特优势：1）响应速度快，因不用扫描，响应速度只有几到几十 μs；2）位置分辨力高，且可连续采样，不受像元尺寸限制；3）位置输出与光强度、光斑尺寸无关，只与光斑重心有关，因而不需复杂的光学聚焦系统；4）可同时进行位置与光强度的检测，这在许多应用场合是需要的；5）信号检测方便，价格较便宜，在工程检测中实用价值大。

如图 7-43 所示为一应用 PSD 和半导体激光器组合进行距离测量的例子。照明装置由半导体激光器、驱动电路和聚光透镜组成。接收装置由成像透镜、光学滤光片和 PSD 器件组成。半导体激光器通过聚光透镜将激光投射到被测面上，被散射的光点由成像透镜接收，最后透过窄带滤光片由 PSD 接收，产生的信号电流进入信号处理装置。在这里，信号电流经前置放大器放大后，一路反馈到电源驱动电路，控制发光强度保持恒定，另一路经过模拟开关，将 PSD 的两个输出端 I_A 和 I_B 分别接入同一电路中，其中，

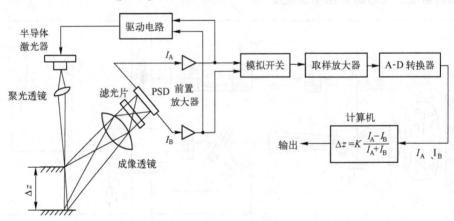

图 7-43　应用 PSD 的距离测量系统

$$I_A = I_0 \frac{L-A}{2L} \tag{7-19}$$

$$I_B = I_0 \frac{L+A}{2L} \tag{7-20}$$

$$\frac{A}{L} = \frac{I_A - I_B}{I_A + I_B} \tag{7-21}$$

式中，I_0 为 PSD 的总电流；L 为信号电极距 PSD 光敏区中心的距离；A 为入射光点距中心的距离。

模拟开关的输出信号进入到取样放大器和 A/D 变换器中，它们以光源调制频率将 PSD 的输出信号变换成数字信号，然后计算得到被测量的距离 ΔZ。计算公式为

$$\Delta Z = K \frac{I_A - I_B}{I_A + I_B} \tag{7-22}$$

式中，K 为比例系数。

第四节　图像传感器

一、电荷耦合器件（CCD）

电荷耦合器件（Charge Coupled Device，简称 CCD）是一种大规模金属-氧化物-半导体（MOS）集成电路光电器件。自从贝尔实验室的 W. S. Boyle 和 G. E. Smith 于 1970 年发明 CCD 以来，由于 CCD 具有体积小、重量轻、电压低、功耗小、启动快、抗冲击、耐震动、抗电磁干扰、图像畸变小、寿命长及可靠性高等优点，发展迅速，广泛应用于航天、遥感、工业、农业、天文及通信等军用及民用领域的信息存储及信息处理等方面，尤其适用于以上领域中的图像识别技术。

（一）CCD 的结构及工作原理

1. 结构

CCD 是由若干个电荷耦合单元组成的。其基本单元是 MOS 电容器，如图 7-44 所示。它以 P 型（或 N 型）半导体为衬底，上面覆盖一层厚度约 120 nm 的 SiO_2，再在 SiO_2 表面依次沉积一层金属电极而构成 MOS 电容转移器件。这样一个 MOS 结构称为一个光敏元或一个像素。将 MOS 阵列加上输入、输出结构就构成了 CCD 器件。

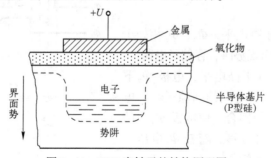

图 7-44　MOS 光敏元的结构原理图

2. 工作原理

CCD 最基本的结构是一系列彼此非常靠近的 MOS 电容器。这些电容器用同一半导体衬底制成，衬底上面涂覆一层氧化层，并在其上制作许多互相绝缘的金属电极，相邻电极之间仅间隔极小的距离，以保证相邻势阱的耦合及电荷转移。它以电荷为信号，具有光电信号转换、存储、转移并读出信号电荷的功能。

（1）光电荷的产生

CCD 的信号电荷产生有两种方式：光信号注入和电信号注入。CCD 用作固态图像传感

器时，接收的是光信号，即光信号注入。当光照射到 CCD 硅片上时，如果光子的能量大于半导体的禁带宽度，就会在栅极附近的半导体体内产生电子-空穴对，其多数载流子被栅极电压所排斥，少数载流子则被收集在势阱中形成信号电荷。

（2）电荷的存储

构成 CCD 的基本单元是 MOS 电容器。与其他电容器一样，MOS 电容器能够存储电荷。如果 MOS 电容器中的半导体是 P 型硅，当在金属电极上施加一个正电压 U_g 时，P 型硅中的多数载流子（空穴）受到排斥，半导体内的少数载流子（电子）被吸引到 P 型硅的界面处来，从而在界面附近形成一个带负电荷的耗尽区，也称表面势阱，如图 7-44 所示。

对带负电的电子来说，耗尽区是个势能很低的区域。如果有光照射在硅片上，在光子作用下，半导体硅产生了电子-空穴对，由此产生的光生电子就被附近的势阱所吸收，势阱内所吸收的光生电子数量与入射到该势阱附近的光强成正比。存储了电荷的势阱被称为电荷包，而同时产生的空穴则被排斥出耗尽区。在一定的条件下，所加正电压 U_g 越大，耗尽层就越深，Si 表面吸收少数载流子表面势（半导体表面对于衬底的电势差）也越大，这时势阱所能容纳的少数载流子电荷的量就越大。

（3）电荷的转移

可移动的电荷信号都将力图向表面势大的位置移动。为保证信号电荷按确定方向和路线转移，在各电极上所加的电压要严格满足相位要求，通常为二相、三相或四相系统的时钟脉冲电压，对应的各脉冲间的相位差分别为 180°、120° 和 90°。

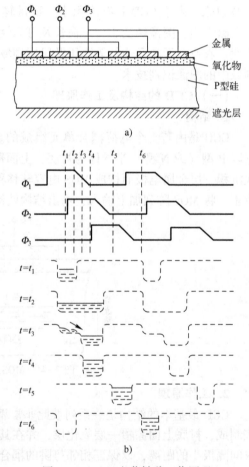

a）

以三相时钟脉冲控制方式为例，把 MOS 光敏元电极分成三组，在其上面分别施加三个相位不同的控制电压 Φ_1、Φ_2、Φ_3，如图 7-45a 所示。控制电压 Φ_1、Φ_2、Φ_3 的波形如图 7-45b 所示。

当 $t=t_1$ 时，Φ_1 相处于高电平，Φ_2、Φ_3 相处于低电平，在电极 Φ_1 下面出现势阱，存储了电荷。

在 $t=t_2$ 时，Φ_2 相也处于高电平，电极 Φ_2 下面出现势阱。由于相邻电极之间的间隙很小，电极 Φ_1、Φ_2 下面的势阱互相耦合，使电极 Φ_1 下的电荷向电极 Φ_2 下面的势阱转移。随着 Φ_1 电压下降，电极 Φ_1 下的势阱相应变浅。

在 $t=t_3$ 时，有更多的电荷转移到电极 Φ_2 下面的势阱内。

在 $t=t_4$ 时，只有 Φ_2 处于高电平，信号电荷全部转移到电极 Φ_2 下面的势阱内。于是实现了电荷从电极 Φ_1 下面到电极 Φ_2 下面的转移。

经过同样的过程，在 $t=t_5$ 时，电荷又耦合到电极 Φ_3 下面。

b）

图 7-45　CCD 电荷转移工作原理

a）读出移位寄存器结构原理

b）信号电荷的传输

在 $t=t_6$ 时，电荷就转移到下一位的 Φ_1 电极下面。

这样，在三相控制脉冲的控制下，信号电荷便从 CCD 的一端转移到终端，实现了电荷的耦合与转移。

(4) 电荷的输出

CCD 的输出结构的作用是将信号电荷转换为电流或电压信号输出。目前 CCD 的主要输出方式有二极管电流输出、浮置扩散放大器输出和浮置栅放大器输出。

以二极管电流输出为例，图 7-46 是 CCD 输出端结构示意图。它实际上是在 CCD 阵列的末端衬底上制作一个输出二极管，当输出二极管加上反向偏压时，转移到终端的电荷在时钟脉冲作用下移向输出二极管，被二极管的 PN 结所收集，在负载 R_L 上就形成脉冲电流 I_o。输出电流的大小与信号电荷的大小成正比，并通过负载电阻 R_L 变为信号电压 U_o 输出。

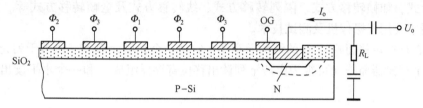

图 7-46　CCD 输出端结构示意图

(二) CCD 的分类

根据光敏元件排列形式的不同，CCD 可分为线阵 CCD 和面阵 CCD。它们主要由信号输入、信号电荷转移和信号输出三个部分组成。

1. 线阵 CCD

线阵 CCD 图像传感器是由排成直线的 MOS 光敏单元和 CCD 移位寄存器构成的，光敏单元与移位寄存器之间有一个转移栅，基本结构如图 7-47 所示。转移栅控制光电荷向移位寄存器转移，以便将光生电荷逐位转移输出，一般使信号转移时间远小于光积分时间。

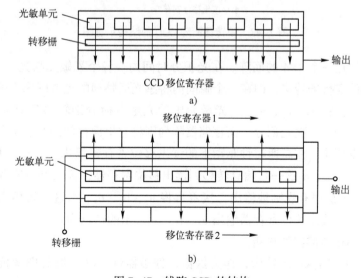

图 7-47　线阵 CCD 的结构

a) 单排结构　　b) 双排结构

图 7-47a 为单排结构，用于低位数 CCD 传感器。图 7-47b 为双排结构，当中间的光敏元阵列收集到光生电荷后，奇、偶单元的光生电荷分别送到上、下两列移位寄存器后串行输出，最后合二为一，恢复光生信号电荷的原有顺序。采用双排结构可以加速信息的传输速度，进一步减少图像信息的失真。

线阵 CCD 图像传感器可以直接接收一维光信息，不能直接将二维图像转变为视频信号输出。为了得到整个二维图像的视频信号，就必须用扫描的方法。线阵 CCD 图像传感器主要用于测试、传真和光学文字识别技术等方面。

2. 面阵 CCD

按一定的方式将一维线型光敏单元及移位寄存器排列成二维阵列，即可以构成面阵 CCD 图像传感器。面阵 CCD 图像传感器由感光区、信号存储区和输出转移部分组成，并有多种结构形式，如帧转移方式、隔列转移方式、线转移方式及全帧转移方式等。面阵 CCD 图像传感器主要用于摄像机及测试技术。

图 7-48 是帧转移面阵 CCD 的结构示意图，它由一个光敏元面阵（由若干列光敏元线阵组成）、一个存储器面阵（可视为由若干列读出移位寄存器组成）和一个水平读出移位寄存器组成。

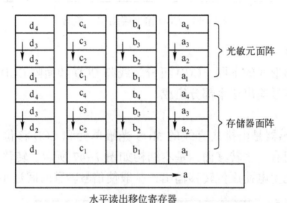

图 7-48　帧转移面阵 CCD 的结构示意图

假设面阵器件是一个 4×4 的面阵。在光积分时间内，各个光敏元曝光，吸收光生电荷。曝光结束时，器件实行场转移，即在一个瞬间内将感光区整帧的光电图像迅速地转移到存储器列阵中去，例如，将 a_1、a_2、a_3、a_4 光敏元中的光生电荷分别转移到对应的存储单元中去。此时光敏元开始第二次光积分，而存储器阵列则将它里面存储的光生电荷信息一行行地转移到读出移位寄存器。在高速时钟驱动下的读出移位寄存器读出每行中各位的光敏信息，如第一次将 a_1、b_1、c_1、d_1 这一行信息转移到读出移位寄存器，读出移位寄存器立即将它们按 a_1、b_1、c_1、d_1 的次序有规则地输出，接着再将 a_2、b_2、c_2、d_2 这一行信息传到读出移位寄存器，直至最后由读出移位寄存器输出 a_4、b_4、c_4、d_4 的信息为止。

（三）CCD 图像传感器的应用

CCD 可用于固态图像传感器中，作为摄像或像敏器件。CCD 固态图像传感器由感光部分和移位寄存器组成。感光部分是指在同一半导体衬底上布设的由若干光敏单元组成的阵列元件，光敏单元简称"像素"。固态图像传感器利用光敏单元的光电转换功能将投射到光敏单元上的光学图像转换成电信号"图像",即将光强的空间分布转换为与光强成正比的、大小不等的电荷包空间分布,然后利用移位寄存器的移位功能将电信号"图像"传送,经输出放大器输出。

CCD图像传感器具有高分辨率和高灵敏度,具有较宽的动态范围,可以广泛应用于自动控制和自动测量,尤其适用于图像识别技术。CCD图像传感器在物体的位置检测、工件尺寸的精确测量及工件缺陷的检测方面有独到之处。

1. CCD 图像传感器在工件尺寸检测中的应用

图7-49为应用线阵CCD图像传感器的物体尺寸测量系统。物体成像聚焦在图像传感器的光敏面上,视频处理器对输出的视频信号进行存储和数据处理,整个过程由微机控制完成。根据几何光学原理,可得到被测物体尺寸的计算公式为

$$D = \frac{np}{M} \tag{7-23}$$

式中,n 为覆盖的光敏像素数;p 为像素间距;M 为倍率。

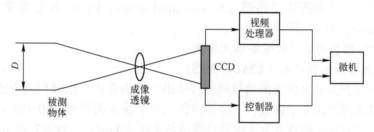

图 7-49 应用 CCD 图像传感器的物体尺寸测量系统

微机可对多次测量求平均值,精确得到被测物体的尺寸。测量结果的最大误差为图像末端两个光敏像素所对应的物体尺寸。任何能够用光学成像的零件都可以用这种方法实现非接触的在线自动检测。

2. CCD 图像传感器在文字图像识别系统中的应用

如图7-50所示为邮政编码识别系统的工作原理。写有邮政编码的信封放在传送带上,CCD图像传感器光敏元的排列方向与信封的运动方向垂直。光学镜头将编码的数字聚焦到光敏元上,当信封运动时,CCD图像传感器以逐行扫描的方式把数字依次读出。

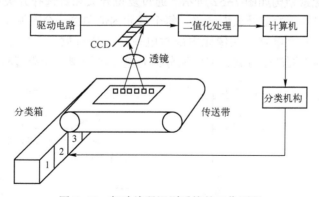

图 7-50 邮政编码识别系统的工作原理

读出的数字经二值化处理，与计算机中存储的数字特征相比较，最后识别出数字码。利用数字码和计算机控制分类机构，最终把信件送入相应的分类箱中。

二、CMOS 图像传感器

CMOS（Complementary metal oxide semiconductor，互补金属氧化物半导体）图像传感器是将光信号转换为电信号的装置。CMOS 与 CCD 传感器的研究几乎是同时起步，两者都是利用感光二极管进行光电转换，将光图像转换为电子数据。但由于受当时工艺水平的限制，CMOS 图像传感器的图像质量差、分辨率低、噪声高、光照灵敏度不够，因而没有得到重视和发展。到了 20 世纪 80 年代，随着集成电路设计技术和工艺水平的提高，CMOS 传感器显示出强劲的发展势头。

CMOS 图像传感器和 CCD 传感器类似，在光检测方面都利用了硅的光电效应原理。不同之处在于光电转换后信息传送的方式不同。CMOS 具有信息读取方式简单、输出信息速度快、耗电少、体积小、重量轻、集成度高及价格低等特点。根据像素的不同结构，CMOS 图像传感器可分为无源像素图像传感器（Passive pixel sensor，PPS）和有源像素图像传感器（Active pixel sensor，APS）两种类型。

（一）CMOS 图像传感器的像敏单元结构

1. CMOS 无源像素传感器（CMOS-PPS）

CMOS-PPS 是把经光电转换的信号照原样读出，读出方式有信号传输方式和 X-Y 地址方式。信号传输方式是按单个像素，一边顺序传送各个像素的信号一边读出的方式。而 X-Y 地址方式则用场效应晶体管开关依次选择通过各个像素的信号，以得到输出。

CMOS-PPS 的像素结构如图 7-51 所示。它由一个反向偏置的光电二极管和一个开关管构成。当开关管开启，光电二极管与垂直的列线连通。位于列线末端的电荷积分放大器读出电路保持列线电压为一常数。光电二极管受光照将光子变成电子电荷，通过行选择开关将电荷读到列输出线上。当光电二极管存储的信号电荷被读出时，其电压被复位到列线电压水平。与此同时，与光信号成正比的电荷由电荷积分放大器转换为电荷输出。

CMOS-PPS 中的像素尺寸小，填充系数较高，导致其量子效率较高。但是，CMOS-PPS 的速度慢，信噪比低，读出噪声较高，成像质量差，这是其弱点。

2. CMOS 有源像素传感器（CMOS-APS）

CMOS-APS 的像素结构如图 7-52 所示。通过复位开关和行选择开关将放大的光电产生的电荷读到感光阵列外部的信号放大电路。每个像元内部包含一个有源单元，即包含有一个或多个晶体管组成的放大电路。在像元内部对电荷信号进行放大，再被读出到外部放大电路。根据光生电荷的不同产生方式，APS 又分为光电二极管型、光栅型和对数响应型。

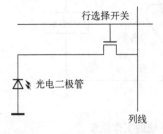
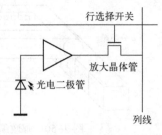

图 7-51　CMOS-PPS 像素结构　　图 7-52　CMOS-APS 像素结构

CMOS-APS 每个像元内都有自己的放大器。CMOS-APS 的填充系数比 CMOS-PPS 的低，集成在表面的放大晶体管减少了像素元件的有效表面积，降低了封装密度，使 40%~50% 的入射光被反射。这种传感器的另一个问题是，如何使传感器的多通道放大器之间有较好的匹配，通过降低残余水平的固定图形噪声能够较好地解决这一问题。由于 CMOS-APS 像元内的每个放大器仅在读出期间被激发，所以 CMOS-APS 的功耗比 CCD 图像传感器的小。与 CMOS-PPS 相比，CMOS-APS 的填充系数较小，其设计填充系数典型值为 20%~30%。

（二）CMOS 图像传感器的整体结构

CMOS 图像传感器芯片的整体结构如图 7-53 所示。CMOS 图像传感器芯片可将光敏单元阵列、控制与驱动电路、模拟信号处理电路、A-D 转换（模/数转换）电路集成在一块芯片上，加上镜头等其他配件就构成了一个完整的摄像系统。

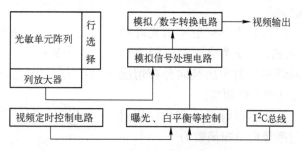

图 7-53　CMOS 图像传感器的整体结构

性能完整的 CMOS 芯片内部结构主要是由光敏单元阵列、帧（行）控制电路和时序电路、模拟信号读出电路、A-D 转换电路、数字信号处理电路和接口电路等组成。CMOS 图像传感器的支持电路包括一个晶体振荡器和电源去耦合电路。这些组件安装在电路板的背面，占据很小的空间。微处理器通过 I^2C 串行总线直接控制传感器寄存器的内部参数。

（三）CMOS 图像传感器的应用

CMOS 图像传感器比 CCD 图像传感器功耗更小，而且体积也可以进一步缩小，能大批量生产，具有低噪声、宽动态范围、宽光谱灵敏度、体积小、价格便宜及容易实现商品化等优点，适用于超微型数码相机、便携式可视电话、可视门铃、扫描仪、摄像机、安防监控、汽车防盗、机器视觉、车载电话及指纹认证等图像处理领域，随着技术的发展，已逐步应用于高端数码相机和电视领域。CMOS 图像传感器功耗小，配以高效可充电电池即使全天候工作，也不会引起电路过热而导致图像质量变差。CMOS 芯片还有一个优点，其光谱敏感范围在近红外光波段，比可见光的灵敏度高出 5~6 倍，配以适当红外照明，会有更好的夜视功能，这对刑侦和反犯罪活动非常有用。

第五节　光纤传感器

光纤传感器是 20 世纪 70 年代以来随着光导纤维技术的发展而出现的新型传感器，它以光波为载体、光纤为媒质来感知和传输外界被测量信号。由于它具有灵敏度高、电绝缘性能好、抗电磁干扰、耐腐蚀、耐高温、体积小及质量轻等优点，因而广泛应用于位移、速度、加速度、压力、温度、液位、流量、水声、电流、磁场、放射性射线和 pH 值等物理量的测量，在自动控制、在线检测、故障诊断及安全报警等方面具有极为广泛的应用潜力和发展前景。

一、光导纤维（光纤）

（一）光纤的基本结构

光导纤维（光纤）是一种常用的光波导材料。与电缆相比，光纤具有信息传输容量大、中继距离长、不受电磁场干扰、保密性好和重量轻等特点。

光纤是圆柱形介质波导，它包括纤芯和包层两层，光在纤芯中传播，纤芯之外是折射率略低的包层。光纤结构如图 7-54 所示，纤芯的折射率略大于包层。在实际应用中，为保证光纤的机械强度、隔绝外界影响，包层外面还要有护套，一般用塑料制成。

（二）光纤的结构特征

光纤的结构特征一般用其光学折射率沿光纤径向的分布函数 $n(r)$ 来描述（r 为光纤径向间距）。对于单包层光纤，根据纤芯折射率的径向分布情况可分为阶跃型光纤和梯度型光纤两类。

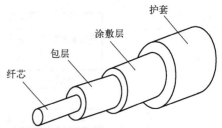

图 7-54　光纤结构

阶跃型光纤的特点是纤芯折射率 n_1 和包层折射率 n_2 均为常数，其折射率径向分布函数为

$$n(r)=\begin{cases} n_1 & (0\leqslant r\leqslant a) \\ n_2 & (r>a) \end{cases} \quad (7-24)$$

式中，a 为纤芯半径，$n_1>n_2$。

梯度光纤的纤芯折射率沿径向呈非线性递减，也称为渐变折射率光纤。在纤轴处折射率最大，在纤壁处折射率最小。常见的梯度光纤折射率径向分布函数为

$$n(r)=\begin{cases} n_1\left[1-2\Delta(r/a)\right]^{1/2} & (0\leqslant r\leqslant a) \\ n_2 & (r>a) \end{cases} \quad (7-25)$$

式中，Δ 为相对折射率差，$\Delta=\dfrac{n_1^2-n_2^2}{2n_1^2}\approx\dfrac{n_1-n_2}{n_1}$。

阶跃型光纤和梯度型光纤的折射率径向分布图分别如图 7-55a、7-55b 所示。

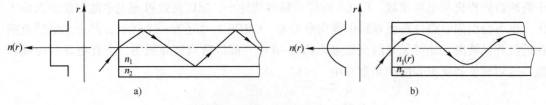

图 7-55　光纤折射率径向分布示意图

a）阶跃型光纤　b）梯度型光纤

（三）光纤的传光原理

当光线以较小的入射角 θ_1 由折射率（n_1）较大的光密介质 1 射向折射率（n_2）较小的

光疏介质 2（即 $n_1 > n_2$）时，一部分入射光以折射角 θ_2 折射到光疏介质 2，另一部分以 θ_1 角反射回光密介质。折射率和入射角、出射角的数学关系为

$$n_1\sin\theta_1 = n_2\sin\theta_2 \qquad (7\text{-}26)$$

由式（7-26）可以看出：当入射角 θ_1 增大时，折射角 θ_2 也随之增大，且 $\theta_1 < \theta_2$。当入射角 θ_1 增大到 $\theta_1 = \theta_c = \arcsin\dfrac{n_2}{n_1}$ 时，$\theta_2 = 90°$，此时，出射光线沿界面传播，称为临界状态，θ_c 称为临界角。当继续加大入射角，即当 $\theta_1 > \theta_c$ 时，便发生全反射现象，其出射光不再折射而全部反射回来。

如图 7-56 所示，在光纤的入射端，光线从空气（折射率为 n_0）中以入射角 φ_0 射入光纤，在光纤内的折射角为 φ_1，然后以 $\theta_1 = 90° - \varphi_1$ 的入射角入射到纤芯与包层的界面。由 Snell 定律可知

$$n_0\sin\varphi_0 = n_1\sin\varphi_1 = n_1\cos\theta_1 \qquad (7\text{-}27)$$

由于光纤纤芯的折射率 n_1 大于包层的折射率 n_2，所以在光纤纤芯中传播的光只要满足全反射条件，光线就能在纤芯和包层的界面上不断地产生全反射，曲折向前传播，从光纤的一端传播到另一端，这就是光纤的传光原理。实际工作时需要光纤弯曲，但只要满足全反射条件，光线仍然继续前进。

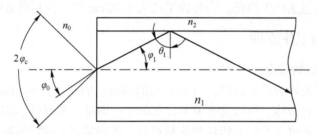

图 7-56　光纤的传光原理

（四）光纤的基本特性

1. 数值孔径（NA）

设当 θ_1 达到临界角 θ_c 时光纤入射端的入射角为 φ_c，则 φ_c 是能在光纤内产生全反射的端面入射角 φ_0 的最大允许值。数值孔径定义为

$$NA = n_0\sin\varphi_c = \sqrt{n_1^2 - n_2^2} \qquad (7\text{-}28)$$

数值孔径是表征光纤集光本领的一个重要参数，即反映光纤接收光量的多少。其意义是：无论光源发射功率有多大，只有入射角处于 $2\varphi_c$ 的光锥角内，光纤才能导光。如入射角过大，光线便从包层逸出而产生漏光。光纤的 NA 越大，表明它的集光能力越强，一般希望有大的数值孔径，这有利于提高耦合效率，但数值孔径过大会造成光信号畸变。所以，要适当选择数值孔径的数值，如石英光纤的数值孔径一般为 0.2~0.4。

2. 光纤模式

光纤模式是指光波传播的途径和方式。对于不同入射角的光线，在界面反射的次数是不同的，传递的光波之间的干涉所产生的横向强度分布也是不同的，这就是传播模式不同。在光纤中传播模式很多的话不利于光信号的传播，因为同一种光信号采取很多模式传播将使一部分光信号分为多个不同时间到达接收端的小信号，从而导致合成信号的畸变，因此希望光

纤信号模式数量要少。

一般纤芯直径为（2～12）μm、只能传输一种模式的光纤称为单模光纤。这类光纤的传输性能好，信号畸变小，信息容量大，线性好，灵敏度高，但由于纤芯尺寸小，制造、连接和耦合都比较困难。纤芯直径较大（50～100μm）、传输模式较多的光纤称为多模光纤。这类光纤的性能较差，输出波形有较大的差异，但由于纤芯截面积大，故容易制造，连接和耦合比较方便。

3. 光纤传输损耗

光纤传输损耗主要来源于材料吸收损耗、散射损耗和光波导弯曲损耗。目前常用的光纤材料有石英玻璃、多组分玻璃、塑料及复合材料等。在这些材料中，由于存在杂质离子、原子的缺陷等都会吸收光，从而造成材料吸收损耗。

散射损耗主要是由于材料密度及浓度不均匀引起的，这种散射与波长的四次方成反比。因此散射随着波长的缩短而迅速增大。所以可见光波段并不是光纤传输的最佳波段，在近红外波段（1～1.7μm）有最小的传输损耗。因此长波长光纤已成为目前发展的方向。光纤拉制时粗细不均匀，造成纤维尺寸沿轴线变化，同样会引起光的散射损耗。另外纤芯和包层界面的不光滑、污染等，也会造成严重的散射损耗。

光波导弯曲损耗是使用过程中可能产生的一种损耗。光波导弯曲会引起传输模式的转换，激发高阶模进入包层产生损耗。当弯曲半径大于 10 cm 时，损耗可忽略不计。

二、光纤传感器的工作原理

（一）光纤传感器的特点

光纤传感器使用光作为信息载体，可以对光的相位、频率、振幅和偏振态等进行调制。光的颜色也可用作信息载体，可以携带非常详细的空间信息。光纤传感器的组成包括一个稳定的光源，它发出的光进入光纤并传输到测量点后，被测量对光的特性进行调制，然后由同一根或另一根光纤返回到光探测器，把光信号转换成电信号。光的调制过程是光纤本身或通过和光纤耦合的外部敏感元件进行的。这种系统具有抗电磁干扰和安全的特点。此外，采用近代光纤技术，光纤传感器可以应用于众多的领域。出色的信噪比使被测量的细微变化都可以被检测出来，而光纤网络的大信息容量能将大量的光纤传感器连接在主干线上进行多路传输。

光纤传感器的优势可归结为一点，即进入或离开敏感区的调制信号与电没有任何联系。因此使它具有如下特点：抗电磁干扰；电绝缘，消除了与地面隔离的问题，安全可靠；尺寸小、重量轻；灵敏度高，测量范围广。

光纤传感器能解决用其他技术难以解决的测量问题，如强电磁干扰环境中电流和电压的测量、外科手术中病人血液中化学成分的测量、极高强度的电热和微波加热的辐射场中温度等参数的测量等。

（二）光纤传感器的组成与分类

1. 光纤传感器的组成

光纤传感器一般由五部分组成：光源、光纤、传感头、光探测器和信号处理电路。光源相当于一个信号源，负责信号的发射；光纤是传输媒质，负责信号的传输；传感头感知外界信息，相当于调制器；光探测器负责信号转换，将光纤送来的光信号转换成电信号；信号处理电路的功能是还原外界信息，相当于解调器。

2. 光纤传感器的分类

（1）按传感器的传感原理分类

光纤传感器一般分为两大类：一类是利用光纤本身的某种敏感特性或功能制成的传感器，称为功能型传感器或传感型传感器（FF 型）；另一类是光纤仅仅起传输光波的作用，必须在光纤端面或中间加装其他敏感元件才能构成传感器，称为非功能型传感器或传光型传感器（NFF 型）。

显然，要求传光型传感器能传输的光量越多越好，所以它主要由多模光纤构成；而功能型传感器主要靠被测对象调制或改变光纤的传输特性，所以只能由单模光纤构成。

（2）按调制光波参数的不同分类

按光波被调参数的不同，光纤传感器可以分为强度调制光纤传感器、频率调制光纤传感器、波长（颜色）调制光纤传感器、相位调制光纤传感器和偏振态调制光纤传感器。

（3）按被测量分类

根据被测参量的不同，光纤传感器又可分为位移、压力、温度、流量、速度、加速度、振动、应变、电压、电流、磁场、化学量及生物量等各种光纤传感器。

（三）光纤传感器的调制方式

光纤传感技术以光为载体，以光纤为媒质，感知和传输外界信号（被测量）。也就是说，光纤传感器的基本原理是将光源入射的光束经由光纤送入调制区，在调制区内，外界被测参数与进入调制区的光相互作用，使光的光学性质，如光的强度、波长（颜色）、频率、相位及偏振态等发生变化，成为被调制的信号光，再经光纤送入光敏器件、解调器而获得被测参数。

所有这些调制过程都可以归结为将一个携带信息的信号叠加到载波光波上。能完成这一过程的器件称为调制器。调制器能使载波光波参数随外加信号的变化而改变，被信息调制的光波在光纤中传输，然后再由光探测系统解调，将原信号恢复。

由于篇幅所限，这里只介绍强度调制型、相位调制型与频率调制型光纤传感器。

1. 强度调制型光纤传感器

强度调制型光纤传感器的一般结构如图 7-57 所示，其基本原理是利用外界信号（被测量）的扰动改变光纤中光的强度（即调制），再通过测量输出光强的变化（解调）实现对外界信号的测量。强度调制方式很多，如反射式强度调制、透射式强度调制及光模式强度调制等。

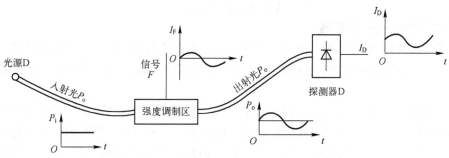

图 7-57　强度调制型光纤传感器的基本原理

一恒定光源发出的强度为 P_i 的光注入传感头，在传感头内光在被测信号的作用下其强度发生变化，即受到了外场的调制，使得输出光强 P_o 的包络线与被测信号的形状一样，光电探测器测出的输出电流 I_D 也进行同样的调制，信号处理电路再检测出调制信号，即得到被测信号。

强度调制型光纤传感器的光源要求功率稳定。在许多应用场合，为了避免背景光和暗电流对测量的影响，还将光源调制成脉冲形式，在探测后滤波，恢复成直流成分。光检测器多用 PIN 型光电二极管。光源和探测器的选择也取决于系统的工作波长。

相对于其他光纤传感器，强度调制型光纤传感器优势在于结构简单，工作可靠，价格低廉，其主要缺点是易受环境干扰。

2. 相位调制型光纤传感器

相位调制常与干涉测量技术并用，构成相位调制的干涉型光纤传感器。相位调制的光纤传感器其基本原理是通过被测物理量的作用，使某段单模光纤内传播的光波发生相位变化，再用干涉技术把相位变化变换为振幅变化，从而还原所检测的物理量。

光纤中光波的相位由光纤的物理长度、折射率及其分布、横向几何尺寸所决定。一般压力、张力及温度等外界物理量能直接改变上述三个波导参数，产生相位变化，实现光纤相位调制。但是，目前各类光探测器都不能感知光波相位的变化，必须采用光的干涉技术将相位转变为干涉条纹的强度变化，再输入到光探测器中得到电信号，才能实现对外界物理量的检测。因此，光纤传感器中的相位调制技术应包括产生光波相位变化和光的干涉技术两部分。

相位调制型光纤传感器具有灵敏度高、抗电磁干扰、带宽宽、能灵活变形等优点，广泛应用于电磁测量、声测量、压力和温度等多种量的测量中。

相位调制型光纤传感器在结构上比强度调制传感器复杂，它由光源、光纤敏感头、光纤干涉仪及光探测器和相位检测单元组成。常用的干涉仪有迈克尔逊干涉仪、马赫-曾德尔干涉仪、萨格纳克干涉仪、法布里-珀罗干涉仪。

在干涉仪的结构中，以一个或两个 3 dB 耦合器取代了通常干涉仪中的分光器，光纤光程取代了空气光程，光纤作为调制元件，被测物理量作用于光纤传感器，导致光纤中光相位的变化或调制。当波长为 λ_0 的光入射到长度为 L 的光纤时，若以其入射端面为基准，则出射光的相位为

$$\phi = 2\pi L/\lambda_0 = K_0 nL \tag{7-29}$$

式中，K_0 为光在真空中的传播常数；n 为纤芯折射率。

由此可见，纤芯折射率的变化和光纤长度 L 的变化都会导致光相位的变化，即

$$\Delta\phi = K_0(\Delta nL + \Delta Ln) \tag{7-30}$$

3. 频率调制型光纤传感器

强度调制、相位调制基本上都是通过改变光纤本身的内在性能来达到调制目的，通常称之为内调制。而对于频率和波长调制，光纤往往只是起着传输光信号的作用，而不是作为敏感元件。

多普勒频移是最有代表性的一种光频率调制。光学中的多普勒现象是指由于观察者和运动目标的相对运动，使观察者接收到的光波频率产生变化的现象。当频率为 f 的光入射到相对于观察者速度为 v 的运动物体上时，从运动物体反射到观察者的光的频率变成 f_1，f_1 与 f 之间有如下关系：

154

$$f_1 = f(1-v^2/c^2)^{1/2}/[1-(v/c)\cos\theta] \approx f[1+(v/c)\cos\theta] \tag{7-31}$$

式中，c 为真空中的光速；θ 为光源至观察者方向与运动方向之间的夹角。

如果属于光源、运动物体和观察者位于同一条直线上的特殊情况的话，则多普勒频移方程有简化形式：

$$f_1 = f\left(1+\frac{v}{c}\right) \tag{7-32}$$

根据上述多普勒频移原理，利用光纤传光功能组成测量系统，可用于普通光学多普勒测量装置不能安装的一些特殊场合，如密封容器中流速的测量和生物体内流体的研究。其主要优点是空间分辨率高、光束不干扰流动状态及不需要发射和接收光学系统的重新准直就可调整测量区的位置等，现已获得广泛应用。

三、光纤传感器的应用

1. 光纤温度传感器

光纤温度传感器是工业中应用最多的光纤传感器之一。按照调制原理有非相干型和相干型两类。在非相干型中，又可分为辐射温度计、半导体吸收式温度计及荧光温度计等；在相干型中，有偏振干涉、相位干涉以及分布式温度传感器等。

常用的半导体吸收式温度计利用了半导体材料的光吸收与温度之间的关系，可以做成透射式光纤温度传感器，其关系曲线如图 7-58 所示。半导体材料吸收边的波长 λ_g 随温度增加而向长波长方向移动。选择适当的半导体发光二极管，使其光谱范围正好落在吸收边的区域，这样，透过半导体材料的光强随温度 T 的增加而减少。

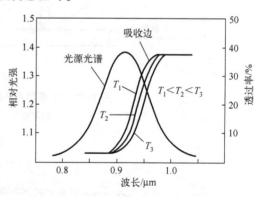

图 7-58 测温半导体材料的基本特性

半导体吸收式温度传感器如图 7-59 所示，一根切断的光纤装在细钢管内，光纤两端面夹有一块厚度约零点几毫米的半导体吸收片，其透射光强随被测温度而变化。因此，当光纤一端输入一恒定光强的光时，由于半导体吸收片透射能力随温度变化，光纤另一端接收元件所接收的光强也随被测温度高低而改变，于是通过测量接收元件输出的电压，便能测出传感器位置处的温度。

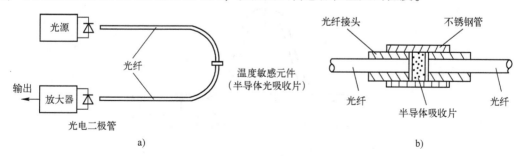

图 7-59 吸光型光纤温度传感器

a）传感器测温系统　b）探头结构

这种传感器的结构简单，能够在强电磁环境中工作，温度测量范围为$-20 \sim 300^\circ C$。

2. 光纤压力、振动传感器

光纤压力和振动传感器也可分为传感型和传光型两种，前者用光纤作敏感元件，后者用光纤作为传输线。

压力和振动使光纤发生形变，改变了光在光纤中的传输特性。图7-60给出了加压力的两种形式。图7-60a是对光纤均匀加压，使光纤的折射率、形状和尺寸变化，从而导致光纤的传播速度改变和极化面旋转。图7-60b是对光纤多点非均匀加压，使光纤由于折射率不连续变化导致传播光散乱而增加损耗，采用弯曲形变方法，微小压力变化即能引起很大的传播光损耗变化。根据上述原理制作的光纤压力和振动传感器结构如图7-61所示。

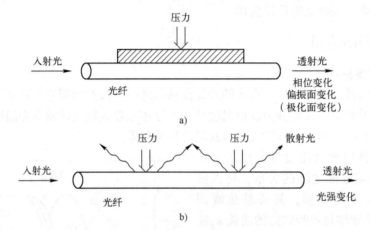

图7-60 传感型光纤压力和振动传感器原理

a) 均匀加压 b) 非均匀加压

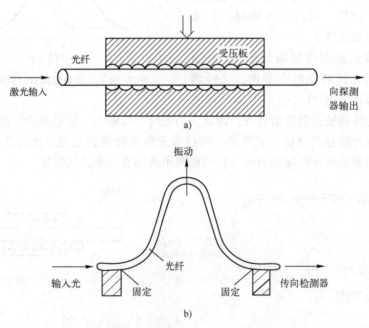

图7-61 光纤压力和振动传感器

a) 微扭曲光纤压力传感器 b) 光纤振动传感器

图 7-61a 是将光纤夹在波浪形受压板之间的压力传感器，加压板使光纤生成许多细小的弯曲形变，这种传感器对低频压力变化特别灵敏。图 7-61b 为将光纤弯成 U 型的振动传感器，在 U 型前端加振动时，会引起输出光的振幅调制。

3. 光纤位移传感器

与其他机械量相比，位移是既容易检测又容易获得高精度的检测量，所以测量中常采用将被测对象的机械量转换成位移来检测的方法。例如将压力转换成膜的位移、将加速度转换成重物的位移等。这种方法结构简单，所以位移传感器是机械量传感器中的基本传感器。

反射式强度调制位移传感器如图 7-62 所示，光从光源耦合到输入光纤，射向被测物体的表面（反射面），反射光由接收光纤收集，并传送到光探测器转换成电信号输出，从而测量出被测位移。输出光纤的光强受被测物体与光纤探头之间距离的调制。

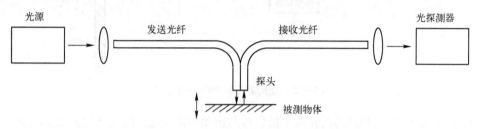

图 7-62　反射式强度调制位移传感器

如图 7-63 所示传感器是利用光纤损耗进行强度调制的光纤微弯强度调制传感器，它是根据光纤微弯时使光纤纤芯中的光注入包层的原理制成的。传感器敏感部分是由能引起光纤产生微弯的变形装置（如一对带齿或带槽的板）构成。被测物理量的变化引起光纤发生微弯变形，从而使纤芯与包层界面处的入射角加大，使纤芯中的一部分光透入包层，造成传输损耗。随着弯曲程度不同，泄露光波的程度也不同，这样就达到光强度调制的目的。由于光强与微弯变形有关，若变形与位移之间有一定的函数关系，就可以利用光纤的微弯效应进行位移测量。

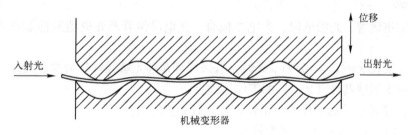

图 7-63　光纤微弯强度调制传感器

4. 光纤速度传感器

光纤多普勒测速传感器与传统激光测速方法的最大不同，是激光束以及运动微粒散射光的传输与耦合皆通过光纤实现。这样就较好地解决了光路的准直问题，也提高了抗干扰能力。

如图 7-64 所示为一典型的激光多普勒光纤测速系统。激光器发出的激光经过偏振分束器和发射光学元件耦合进入一根多模光纤的一端，光纤的另一端 A 浸入液体中。液体或其中的物质是待测媒质。光进入液体内被散射，其中一部分散射光为光纤所收集，并与在光纤端面上反射的光一起沿光路返回，这里取光纤端面反射的光作为参考光束。为了消除从发射透镜和光纤前部端面反射回来的光，在光探测器之前的光路上装一块偏振片，以便光探测器

157

只能探测到与原光束偏振方向相垂直的偏振光，使信号光与参考光一起经光探测器后进入频谱分析仪进行信号处理并显示结果。

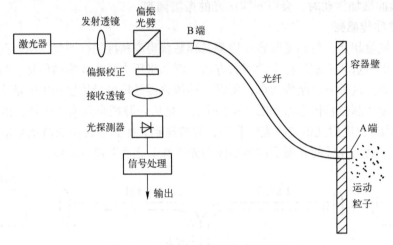

图 7-64　激光多普勒光纤测速系统

光纤多普勒探测器对检测透明介质中散射体的运动非常灵敏，但其结构决定了其能量有限，只能穿透几 mm 以内的深度，仅适用于微小流量的测量，如医学上对血液流动的测量等。

思考题与习题

1. 光电效应有哪几种？与之对应的光电器件各有哪些？

2. 硅是半导体工业最常用的材料之一，其禁带宽度为 1.1 eV，求其红限频率。

3. 光电传感器的光谱特性和频率特性的意义有什么区别？在选择光电传感器时怎样考虑这两种特性？

4. 对光电倍增管、光敏电阻、光电二极管、光电晶体管及光电池的性能进行比较，简述其适用场合。

5. 当光源波长 $\lambda = (0.8 \sim 0.9)$ μm 时，宜采用哪几种光敏元件作为测量元件？为什么？

6. 简述位置敏感器件（PSD）的工作原理。

7. CCD 图像传感器的工作原理是什么？其有哪些应用？

8. 线阵 CCD 与面阵 CCD 有何异同？

9. 试对 CCD 和 CMOS 图像传感器进行比较。

10. 已知一线阵 CCD 器件的位数 $N = 2048$，光敏元阵列总长 $l = 28.672$ mm，在测量工件直径时，如光学系统的放大倍率 $M = 3$，计数结果为 $n = 924$，则工件直径是多少？

11. 光纤的工作原理是怎样的？

12. 光纤数值孔径 NA 的物理意义是什么？对 NA 的取值大小有什么要求？

13. 简述功能型光纤传感器和非功能型光纤传感器的异同。

14. 利用光纤传感器进行位移测量有哪些方法？简述其工作原理。

15. 说明半导体光吸收型光纤温度传感器的工作原理。

16. 利用光纤传感器设计一个检测微振动的方案。

第八章 热电及红外辐射传感器

温度是工业生产和科学研究中一个非常重要的参数。随着现代科学技术的发展，需要测量和控制温度的场合越来越多，测量温度的传感器也随之大量涌现。

热电式传感器是一种将温度变化转换为电量变化的装置，它是利用敏感元件的电磁参数随温度变化的特性来实现对温度的测量。热电式传感器主要包括热电偶、热电阻和热敏电阻等，是温度测量的基本传感器。

红外辐射传感器是一种利用红外线来测量温度的设备。它的敏感元件与被测对象互不接触，可通过利用红外线来测量运动物体、小目标和热容量小或温度变化迅速（瞬变）对象的表面温度，也可用于测量温度场的温度分布。

第一节 温度的基本概念

一、温度

在国家计量技术规范《温度计量名词术语及定义》（JJF 1007-2007）中，温度的定义为："温度表征物体的冷热程度。温度是决定一系统是否与其他系统处于热平衡的物理量，一切互为热平衡的系统都具有相同的温度。温度与分子的平均动能相联系，它标志着物体内部分子无规则运动的剧烈程度。"此定义从几个方面对温度的概念进行了说明，但依此来理解温度还是非常困难的。要全面理解温度，必须要建立热平衡的概念，还需要用到统计物理学方面的知识。因篇幅所限，本书仅对温度的概念作简单介绍。

热力学第零定律告诉我们：当物体处于热平衡时，相互之间没有净热流，它们具有共同的温度；如果相互间有热流，则热量从高温物体流向低温物体。这就是通常由冷热程度来理解温度的基础。

分子运动论对温度概念也有阐述。温度高低反映了分子平均动能的大小。但是，当温度很低时，分子运动论就失效了。对于像由电子组成的系统，当温度趋于绝对零度时，电子的运动速度仍然很大，此时必须用统计物理学的知识来解释温度。

由两个物体构成的闭合系统，当它们处于热平衡时，其熵达到极大值。设物体 1 的能量和熵分别为 E_1 和 S_1，物体 2 的能量和熵分别为 E_2 和 S_2，则系统总的能量 E 和熵 S 分别为

$$E = E_1 + E_2 \tag{8-1}$$
$$S = S_1 + S_2 \tag{8-2}$$

由于每个物体的熵都是其能量的函数，所以系统的熵 $S = S_1(E_1) + S_2(E_2)$。又因为 $E_2 = E - E_1$，E 是常数，所以 S 实际上只有一个独立变量。这样它的极大值条件为

$$\frac{\mathrm{d}S}{\mathrm{d}E_1} = \frac{\mathrm{d}S_1}{\mathrm{d}E_1} + \frac{\mathrm{d}S_2}{\mathrm{d}E_2}\frac{\mathrm{d}E_2}{\mathrm{d}E_1} = \frac{\mathrm{d}S_1}{\mathrm{d}E_1} - \frac{\mathrm{d}S_2}{\mathrm{d}E_2} = 0 \tag{8-3}$$

即得
$$\frac{\mathrm{d}S_1}{\mathrm{d}E_1}=\frac{\mathrm{d}S_2}{\mathrm{d}E_2} \tag{8-4}$$

此结论可以推广到任意多个物体构成的闭合系统：当它们相互处于热平衡时，各自的熵对其能量的导数均相等。我们把熵对其能量的导数的倒数定义为物体的温度，即

$$\frac{\mathrm{d}S}{\mathrm{d}E}=\frac{1}{T} \tag{8-5}$$

这样，两个物体处于热平衡就意味着它们的温度相等：$T_1=T_2$。

因为系统的熵与状态数有关，所以物体的温度反映了该系统的状态分布。根据上面的定义，可以很好地解释绝对零度、负温度等概念。

二、温标

为了更好地理解温度的概念，还需赋予温度数值和单位。温度的数值表示方法称为温标，它包含了温度的数值和单位。2007 年第 23 届国际计量大会（CGPM）建议用玻尔兹曼常数来定义开尔文。2018 年 11 月，第 26 届国际计量大会给出了热力学温度的 SI 单位开尔文（The kelvin，符号 K）的最新定义，它由玻尔兹曼常数 k 的固定数值 1.380649×10^{-23} J·K^{-1} 定义，其单位 J·K^{-1} 等于 kg·m^2·s^{-2}·K^{-1}，其中 kg、m 和 s 是依据普朗克常数 h、光速 c 和铯的跃迁频率 $\Delta\nu_{Cs}$ 定义。由玻尔兹曼常数来定义开尔文，使得热力学温度的单位结束了由实物基准定义的历史，而从此迈向自然基准的时代。目前开尔文定义的原级复现原则上可以在温标内任何一点上建立。

根据温标的定义，温标包括三方面的内容，也就是所谓的温标三要素，即定义固定点、内插仪器和内插函数。定义固定点是由一些物质的相平衡点组成的，其中最基本的是水的三相点，曾经用来定义温度的单位。其他的固定点主要是一些金属的凝固点和气体的三相点，它们的数值由热力学测温方法测量后赋予定义值，用于确定内插函数中的系数。内插仪器即温度计，也就是通常所指的温度传感器，它通过其他物理性质的变化与温度相联系，能感知温度的变化。这些物理性质有体积、压力、长度、热电势、热电阻及热辐射等一些物理量。内插函数是指其他物理量与温度之间的变化关系，定义固定点之间的温度用这些函数进行内插得到。

从温标的定义可以看出，温标三要素的选择不一样，所建立的温标就不一样。历史上曾出现过许多温标，最著名和使用最广泛的有华氏温标和摄氏温标。华氏温标是由德国的 D. G. Fahrenheit 于 1724 年建立的，他用精密水银温度计作内插仪器，将水的冰点定为 32 度，水的沸点定为 212 度，其他的温度用水银柱的高度随温度的变化线性插值。摄氏温标是由瑞典的 A. Celsius 于 1742 年建立的，他也用精密水银温度计作内插仪器，但将水的冰点定为 0 度，水的沸点定为 100 度，其他的温度也用水银柱的高度随温度的变化线性插值。这两个温标的数值可以互换，其关系如下：

$$t_F=\frac{9}{5}t_C+32 \tag{8-6}$$

式中，t_F 代表用华氏度（℉）表示的温度值；t_C 代表用摄氏度（℃）表示的温度值。

以上的温标统称为经验温标，它们的缺陷是随意性较大，与所选用的测温介质和变量有关，各温标间的量值不统一。为克服经验温标的这一缺陷，1841 年开尔文提出用热力学温

标来统一温度的量值。开尔文用卡诺定理的结论定义了一个与测温介质无关的温标，称之为热力学温标。他同时提出了用一个固定点定义温度单位的设想。由于热力学温标与所用的测温介质无关，因此我们可以用理想气体温标来复现热力学温标。同样我们也可以用其他任何一种热力学原理来实现热力学温度的测量。至今，已实现的热力学测温方法有：气体温度计、声速温度计及全辐射测温法等。

尽管热力学温标与测温介质无关，但是实现起来极其困难，过程非常复杂，复现精度较低，实用性不强。为了能使温度的量值统一，又能使所使用的温标易于实现，在 19 世纪末，欧美一些国家提出了使用国际温标的建议。第一次世界大战结束后，国际计量大会于 1927 年发布了第一个国际温标，即 ITS-27。此后，约每隔 20 年对旧的温标进行修改，实施新的温标。若旧温标不能适应当时科学技术发展的需要，而下次修订时间还没到，也可以采用临时温标。

以前的开尔文定义是基于一个被分配给水的三相点温度 T_{TPW} 的精确数值，即 273.16 K。也就是说，1 K 被定义为水三相点热力学温度的 1/273.16。由于现在开尔文的定义确定了 k 的数值，而不是 T_{TPW}，所以后者必须通过实验来确定。在采用现在定义的时候，T_{TPW} 等于 273.16 K，相对标准不确定度 $3.7×10^{-7}$，这是基于重新定义之前对 k 的测量。

由于过去用温度标度来定义，通常的做法是用与接近冰点的参考温度 $T_0 = 273.15$ K 的差值来表示热力学温度，符号 T。这种差值被称为摄氏温度，符号 t，由如下方程定义：

$$t = T - T_0$$

按照定义，摄氏温标的单位摄氏度（℃）量级与单位开尔文相等。一个温度差或区间可以用开尔文或摄氏度表达，不论何种情况，温度差的数值都是一样的。正是由于这个关系，用摄氏度表达摄氏温度的数值与用开尔文表达热力学温度的数值有关，即

$$t/℃ = T/K - 273.15$$

三、热辐射

热辐射是指物体在热平衡时的电磁辐射。由于热平衡时物体具有一定的温度，所以热辐射又称温度辐射。热辐射的波长范围从软 X 射线至微波，物体向外辐射的能量大部分是通过红外线辐射出来的。红外线在电磁波谱中的位置如图 8-1 所示。红外线的性质与可见光或电磁波一样，具有反射、折射、散射、干涉及吸收等特性，在真空中也以光速传播。

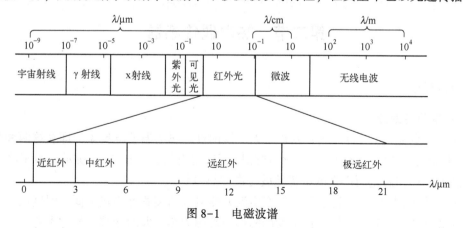

图 8-1 电磁波谱

红外辐射和所有电磁波一样，是以波的形式在空间直线传播的。它在大气中传播时，大气层对不同波长的红外线存在不同的吸收带，红外线气体分析器就是利用该特性工作的。空气中对称的双原子气体，如 N_2、O_2、H_2 等不吸收红外线，而红外线在通过大气层时，有三个波段透过率高，它们是 $(2 \sim 2.6)\ \mu m$、$(3 \sim 5)\ \mu m$ 和 $(8 \sim 14)\ \mu m$，统称它们为"大气窗口"。这三个波段对红外探测技术特别重要，红外探测器一般都工作在这三个波段（大气窗口）之内。

黑体是特殊的热辐射体。在同温度下，其辐射能力最大。描述黑体辐射能量和温度之间的关系有两个重要的定律：普朗克定律和斯特藩—玻尔兹曼定律。

普朗克定律（Planck's law）描述了黑体的光谱辐射能量与温度之间的关系，公式如下：

$$M_\lambda^b = \frac{c_1}{\lambda^5} \frac{1}{e^{\frac{c_2}{\lambda T}} - 1} \tag{8-7}$$

式中，M_λ^b 是黑体的光谱辐射能量，单位为 $W/(sr \cdot m^3)$；λ 是波长，单位为 m；T 是辐射物体的热力学温度，单位为 K；$c_1 = 3.7415 \times 10^{-16} W \cdot m^2$，称为第一辐射常数；$c_2 = 1.4388 \times 10^{-2} m \cdot K$，称为第二辐射常数。

在辐射测温中，更常用的是普朗克定律的近似公式——维恩公式：

$$M_\lambda^b = \frac{c_1}{\lambda^5} e^{-c_2/\lambda T} \tag{8-8}$$

式（8-8）在温度 $T < 3000\ K$ 和波长 $\lambda < 0.8\ \mu m$ 范围内完全可以取代普朗克公式。而在红外区域，通常不宜使用维恩公式，应直接使用普朗克公式。

斯特藩—玻尔兹曼定律（Stefan—Boltzmann law）描述了黑体的全波辐射能量与温度 T 之间的关系，公式如下：

$$M^b = \sigma T^4 \tag{8-9}$$

式中，$\sigma = 5.6697 \times 10^{-8}\ W/(m^2 \cdot K^4)$。

由式（8-7）~式（8-9）可知，只要用传感器接收到物体的光谱辐射能量或全波辐射能量，就能够测量出物体的温度。这就是辐射温度传感器和热像仪的工作原理。

第二节　热电偶传感器

一、热电效应

（一）塞贝克效应

1821 年塞贝克（T. Seebeck）发现了铜、铁两种金属的温差电现象，即在这两种金属构成的闭合回路中，对两个接头中的一个加热即可产生电流，如图 8-2 所示。由于冷、热两个端（接头）存在温差而产生的电势差就是温差热电势。

这种由两种不同的金属构成的、能产生温差热电势的装置称为热电偶。温度高的那一端称为热电偶的热端，又称测量端；温度低的那一端称为热电偶的冷端，又称参考端。

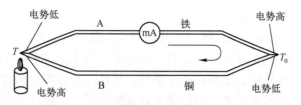

图 8-2　铜铁热电偶的温差电动势

　　将两种不同的导体或半导体两端相接组成闭合回路，当两接点的温度不同时，则在回路中产生热电势，并形成回路电流。这种现象称塞贝克效应，又称热电效应。

　　实验指出，当组成热电偶的材料 A、B 为均质材料时，回路电动势只与材料本身的性质有关，与两接点的温差有关，而与热电偶的长短和粗细无关。这样我们就可以将热电偶做成温度传感器，也可以做成测量与之有关的其他物理量的传感器。

（二）热电效应的物理基础（经典电子理论）

　　热电偶回路产生的热电动势由两种导体的接触电动势和一种导体的温差电动势两部分组成。

1. 接触电动势—珀耳帖电动势

　　1834 年珀耳帖（I. C. A. Peltier）研究了热电现象，发现当电流流过两种不同金属材料的接点时，接点的温度会随电流的方向产生升高或下降的现象。他提出要发生这种现象，接点处必定存在一电动势，并且电动势的方向随电流方向可逆。我们把这一可逆电动势称为接触电动势，为纪念珀耳帖的发现，又称其为珀耳帖电动势。

　　接触电动势可以用图 8-3 的电子运动过程来解释。设 N_A 是金属 A 的自由电子密度，N_B 是金属 B 的自由电子密度，进一步假设 $N_A > N_B$，这样在密度差的作用之下，自由电子由 A 向 B 扩散，A 段失去电子带正电，B 段得到电子带负电，这样在 AB 间形成一内电场 e，电子在电场力的作用下，又要被拉回到 A 段去。这样的过程不会无限持续下去，当扩散和形成的电场对电子的作用力相等时，接点处不再出现宏观的电子迁移，即达到动态平衡。当接点所处的温度发生变化时，自由电子在新的状态下达到新的动态平衡。此时在接点处形成一个与接点温度和材料自由电子密度有关的电动势。根据经典理论，此电动势为

$$e_{AB}(T) = \frac{kT}{e}\ln\frac{N_A}{N_B} \tag{8-10}$$

式中，$e_{AB}(T)$ 是导体 A、B 的接点在温度 T 时形成的接触电动势；k 为玻尔兹曼常数；N_A、N_B 分别是导体 A、B 的自由电子密度；e 是电子电荷。

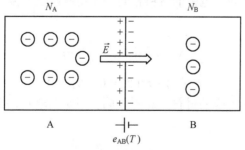

图 8-3　接触电动势示意图

2. 温差电动势 —汤姆逊电动势

1854 年汤姆逊（W. Thomson）研究了热电现象，发现当电流流过一根两端处于不同温度的导体时，导体中除产生焦耳热外，还有一随电流方向改变而吸收或产生热量的现象。他提出要发生这种现象，导体中必定存在一电动势，并且电动势的方向随电流方向可逆。我们把这一可逆电动势称为温差电动势，为纪念汤姆逊的发现，又称其为汤姆逊电动势。

温差电动势可以用图 8-4 的电子运动过程来解释。设导体两端处于不同的温度 T 和 T_0，且 $T>T_0$。由于金属导体两端的温度不同，则其自由电子的浓度亦不相同，温度高的一端浓度较大（动能较大，大于逸出功的电子数目较多），因此高温端的自由电子将向低温端扩散，高温端失去电子带正电，低温端得到多余的电子带负电。当扩散和形成的电场对电子的作用力相等时，在导体内形成一稳定的与温差和材料特性有关的电动势。根据经典理论，此电势为

$$e_A(T, T_0) = \int_{T_0}^{T} \sigma_A dT \qquad (8-11)$$

式中，$e_A(T, T_0)$ 是导体两端的温差电动势；σ_A 为汤姆逊系数，指导体 A 两端的温度差为 1℃时所产生的温差电动势。

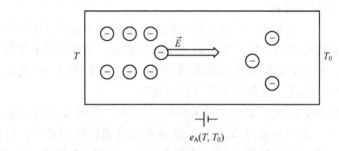

图 8-4　温差电动势示意图

3. 回路电动势—塞贝克电动势

当 A、B 两种金属构成热电偶回路，两端的温度分别为 T、T_0 时，回路中存在两个接触电动势和两个温差电动势，其方向相反，则热电偶回路中的总电动势是它们的代数和，即

$$E_{AB}(T, T_0) = e_{AB}(T) - e_{AB}(T_0) - e_A(T, T_0) + e_B(T, T_0)$$

$$= \frac{kT}{e} \ln \frac{N_{AT}}{N_{BT}} - \frac{kT_0}{e} \ln \frac{N_{AT0}}{N_{BT0}} + \int_{T_0}^{T} (-\sigma_A + \sigma_B) dT \qquad (8-12)$$

由式（8-12）可以得出如下几点结论。

1）如果组成热电偶的两个电极的材料相同，即使两端点的温度不同也不会产生热电动势。即

$$A、B \ 相同 \Rightarrow \ln \frac{N_A}{N_B} = 0$$

$$\sigma_A(T) - \sigma_B(T) = 0 \Rightarrow E_{AB} = 0$$

2）组成热电偶的两个电极的材料虽然不相同，但是两端点的温度相同，也不会产生热电动势。即

$$T = T_0 \Rightarrow (T - T_0) \frac{k}{e} \ln \frac{N_A}{N_B} = 0$$

$$\int_{T_0}^{T} [-\sigma_A(T) + \sigma_B(T)] dT = 0 \Rightarrow E_{AB} = 0$$

3）由不同电极材料 A、B 组成的热电偶，当冷端温度 T_0 恒定时，产生的热电动势在一定的温度范围内仅是热端温度 T 的单值函数。即 $E_{AB}=f(T)-f(T_0)=f(T)+C$，其中 C 为常数。

二、热电定律

（一）均质导体定律

由同一种均质材料组成的热电偶回路，不管温度分布如何，其回路电动势均为零，此即为均质导体定律。此定律表明，热电偶必须由两种不同的材料组成。此定律也可以用来检验材料的均质性：将用作热电偶的材料构成一回路并放入温度梯度场中，若回路中有电动势，则表明材料不是均质的；若回路中没有电动势，则表明材料是均质的。

（二）中间导体定律

由 A、B 两种材料组成的热电偶的冷端（T_0 端）断开而接入第三种导体 C 后，只要冷、热端的温度 T_0、T 保持不变，则回路的总热电动势不变，此即为中间导体定律。

证明如下：热电偶连接电路如图 8-5 所示，等效电路如图 8-6 所示，则总的回路电动势为

$$E_{ABC}(T, T_0) = E_{AB}(T) + E_{BC}(T_0) + E_{CA}(T_0) \tag{8-13}$$

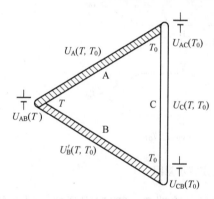

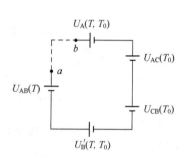

图 8-5　热电偶连接电路　　　　　图 8-6　热电偶等效电路

由于在 $T = T_0$ 的情况下回路总电动势为零，即

$$E_{ABC}(T_0) = E_{AB}(T_0) + E_{BC}(T_0) + E_{CA}(T_0) = 0 \tag{8-14}$$

将此式代入式（8-13）可得

$$E_{ABC}(T, T_0) = E_{AB}(T) - E_{AB}(T_0) = E_{AB}(T, T_0) \tag{8-15}$$

此定律具有重要的实用意义，因为用热电偶测温时必须接入仪表（第三种材料），根据此定律，只要仪表两接入点处的温度保持一致，仪表的接入就不会影响回路的热电动势。

（三）中间温度定律

由材料 A、B 组成的热电偶，其热端和冷端的温度分别为 T 和 T_0，热电偶的电动势 $E_{AB}(T, T_0)$ 可以分成两端温度分别为 T 和 T_n 以及 T_n 和 T_0 的两个电动势之和，即 $E_{AB}(T, T_0) = E_{AB}(T, T_n) + E_{AB}(T_n, T_0)$，此即为中间温度定律。

证明如下：热电偶的连接电路如图 8-7a 所示，图 8-7b 所示为等效电路。由式（8-12）

得回路电动势为

$$E_{AB}(T,T_0) = e_{AB}(T) + e_{BB'}(T_n) + e_{B'A'}(T_0) + e_{A'A}(T_n)$$

$$+ \int_{T_n}^{T} \sigma_A dT + \int_{T_0}^{T_n} \sigma_{A'} dT - \int_{T_0}^{T} \sigma_{B'} dT - \int_{T_n}^{T} \sigma_B dT \qquad (8-16)$$

因为
$$e_{BB'}(T_n) + e_{AA'}(T_n) = \frac{kT_n}{e} \cdot \left(\ln \frac{N_{BT_n}}{N_{B'T_n}} + \ln \frac{N_{A'T_n}}{N_{AT_n}} \right)$$

$$= \frac{kT_n}{e} \cdot \left(\ln \frac{N_{A'T_n}}{N_{B'T_n}} - \ln \frac{N_{AT_n}}{N_{BT_n}} \right)$$

$$= e_{A'B'}(T_n) - e_{AB}(T_n) \qquad (8-17)$$

同时
$$e_{B'A'}(T_0) = -e_{A'B'}(T_0) \qquad (8-18)$$

将式（8-17）、式（8-18）代入式（8-16），化简后得

$$E_{AB}(T,T_0) = E_{AB}(T,T_n) + E_{A'B'}(T_n,T_0) \qquad (8-19)$$

当材料 A 与 A'相同、B 与 B'相同时，式（8-19）可写为

$$E_{AB}(T,T_0) = E_{AB}(T,T_n) + E_{AB}(T_n,T_0) \qquad (8-20)$$

此即为中间温度定律的数学表达式。

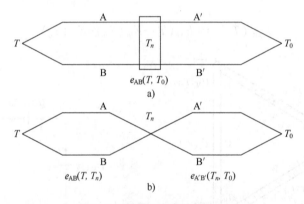

图 8-7　中间温度定律示意图

　　热电偶的分度表，即 E-T 关系表都是在热电偶的冷端 $T_0 = 0℃$ 时得到的。利用中间温度定律可以允许热电偶的冷端不受 $T_0 = 0℃$ 的限制。假设热电偶的冷端温度为任意的 T_n（可测量得到），测得 $E_{AB}(T,T_n)$ 后，可以用另一个已知的电动势 $E_{AB}(T_n,T_0)$ 来修正。由于 T_n 已知，则通过查分度表可以得到 $E_{AB}(T_n,T_0)$，代入式（8-20）就可以得到参考端温度为 0℃时的回路电动势，再通过查分度表就能获得所测的温度值。因为在很多工业测量现场 $T_0 = 0℃$ 的条件无法满足，利用此规律，只要可测得 T_n，就可以进行精确测温。在工业测量中，一般用零点自动补偿器来解决冷端的修正问题。

　　另外，此定律也是使用补偿导线的理论基础。补偿导线的作用是将热电偶的冷端 T_n 延伸到温度 T_0 恒定的地方。当温度 T_n 和 T_0 之间的导线用 A'和 B'来代替 A 和 B，并且满足 $E_{A'B'}(T_n,T_0) = E_{AB}(T_n,T_0)$，则导线 A'和 B'称为热电偶 A 和 B 的补偿导线。热电偶材料的价格较贵，而在工程测量中，测量室或控制室往往与测温点相距较远，为了控制成本，热电偶一般做得较短（小于 2 m）。要使冷端不受热端温度的干扰，必须将热电偶的冷端延伸到温度恒定的地方，即仪表所在的测量室或控制室。根据中间温度定律，我们可以用价格便宜的

材料来将冷端延伸至测量室或控制室。在实际使用补偿导线时，要注意补偿导线与热电偶相匹配、补偿导线与热电偶电极的极性不能接反，而且补偿端的温度不能超过规定。

（四）参考电极定律（标准电极定律）

材料 A、B 分别与第三种参考电极 C（或称标准电极）组成热电偶，如图 8-8 所示。若热电偶 A–C 和 B–C 所产生的热电动势已知，分别为 $E_{AC}(T,T_0)$ 和 $E_{BC}(T,T_0)$，则用 A 与 B 组成的热电偶的热电动势为 $E_{AB}(T,T_0)=E_{AC}(T,T_0)-E_{BC}(T,T_0)$，此即为参考电极定律。

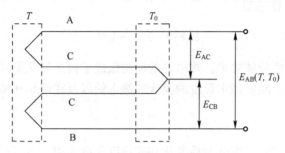

图 8-8　参考电极定律接线示意图

证明如下：对热电偶 A–C 和热电偶 B–C 分别应用式（8-12）得

$$E_{AC}(T,T_0)=e_{AC}(T)-e_{AC}(T_0)-\int_{T_0}^{T}(\sigma_A(T)-\sigma_C(T))\mathrm{d}T$$

$$E_{BC}(T,T_0)=e_{BC}(T)-e_{BC}(T_0)-\int_{T_0}^{T}(\sigma_B(T)-\sigma_C(T))\mathrm{d}T$$

则

$$E_{AB}(T,T_0)=e_{AB}(T)-e_{AB}(T_0)-\int_{T_0}^{T}(\sigma_A-\sigma_B)\mathrm{d}T$$

$$=\frac{kT}{e}\cdot\ln\frac{N_{AT}}{N_{BT}}-\frac{kT_0}{e}\cdot\ln\frac{N_{AT_0}}{N_{BT_0}}-\int_{T_0}^{T}(\sigma_A-\sigma_B)\mathrm{d}T$$

$$=\frac{kT}{e}\cdot\ln\frac{N_{AT}}{N_{CT}}-\frac{kT_0}{e}\cdot\ln\frac{N_{AT_0}}{N_{CT_0}}-\int_{T_0}^{T}(\sigma_A-\sigma_C)\mathrm{d}T-$$

$$\frac{kT}{e}\cdot\ln\frac{N_{BT}}{N_{CT}}+\frac{kT_0}{e}\cdot\ln\frac{N_{BT_0}}{N_{CT_0}}+\int_{T_0}^{T}(\sigma_B-\sigma_C)\mathrm{d}T$$

整理后易得

$$E_{AB}(T,T_0)=E_{AC}(T,T_0)-E_{BC}(T,T_0)$$

根据此定律，只要知道两种材料 A、B 与标准电极 C 组成的热电偶的电动势 E_{AB}、E_{BC}，就可以计算出这两种材料组成热电偶时的电动势，从而简化热电偶的选配工作。由于铂的物理、化学性能稳定，易提纯，所以一般采用高纯铂丝作为参考电极。

三、热电偶的结构和种类

（一）结构

工业用热电偶的封装形式如图 8-9 所示。其感温元件主要由热电极、绝缘材料及保护套管等组成。为了便于安装和连线，在保护套管上还安装有法兰盘和接线盒等。工业用热电偶的感温元件除了普通的装配型外，还有铠装热电偶、薄膜热电偶等。

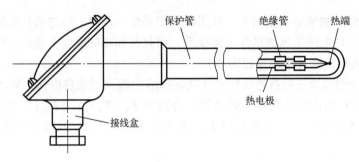

图 8-9　工业热电偶

根据工业测量的一些特殊要求，热电偶的结构做成了很多特殊形式，例如：测量物体表面温度的表面型热电偶、测量钢水温度的投入式热电偶以及在爆炸环境中使用的隔爆型热电偶等。

（二）种类

常用热电偶根据标准化程度分为标准化和非标准化两大类，也可以根据组成热电偶的材料将热电偶分为廉金属热电偶和贵金属热电偶两大类。一般情况下，高温用热电偶大多由贵金属材料构成。贵金属热电偶的性能比较稳定，常作为标准使用。

标准化热电偶是由国际工程师协会 IEC（International Engineer Commission）推荐的，标准化热电偶具有生产工艺成熟、成批生产及性能稳定的优势，其最大特点是所有国家都采用由 IEC 推荐的统一分度表。目前共有 8 种，用英文大写字母表示，分别是 R、B、S、K、N、J、E 和 T，其中 R、B、S 三种热电偶是用贵金属铂及其与铑的不同百分比的合金做成的，属于贵金属类，其余五种属于廉金属类。

非标准化热电偶因生产工艺、使用范围等因素的限制，不同国家生产的热电偶之间的热电动势与温度之间的关系难以采用统一的分度表，但各个国家或行业内还是有各自的标准。这类热电偶中，最常见的有用于高温测量的钨铼系热电偶。我国有两种钨铼热电偶标准，分别是：钨铼 5-钨铼 26，分度号 WRe5-WRe26；钨铼 3-钨铼 25，分度号 WRe3-WRe25。

（三）特性

8 种标准化热电偶的测温范围、允差等一些主要特性见表 8-1。

表 8-1　标准化热电偶的主要性能

热电偶名称	分度号	测温范围/℃		等级	对分度表允许偏差	
		长期	短期		使用温度/℃	允差/℃
铂铑 10-铂 铂铑 13-铂	S R	0~1300	1600	I	≤1100	±1
					>1100	± [1± (t-1100) ×0.3%]
				II	≤600	±1.5
					>600	±0.25%t
铂铑 30-铂铑 6	B	0~1600	1800	II	600~1700	±0.25%t
				III	600~800	±4
					>1100	±0.5%t

热电偶名称	分度号	测温范围/℃		对分度表允许偏差		
		长期	短期	等级	使用温度/℃	允差
镍铬-镍硅	K	0~1200	1300	I	-40~1100	±1.5 或±0.4%t
				II	-40~1300	±2.5 或±0.75%t
				III	-200~40	±2.5 或±1.5%t
镍铬硅-镍硅	N	-200~1200	1300	I	-40~1100	±1.5 或±0.4%t
				II	-40~1300	±2.5 或±0.75%t
				III	-200~40	±2.5 或±1.5%t
镍铬-铜镍	E	-200~760	850	I	-40~800	±1.5 或±0.4%t
				II	-40~900	±2.5 或±0.75%t
				III	-200~40	±2.5 或±1.5%t
铁-铜镍	J	-40~600	750	I	-40~750	±1.5 或±0.4%t
				II	-40~750	±2.5 或±0.75%t
铜-康铜	T	-200~350	400	I	-40~350	±0.5 或±0.4%t
				II	-40~350	±1 或±0.75%t
				III	-200~40	±1 或±1.5%t

注：t 为感温元件实测温度值（℃）。

S 型和 R 型热电偶在高温下抗氧化性能好，适合在氧化性和惰性气体中工作。B 型热电偶适合在氧化性或惰性气体中使用，也可在真空气氛中短期使用，但不宜在还原性气氛中使用。K 型热电偶不适合在真空、含碳气氛或者处于氧化、还原交替的气氛中使用。T 型热电偶的最大特点是在规定使用温度范围内热电性能稳定，在廉金属热电偶中准确度最高。E 型热电偶适合在氧化性或惰性气体中使用，但不能用于还原性气氛或硫气氛中。J 型热电偶在氧化性气氛中的使用温度上限为 750℃，在还原性气氛中的使用温度上限为 950℃。N 型热电偶不能在高温下用于硫、还原性的气氛中，或用于还原、氧化交替的气氛中，也不能在高温下的真空中使用。

四、热电偶测量电路

（一）单点测温

1. 测量电路的基本原理

根据中间导体定律，只要保证热电偶接入的测量仪表及连接线两端的温度一致，并保持为 T_0，则测得的电动势为 T 的单值函数，如图 8-10 所示。若 T_0 为 0℃，就可以直接用测得的电动势值，查相应的电动势-温度表，求出被测温度 T；若 T_0 不为 0℃ 但恒定，则可根据中间温度定律进行修正。然而，在实际测量中，热电偶的冷端温度会受环境温度或热源温度的影响。为了消除此影响，在实验室中通常采用冰点器使

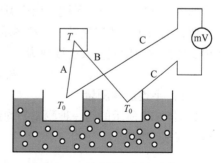

图 8-10　单点测温原理示意图

参考端保持在 0℃，而工业使用中，则采用电桥补偿法或补偿导线来消除环境温度或热源温

度的影响。

2. 电桥补偿法

电桥补偿法是利用不平衡电桥输出的电动势来补偿热电偶因参考端温度变化而引起的热电动势变化值，测量电路如图 8-11 所示。电桥由电阻 R_1、R_2、R_3 和 R_t 组成，其中 R_1、R_2、R_3 一般为锰铜丝绕制成的固定电阻，温度系数很小，R_t 是铜丝绕制成的热电阻。电桥设计时，通常使电桥在 20℃时平衡，这时 $R_1 = R_2 = R_3 = R_t$，a、b 两点的电位相等，电桥没有输出，对测量结果不产生影响。当环境温度变化，不等于 20℃时，R_t 的阻值随之变化，R_1、R_2、R_3 保持不变，这时电桥失去平衡，a、b 两点间产生一不平衡电压 U_{ab}。当参考端温度大于 20℃时，不平衡电压的方向与热电偶的电动势方向相同；当参考端温度小于 20℃时，不平衡电压的方向与热电偶的电动势方向相反。如果适当选择桥路电阻，使 U_{ab} 正好补偿参考端温度变化而引起的热电动势的变化，那么仪表就可指示出正确的温度。由于电桥是在 20℃时平衡，所以采用这种补偿电桥时需把仪表的机械零位调整到 20℃。

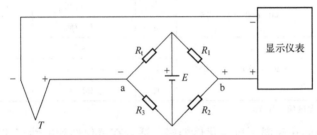

图 8-11　参考端补偿电路

R_t-铜电阻　R_1，R_2，R_3-锰铜电阻

3. 补偿导线的应用

图 8-12 显示了使用补偿导线的测量电路，C、D 为与热电偶电极 A、B 相配用的补偿导线。要求补偿导线的热电动势特性与热电偶的热电动势特性相同，即此时测得的温差热电动势相当于将热电偶的冷端从 T_1 延长到了 T_0 端，这是实际应用中通常采用的方法。

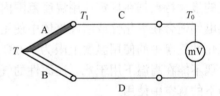

图 8-12　补偿导线测量电路

（二）温差测量

如图 8-13 所示为一种测量两个温度 T_1、T_2 之差的实用电路。要求使用两只完全相同的热电偶，配用相同的连接导线，按图示的接线方式连接，即可测得两者的热电动势之差，从而得到它们的温度差。仪表读数为

$$E_t = E_{AB}(t_1) - E_{AB}(t_2)$$

（三）平均温度测量

如图 8-14 所示的是一种测量平均温度的测量电路。要求使用统一型号的热电偶和补偿导线。仪表读数为

$$E_t = \frac{E_1 + E_2 + E_3}{3}$$

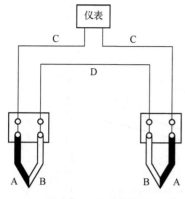

图 8-13 温差测量

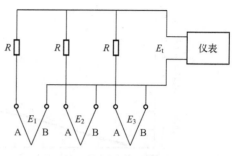

图 8-14 平均温度测量

（四）测量仪表

由于热电偶的热电动势较小，对测量仪表的要求相应较高，不能使用内阻并不太高的普通电压表。所以实验室中常用电位差计来测量热电偶的热电动势（电位差计在补偿状态下内阻为无穷大）。工业现场一般可用自动补偿式电位差计或数字式仪表，目前数字式电压表的内阻可达 $10^9\,\Omega$ 以上，可近似认为内阻无穷大，并具有放大功能，目前已获得广泛应用。虽然利用中间温度定律来对冷端温度进行补偿的方法比较烦琐，但由于其补偿精确，在计算机技术普及的今天，是很容易实现的。

热电偶的温差热电动势很小，如铜-康铜热电偶的热电动势灵敏度在 0℃ 附近约为 $0.039\,mV/℃$，在 25℃ 附近为 $0.041\,mV/℃$，所以当需要对此电动势进行放大时，放大器的输入失调电压及其漂移必须很小，否则将会引入较大的测量误差，所以放大器应使用特殊元件。

第三节 热电阻传感器

热电阻传感器是利用导体的电阻随温度变化的特性进行测温的装置。图 8-15 是几种常用的纯金属材料的电阻随温度变化的关系曲线，它们在一定的温度范围内可以用下式表示：

$$R_t = R_0(1 + \alpha t + \beta t^2) \tag{8-21}$$

式中，R_t 是热电阻在任一温度 t 下的电阻；R_0 是热电阻在 0℃ 时的电阻；α 和 β 是常数，与材料性质有关。

热电阻传感器用来测量 $(-200\sim850)℃$ 范围内的温度，在少数情况下，低温可测至 $1\,K$，高温可达 1000℃。与热电偶传感器相比，热电阻有如下特性：

1）准确度高。在常用的温度传感器中，它的准确度最高，可达 $1\,mK$。

2）输出信号大，灵敏度高。如 Pt100 铂热电阻在 0℃ 时测温，温度变化 1℃，工作电流为 $2\,mA$，其电压输出约为 $800\,\mu V$。在相同条件下，使用 K 型热电偶，其热电动势变化只有 $40\,\mu V$ 左右。可见热电阻的灵敏度比热电偶高一个数量级。

3）测温范围宽，稳定性好。

4）无须参考温度。

5）抗机械冲击和振动性能差，热惯性大，响应时间长。

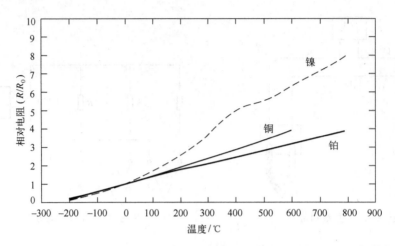

图 8-15　几种材料的电阻随温度的变化曲线

一、热电阻的结构

热电阻的结构如图 8-16 所示。

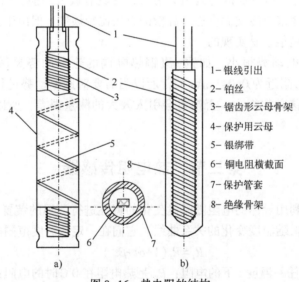

1- 银线引出
2- 铂丝
3- 锯齿形云母骨架
4- 保护用云母
5- 银绑带
6- 铜电阻横截面
7- 保护管套
8- 绝缘骨架

图 8-16　热电阻的结构

热电阻的感温元件主要由电阻丝、绝缘骨架、引线和保护管四部分组成，一般做成铠装型。除了丝绕型的热电阻外，现在已开发出厚膜和薄膜型热电阻，并已投入工业使用。

电阻丝是热电阻感温元件的核心，其材料应具备以下特性：

1）电阻温度系数大，线性好，性能稳定。

2）温度使用量程宽，易于加工生产。

3）互换性好，复现性优，方便使用。

能满足上述要求的导体材料有铂、铜、镍以及铑铁和铂钴合金等。其中纯铂丝是性能最好的材料，应用最广。

绝缘骨架是用来缠绕、支撑和固定电阻丝的支架，应满足如下要求：

1）在使用温度范围内，电绝缘性能好。

2）热膨胀系数要与热电阻丝相近。

3）物理及化学性能稳定，不产生污染电阻丝的有害物质。

4）足够的机械强度与良好的加工性能。

5）比热容小，热导率大。

目前常用的骨架材料有云母、玻璃、石英及陶瓷等。云母骨架的热电阻受云母中结晶水析出影响其绝缘性能，其上限使用温度不超过500℃。玻璃骨架的热电阻受玻璃软化点的限制，其最高安全使用温度不超过400℃。陶瓷骨架的热电阻由于陶瓷的耐高温特性，其上限使用温度可高达960℃。

内引线也是热电阻的重要组成部分，有二线制、三线制和四线制三种形式，如图8-17所示。二线制热电阻用于精度较低的场合，三线制、四线制热电阻用于精度要求较高的场合。作标准用时，必须采用四线制结构。

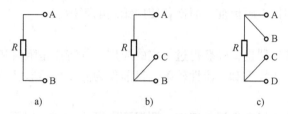

图 8-17　感温元件的引线形式

a）二线制　b）三线制　c）四线制

保护管用来保护感温元件、内引线等不受外界环境的污染，有可拆卸式和不可拆卸式，其材质有金属、非金属等多种材料。

二、几种常用的热电阻

（一）铂热电阻

通常所称的热电阻就是指铂热电阻。它的物理、化学性能非常稳定，在很宽的温度范围 R-t 特性几乎呈线性关系。铂热电阻除了示值稳定、测温准确度高等优点外，更重要的是互换性好，即每一支合格的热电阻，其分度特性在允差范围内与相应的分度表一致。丝绕型的铂热电阻，其电阻丝需用直径约（0.01~0.05）mm 的高纯铂丝制成。实验表明，铂丝只有达到一定的纯度，才能满足国际电工委员会（IEC）推荐的 R-t 关系。铂的纯度常用 $W(100)$ 来表示，$W(100)=R_{100}/R_0$，式中，R_{100} 为温度在100℃时的电阻值，R_0 是在0℃时的名义电阻值；通常要求 $W(100)>1.3851$。常用的热电阻的名义阻值 R_0 有 10Ω 和 100Ω，用符号 Pt10 和 Pt100 表示。现在已有 R_0 为 300Ω、500Ω、1000Ω、2000Ω 的热电阻市售，但使用较少。

工业用铂热电阻的使用范围为（-200~850）℃，我国现行的国家标准和检定规程使用的 R-t 关系函数分成0℃以下和0℃以上两个温区，其范围和函数关系如下。

1）（-200~0）℃温度范围内阻值与温度关系为

$$R_t = R_0 \left[1 + At + Bt^2 + C(t-100)t^3 \right] \tag{8-22}$$

2）（0~850）℃温度范围内阻值与温度的关系为

$$R_t = R_0(1 + At + Bt^2) \tag{8-23}$$

式中，R_t 是铂热电阻在任一温度 t 时的电阻值；$A = 3.96847 \times 10^{-3}/℃$；$B = -5.847 \times 10^{-7}/℃^2$；$C = -4.22 \times 10^{-12}/℃^4$。

为了使用上的便利，已将铂热电阻的 R-t 关系制成分度表，供使用时查阅。

（二）铜电阻

在对测量精度要求不太高、测温范围不大的情况下，可以使用铜电阻，以降低成本。在 $(-50 \sim 150)℃$ 的温度范围内，铜电阻的阻值与温度的关系为

$$R_t = R_0(1 + At + Bt^2 + Ct^3) \tag{8-24}$$

式中，R_t 是铜热电阻在任一温度 t 时的电阻值；R_0 是在 $0℃$ 时的名义电阻值；$A = 4.28899 \times 10^{-3}/℃$；$B = -2.133 \times 10^{-7}/℃^2$；$C = 1.233 \times 10^{-9}/℃^3$。

我国工业铜电阻的 R_0 值有 $50\,\Omega$ 和 $100\,\Omega$ 两种，分度号分别为 Cu50 和 Cu100。铜热电阻的 $W_{CU}(100) \geq 1.425$，大于铂电阻，即灵敏度比铂电阻高，且成本也比铂热电阻低，但由于铜电阻的使用温度范围不宽，高温下易氧化，再加上铂热电阻的价格比以前大幅降低，现在国际上已不再推荐使用铜电阻标准，而推荐使用铂热电阻标准。

（三）镍电阻

镍电阻作为温度传感器也曾经获得过一定的应用，其特点是阻值和灵敏度都比铂电阻和铜电阻的大和高，但其线性度和互换性较差，目前作为温度传感器已不再使用。

（四）其他热电阻

铟、锰、碳等电阻可以在低温下工作，测温下限可达 $-200℃$ 以下，甚至达 mK 量级。

三、测量电路

在测量电阻时，需要通以电流，电流增大可以提高灵敏度，但电流过大会使电阻发热，引起自热效应，造成测量误差。规定工业热电阻的工作电流不超过 6 mA，一般为 1 mA。

引线电阻会导致测量结果产生误差。如果要求不高，可以采用二线制接法，但引线电阻不能超过铂热电阻 R_0 值的 0.1%。工业测量中最常用是三线制热电阻，采用三线制测量电路可以将引线电阻的影响基本消除。在精密测量，特别是在实验室测量时采用四线制测量电路，就可以将引线电阻的影响减小，甚至完全消除。

第四节 热敏电阻

热敏电阻是指由过渡族金属元素的氧化物的混合物做成的测温元件，其热电特性呈现出半导体的 R-t 特性，如图 8-18 所示。按电阻温度系数可分为：负温度系数热敏电阻（NTC）、正温度系数热敏电阻（PTC）和临界温度型热敏电阻（CTR）。

热敏电阻最初用于通信仪器的温度补偿及自动放大调节装置，20 世纪 60 年代成为工业温度传感器，20 世纪 70 年代后大量用于家电和汽车用温度传感器。目前的销量极大，在温

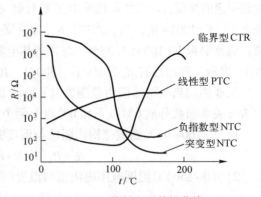

图 8-18　热敏电阻特性曲线

度计使用中仅次于热电阻和热电偶。其优点主要有：1）灵敏度高，比金属电阻高 $10 \sim 100$ 倍。2）电阻值高，较铂热电阻高 $1 \sim 4$ 个数量级。3）体积小，最小的珠状热敏电阻其直径仅有 0.2mm，可用来测点温。4）响应速度快。5）功耗小。主要缺点是：$R-t$ 关系呈非线性，互换性差，每一支热敏电阻必须单独分度。

一、热敏电阻的特性

热敏电阻通常由两种以上的过渡族金属 Mn、Co、Ni、Fe 等氧化物混合后烧结构成。按其温度特性分类如下。

1. 负温度系数热敏电阻（NTC）

通常称 NTC（Negative temperature coefficient thermistors）为热敏电阻，其电阻值随着温度的升高而降低，呈现出半导体的导电特性，具有负的电阻温度系数，电阻-温度特性为非线性，经验数学公式为

$$R_{\text{T}} = R_{\text{T}_0} \exp B\left(\frac{1}{T} - \frac{1}{T_0}\right) \tag{8-25}$$

式中，R_{T}、R_{T_0} 分别为温度 T、T_0 时热敏电阻的阻值；B 为热敏指数。

2. 正温度系数热敏电阻（PTC）

PTC（Positive temperature coefficient thermistors）的特点与 NTC 相反，其电阻值随温度的升高而增加，故称为正温度系数热敏电阻。它的电阻-温度关系可表达为

$$R_{\text{T}} = R_{\text{T}_0} \exp B_{\text{P}}(T - T_0) \tag{8-26}$$

式中，R_{T}、R_{T_0} 分别为温度 T、T_0 时热敏电阻的阻值；B_{P} 为正温度系数热敏电阻的热敏指数。

3. 临界温度型热敏电阻（CTR）

CTR（Critical temperature resistor）的特点是，当温度降低到某一值时，其电阻值急剧降低。

4. 主要参数

热敏电阻的主要参数如下。

1）标称电阻值 R_{25}：热敏电阻在 25℃ 时的电阻值，也称额定零功率电阻值。

2）零功率电阻值 R_{T}：在规定温度下测量热敏电阻的电阻值时，由于电阻体内部发热产生的自热效应相对于总的测量误差可以忽略不计，此时测得的电阻值称为零功率电阻值。

3）零功率电阻温度系数 α_{T}：在规定温度下，热敏电阻零功率电阻值的相对变化值称为零功率电阻温度系数。对于 NTC，将式（8-25）对温度求导可得到

$$\alpha_{\text{T}} = \frac{1}{R_{\text{T}}} \frac{\text{d}R_{\text{T}}}{\text{d}T} = -\frac{B}{T^2} \tag{8-27}$$

4）热敏指数 B：它是衡量热敏材料物理特性的一个常数。通常 B 值越大，阻值也越大，灵敏度越高。其大小取决于热敏材料的激活能 ΔE，$B = \Delta E/2k$，k 为玻尔兹曼常数，与材料组成和烧结工艺有关。

5）耗散系数 δ：是指在静止空气中，温度变化 1℃，热敏电阻所消耗的功率。它是衡量热敏电阻工作时，电阻体与外界环境进行热量交换的物理量。

6）时间常数 τ：是指在零功率条件下，温度突变时，热敏电阻的温度变化为其初始的与最终的温度差的 63.2% 所需要的时间。

7）额定功率 P_E：是指在规定的技术条件下，热敏电阻长期连续工作所允许的耗散功率。

二、热敏电阻的结构与使用

（一）结构

常用热敏电阻的外形结构如图 8-19 所示。

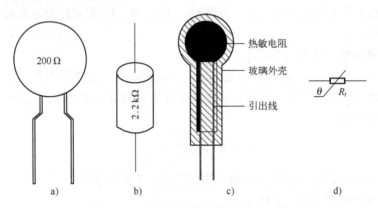

图 8-19　热敏电阻的外形结构与符号

a）圆片形　b）柱形　c）珠形　d）热敏电阻符号

热敏电阻有如下几种结构。

1）珠形。它是在两根铂丝间滴上糊状热敏材料烧结后上釉而制成的，具有响应速度快、稳定性好、使用功率小等优点。美国 NIST 的科学家经过多年的实验证明，这种结构的热敏电阻是最稳定的。

2）片状。是通过粉末热敏材料压模、高温烧结成型后焊接电极，最后上釉而制成的。适合于批量生产，使用功率大，可以将多个元件进行串、并联使用。其稳定性要差于珠状热敏电阻。

3）柱形。通过挤压工艺制成的柱状或管状热敏电阻。

4）薄膜形。用溅射法或真空镀膜法制成。

（二）应用

热敏电阻的应用很广，在家用电器、汽车、测量仪器及农业等方面都有广泛的应用。表 8-2 给出了一些热敏电阻的用途。

表 8-2　热敏电阻的主要用途

家用电器	电熨斗、电冰箱、电饭锅、洗衣机、烘干机、电烤箱
住房设备	空调、电热毯
汽车	电子喷油嘴、发动机防热装置、汽车空调器
测量仪器	流量计、湿度计、环境监测仪
办公设备	复印机、打印机、传真机
农业	暖房、烟草干燥
医疗	电子体温计

在使用热敏电阻时为了充分保证其优点，克服其缺点，除了金属热电阻应用时的注意事项外，还应注意如下事项：

1）应尽可能避免在温度急剧变化的环境中使用。

2）过电流将破坏热敏电阻，必须在规定额定功率下使用。

3）一般应在经过时间常数的5~7倍时间后再开始测量。

4）由于热敏电阻的阻值很大，易受电磁感应的影响。可以采用屏蔽线或将两根线绞绕后引出。

5）由于单个热敏电阻的互换性差，一般可通过串、并联等形式组成新的测量元件，实现互换。

第五节　红外辐射传感器

一、红外探测器

红外传感器一般由光学系统、探测器、信号调理电路及显示单元等组成。红外探测器是红外传感器的核心。红外探测器是利用红外辐射与物质相互作用所呈现的物理效应来探测红外辐射的。红外探测器的种类很多，按探测机理的不同，可分为热探测器和光子探测器两大类。

（一）热探测器

热探测器的工作机理是利用红外辐射的热效应。探测器的敏感元件吸收辐射能后引起温度升高，进而使某些有关物理参数发生相应变化，通过测量物理参数的变化来确定探测器所吸收的红外辐射。

与光子探测器相比，热探测器的探测率比光子探测器的峰值探测率低，响应时间长。但热探测器的主要优点是响应波段宽。其响应范围可扩展到整个红外区域，可以在常温下工作，使用方便，应用相当广泛。

热探测器主要有四类：热释电型、热敏电阻型、热电阻型和气体型。其中，热释电型探测器在热探测器中探测率最高，频率响应最宽，所以倍受重视，发展很快。这里主要介绍热释电型探测器。

热释电型红外探测器是根据热释电效应制成的。电石、水晶、酒石酸钾钠及钛酸钡等晶体受热产生温度变化时，其原子排列将发生变化，晶体自然极化，在其两表面产生电荷。这一现象称为热释电效应。用此效应制成的"铁电体"，其极化强度（单位面积上的电荷）与温度有关。当红外辐射照射到已经极化的铁电体薄片表面上时引起薄片温度升高，使其极化强度降低，表面电荷减少，这相当于释放了一部分电荷，所以叫作热释电型传感器。如将负载电阻与铁电体薄片相连，则负载电阻上便产生一个电信号输出。输出信号的强弱取决于薄片温度变化的快慢，从而反映出入射红外辐射的强弱。热释电型红外传感器的电压响应率正比于入射光辐射率变化的速率。

（二）光子探测器

光子探测器的工作机理是利用入射光辐射的光子流与探测器材料中的电子相互作用，从而改变电子的能量状态，引起各种电学现象，即利用了光电效应。根据所产生的不同电学现

177

象，可制成各种不同的光子探测器。光子探测器有外光电探测器和内光电探测器两种，后者又分为光电导探测器、光生伏特探测器。光子探测器的主要特点是灵敏度高、响应速度快、具有较高的响应频率，但探测波段较窄，一般需在低温下工作。

二、红外传感器的应用

（一）红外测温仪

红外测温仪是利用热辐射体在红外波段的辐射通量来测量温度的。当物体的温度低于1000℃时，其向外辐射的能量主要集中在红外波段，此时可用红外探测器检测其温度。采用红外滤光片或单色仪，可使红外测温仪工作在任意红外波段。

图 8-20 是目前常见的红外测温仪框图。它是一个光、机、电一体化的红外测温系统。图中的光学系统是一个固定焦距的透射系统，滤光片一般采用只允许波长为 8~14 μm 的红外辐射通过的材料。步进电机带动调制盘转动，将被测的红外辐射调制成交变的红外辐射线。红外探测器一般为钽酸锂热释电探测器，透镜的焦点落在其光敏面上。被测目标的红外辐射通过透镜聚焦在红外探测器上，红外探测器将红外辐射变换为电信号输出。

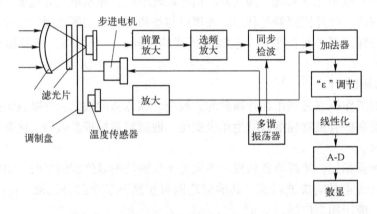

图 8-20　红外测温仪框图

红外测温仪的电路比较复杂，包括前置放大、选频放大、温度补偿、线性化及发射率调节等。目前已有带单片机的智能红外测温器，利用单片机与软件的功能大大简化了硬件电路，提高了仪表的稳定性、可靠性和准确性。

红外测温仪的光学系统可以是透射式，也可以是反射式。反射式光学系统多采用凹面玻璃反射镜，并在镜的表面镀金、铝、镍或铬等对红外辐射反射率很高的金属材料。

（二）红外线气体分析仪

红外线气体分析仪是根据气体对红外线具有选择性吸收的特性来对气体成分进行分析的。不同气体其吸收波段（吸收带）不同，图 8-21 给出了几种气体对红外线的透射光谱。可以看出，CO 气体对波长为 4.65 μm 附近的红外线具有很强的吸收能力，CO_2 气体则在2.78 μm 和 4.26 μm 附近，以及波长大于 13 μm 的范围对红外线有较强的吸收能力。如分析CO 气体，则可以利用 4.65 μm 附近的吸收波段进行分析。

图 8-22 是工业用红外线气体分析仪的结构原理图。该分析仪由红外辐射光源、气室、红外探测器及电路等部分组成。

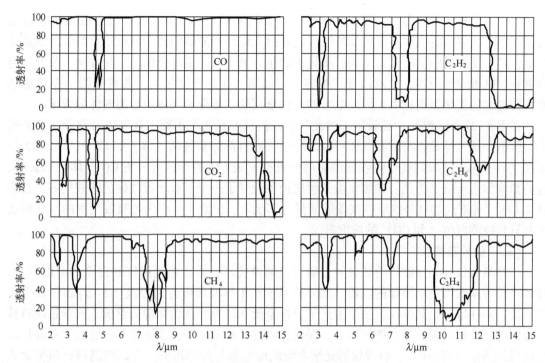

图 8-21　几种气体对红外线的透射光谱

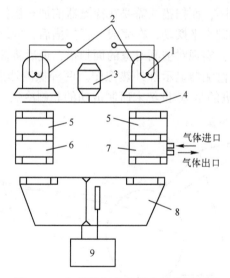

图 8-22　红外线气体分析仪结构原理图
1—光源　2—反射镜　3—同步电动机　4—斩光片　5—滤波气室
6—参比气室　7—测量气室　8—红外探测器　9—放大器

　　光源由镍铬丝通电加热发出波长为（3~10）μm 的红外线，斩光片将连续的红外线调制成脉冲状的红外线，以方便红外探测器的检测。测量气室中通入被分析气体，参比气室中封入不吸收红外线的气体（如 N_2 等）。红外探测器是薄膜电容型，它有两个吸收气室，充以被测气体，当它吸收了红外辐射能量后，气体温度升高，导致室内压力增大。

　　测量时（如分析 CO 气体的含量），两束红外线经反射、斩光后射入测量气室和参比气室。由于测量气室中含有一定量的 CO 气体,该气体对 4.65 μm 的红外线有较强的吸收能力,而参比气室中的气体不吸收红外线,这样射入红外探测器的两个吸收气室的红外线造成能量差异,使两吸收室的压力不同,测量边的压力减小,于是薄膜偏向定片方向,改变了薄膜电容两电极间的距离,也就改变了电容 C。被测气体的浓度越大,两束光强的差值也越大,则电容的变化量也越大,因此电容的变化量反映了被分析气体中被测气体的浓度。

在图 8-22 所示结构中还设置了滤波气室,其目的是为了消除干扰气体对测量结果的影响。所谓干扰气体是指与被测气体吸收红外线波段有部分重叠的气体,如 CO 气体和 CO_2 气体在 (4~5) μm 波段内红外吸收光谱有部分重叠,则 CO_2 的存在对分析 CO 气体带来影响,这种影响称为干扰。为此,在测量边和参比边各设置了一个封有干扰气体的滤波气室,它能将与 CO_2 气体对应的红外线吸收波段的能量全部吸收,因此左、右两边吸收气室的红外能量之差只与被测气体(如 CO)的浓度有关。

(三) 红外热像仪

红外热像仪是利用物体的热辐射,通过热图像技术,给出热辐射体的温度和温度分布,并能将其转换成可见热图像的仪器。红外热像仪按工作波段可分为短波 (3~5 μm) 热像仪和长波 (8~14 μm) 热像仪,主要由光学成像系统和红外探测器两部分组成。光学系统将被测物体的红外辐射能聚焦在探测器上,探测器将红外辐射能转换成电信号,经放大处理后转换成可见图像(即热图)。热像仪的光学系统成像原理与照相机的一样。探测器有焦平面式探测器和光机扫描探测器两种。焦平面式能将目标的红外辐射能量分布直接聚焦在探测器上,输出后由显示器显示热图,而扫描式需要在探测器前加光机扫描机构。光机扫描机构的原理是由扫描镜围绕垂直轴做水平摆动,在完成一行扫描后,围绕水平轴做一次倾动,逐渐移动在被测对象上的测量点,实现对被测对象的面扫描,最后将被测目标的红外辐射能量分布聚焦到探测器上,然后由监测器显示红外热像图。两种探测器成像的原理分别如图 8-23 和图 8-24 所示。现在最先进的是 20 世纪末研制成功的非制冷焦平面探测器。

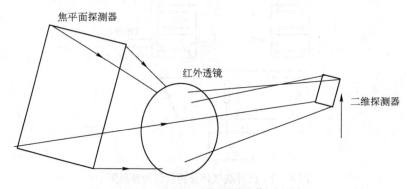

图 8-23 焦平面式探测器成像原理图

红外成像技术根据物体辐射能的大小,经系统处理转变为目标物体的热图像,以灰度级或伪彩色显示出来,即得到被测目标的温度分布,从而可以判断物体所处的状态。例如,林区的背景温度一般在 (-40~60)℃,而森林可燃物产生的火焰温度为 (600~1200)℃,两者温度相差较大,这样在热图像中很容易将可燃物的燃烧情况从地形背景中分离出来。根据热图像的温度分布,不仅可以判断火的性质,还能得到火的位置和火场面积,从而估计火势。

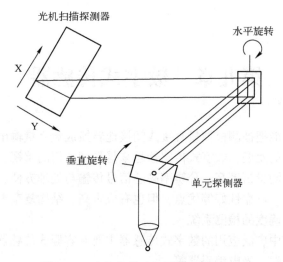

图 8-24 光机扫描式探测器成像原理图

红外热像仪在军事、工业、医疗、消防、考古、交通、农业和地质等许多领域均有重要应用，如建筑物漏热查寻、森林探火、火源寻找、海上救护、矿石断裂判别、导弹发动机检查、公安侦察以及各种材料及制品的无损检测等。

思考题与习题

1. 简述温度与温标的概念。

2. 热辐射的本质是什么？

3. 简述热电偶的工作原理。

4. 制作热电偶电极时为什么要用均质材料？

5. 试证明热电偶的中间温度定律。

6. 热电偶在使用时为什么要使用补偿导线？当冷端温度不是0℃时，为什么需要进行冷端补偿？

7. 用一灵敏度为0.04 mV/℃的热电偶测量一电阻炉温度，电压表测得的电动势值为25 mV，电压表所处的温度为30℃。问炉子的实际温度是多少？

8. 除电桥补偿电路外，试设计其他的热电偶冷端补偿电路并说明其工作原理。

9. 热电阻的引线为什么要采用三线制或四线制？

10. 用铂热电阻测温时，为什么要规定工作电流为1 mA？

11. 热敏指数的物理含义是什么？

12. 如何用热像仪检测钢板的焊接质量？

第九章　数字式传感器

数字式传感器是指能把被测模拟量直接或间接地转换成数字量输出的传感器。随着计算机技术和精密测量技术的发展，数字式传感器越来越受到人们的重视。

数字式传感器具有测量精度高、分辨率高、信号传输与处理方便、体积小、重量轻、结构紧凑、抗干扰能力强、可靠性好等优点，但也有成本高、结构复杂等缺点。因此，它适用于要求高稳定性和高精确度的检测系统。

在测量和控制系统中广泛应用的数字式传感器主要有容栅式传感器、感应同步器、磁栅式传感器、光栅式传感器、光电编码器等。

第一节　容栅式传感器

容栅式传感器是在变面积型电容传感器的基础上设计而成的一种数字传感器。它具有电容传感器的优点，如动态响应快、结构简单及能实现非接触测量等，还因多极电容及其平均效应，使其具有抗干扰能力强、精度高及测量范围大等特点。容栅式传感器广泛应用于位置、位移的测量，特别是在数字式游标卡尺上的应用非常成功。

一、结构和工作原理

（一）容栅式传感器的结构

容栅式传感器有长容栅和圆容栅两种，主要由可动电极和固定电极构成。长容栅的结构原理如图 9-1a 所示，它由定栅尺和动栅尺组成，一般用敷铜板制造。在定栅尺上蚀刻反射电极（也称标尺电极）和屏蔽电极（或称屏蔽），在动栅尺上蚀刻发射电极和接收电极。容栅式传感器的电极结构形式很多，如线位移长容栅传感器目前常用的电极结构形式有直电极反射式、直电极透射式、非直电极反射式和非直电极透射式等。

（二）容栅式传感器的工作原理

当定栅尺和动栅尺的栅极面相对放置，其间留有间隙时，形成一对电容（即容栅），这些电容并联连接，忽略边缘效应，其最大电容量为

$$C_{max} = n\frac{\varepsilon ab}{\delta} \tag{9-1}$$

式中，n 为动栅尺栅极片数；a、b 分别为栅极片的长度和宽度；ε 为动栅尺和定栅尺间介质的介电常数；δ 为动栅尺和定栅尺的间距。

最小电容值理论上为零，实际上为固定电容 C_0，称为容栅固有电容。当动栅尺沿 x 方向平行于定栅尺移动时，每对电容的相对遮盖长度 a 将由大到小、由小到大地周期性变化，电容值也随之相应地周期性变化，如图 9-1b 所示，其中 W 为反射电极的极距。容栅传感器的细化技术可用电子细分，因而输出相位分辨率很高（优于 0.01°），所以无须用非常细窄的电极进行细致分割，灵敏度仅由极距 W 决定。

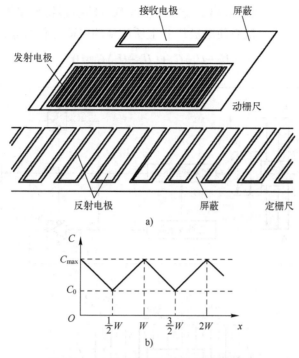

图 9-1 容栅传感器的结构及工作原理

当在容栅传感器的发射电极加上一个频率和相位严格按周期变化的激励电压信号时，根据电容器的工作原理，在反射电极上将会感应产生与发射电极频率及相位相同的电压信号。同理，在接收电极上也将得到频率及相位与激励信号相同的感应电压信号。当动栅尺相对于定栅尺移动时，在反射电极上将产生随位移变化而导致相位与频率变化的感应信号，随之，在接收电极上也产生随反射电极信号变化而变化的感应信号。对接收电极上的变化信号进行后续处理，即可得到位移的大小。

二、信号处理方式

容栅式传感器的测量电路主要有鉴幅式测量电路系统和鉴相式测量电路系统两种形式。目前，鉴幅式测量系统可达到 0.001 mm 的分辨率，主要在测长仪上使用；鉴相式测量系统分辨率为 0.01 mm，主要在电子数字显示卡尺等数显量具上使用。下面以直电极反射式长容栅传感器为例，介绍这两种信号处理方式。

（一）鉴幅式测量系统

图 9-2 是鉴幅式测量系统原理图，其中，A、B 为动栅尺上的两组电极片，P 为定栅尺上的一片电极片，它们之间构成差动电容 C_A 和 C_B。两组电极片各由 4 片小电极片组成，如图 9-2b 所示，在位置 a 时，一组为小电极片 1~4，另一组为 5~8，分别加以同频、反相矩形电压 U_{m1} 和 U_{m2}，U_1 和 U_2 为参考直流电压。当电极片 P 在初始位置（$x=0$），即 A 与 B 两组电极片的中间位置时，测量转换系统输出初始电压 $U_{m0}=(U_1+U_2)/2$。此时，加在 A 和 B 电极片组的交变电压 U_{m1} 和 U_{m2} 是同频、等幅、反相的。通过电容耦合，电极片 P 上的电荷保持不变，因而输出电压 U_{m0} 不发生变化。当电极片 P 相对于电极片组 A、B 有位移 x 时，

电极片 P 上的电荷量发生变化，输出交变电压，经测量转换系统输出 U_m，通过电子开关 S_1 和 S_2，改变 U_{m1} 和 U_{m2} 的值，最终使电极片 P 上所产生的电荷变化为零，即

$$(U_m - U_1)C_A + (U_m - U_2)C_B = 0 \tag{9-2}$$

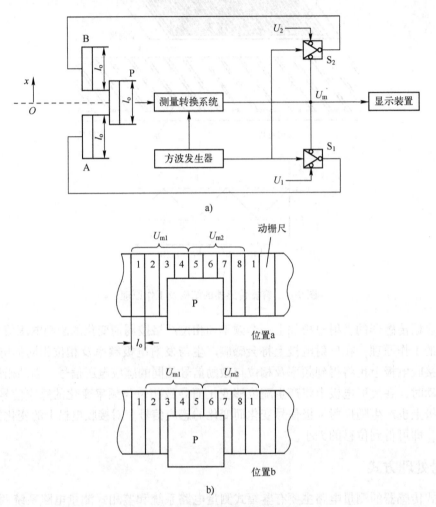

a)

b)

图 9-2　鉴幅式测量系统原理图

当位移 x 使电极片 P 和 B 的遮盖长度增加，且 $|x| \leqslant l_0/2$ 时有

$$C_A = C_0(1 - x/l_0)$$
$$C_B = C_0(1 + x/l_0)$$

式中，C_0 为初始位置时的电容；l_0 为电极片 P 的宽度。由式（9-2）可得

$$U_m = \frac{1}{2}(U_1 + U_2) + \frac{(U_2 - U_1)x}{l_0} \tag{9-3}$$

当相对位移 $|x| \geqslant l_0$ 时，由控制电路自动改变小极片组的接线，如图 9-2b 所示，这时电极片组 A 由小电极片 2~5 构成，加电压 U_{m1}，电极片组 B 由小电极片 6~9 构成，加电压 U_{m2}，这样在电极片 P 相对移动的过程中，能保证始终与不同的小电极片形成差动电容器，输出与位移呈线性关系的电压信号。

（二）鉴相式测量系统

容栅式传感器动栅尺上的发射电极 E 每 8 片为一组（如图 9-3a 所示），分别加以 8 个同振幅、同频、相位依次相差 $\pi/4$ 的调制方波电压 $u_1 \sim u_8$。由谐波分析可知，方波由基波和奇次谐波之和组成，因此可用正弦波进行讨论。设动栅尺相对于定栅尺的初始位置及各发射电极所加激励电压相位如图 9-3a 所示，且各发射电极片与反射电极片 M 全遮蔽时的电容均为 C_0，发射电极片宽度为 l_0，当位移 $x \leq l_0$（发射电极片宽度）时，如图 9-3b 所示，在反射电极片 M 上的感应电荷为

$$Q_M = C_0 \frac{x}{l_0} U_m \sin\left(\omega t - \frac{\pi}{2}\right) + C_0 U_m \sin\left(\omega t - \frac{\pi}{4}\right) +$$

$$C_0 U_m \sin\omega t + C_0 U_m \sin\left(\omega t + \frac{\pi}{4}\right) + C_0 \frac{l_0 - x}{l_0} U_m \sin\left(\omega t + \frac{\pi}{2}\right)$$

$$= C_0 U_m \left[\left(1 - \frac{2x}{l_0}\right)\cos\omega t + \left(2\cos\frac{\pi}{4} + 1\right)\sin\omega t\right] \tag{9-4}$$

式中，U_m、ω 分别为发射电极激励信号基波电压的幅值和频率。

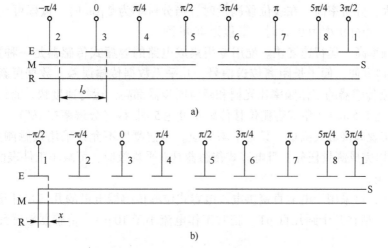

图 9-3　鉴相式测量系统原理

a）一组电极板的初始位置示意图　b）动栅尺与定栅尺相对位置为 x 时的示意图

设 $1 - \dfrac{2x}{l_0} = a$, $2\cos\dfrac{\pi}{4} + 1 = b$，则式（9-4）可写成

$$Q_M = C_0 U_m \sqrt{a^2 + b^2}\left(\frac{a}{\sqrt{a^2 + b^2}}\cos\omega t + \frac{b}{\sqrt{a^2 + b^2}}\sin\omega t\right)$$

设 $\dfrac{a}{\sqrt{a^2 + b^2}} = \sin\theta$, $\dfrac{b}{\sqrt{a^2 + b^2}} = \cos\theta$，因此可得

$$Q_M = C_0 U_m \sqrt{a^2 + b^2}\sin(\omega t + \theta) \tag{9-5}$$

$$\theta = \arctan\frac{a}{b} = \arctan\frac{1 - \dfrac{2x}{l_0}}{2\cos\dfrac{\pi}{4} + 1} \tag{9-6}$$

由于静电感应，接收电极与反射电极耦合产生感应电荷，其接收电极输出电压正比于接收电极上的电荷量，即与 Q_M 成正比，所以，θ 反映了传感器输出电压相位的变化规律，而 θ 又与位移 x 有关，因此，通过测量输出电压的相位，就可间接地测出位移的大小。

鉴相式测量电路系统具有较强的抗干扰能力，但在理论上还存在非线性误差。同时由于激励电压含有高次谐波，影响了测量精度。

三、容栅式传感器的特点

（一）容栅式传感器的优点

容栅式传感器具有以下优点：

1）结构简单，温度稳定性好。容栅式传感器的敏感元件主要由动栅尺和静栅尺组成，信号线可以全部从静栅尺上引出，作为运动部件的动栅尺可以没有引线，为传感器的设计带来很大的方便。能在高温、低温、强辐射及强磁场等各种恶劣条件下工作，适应能力强。由于电容值通常与电极基体材料无关，仅取决于电极的几何尺寸，且空气等介质损耗小，因此温度稳定性好。

2）量程大，分辨率高。在线位移测量时，当分辨率为 2 μm 时，量程可达到 20 m；在角位移测量时，当分辨率为 0.1° 时，量程为 4096 圈。

3）采样频率高，运行速度快。配用专用集成电路的容栅式传感器是一种数字传感器，和计算机的接口方便，便于长距离传送信号，几乎无数据传输误差。数据更新速率可达到 50 次/秒。容栅传感器的工作频率比光栅和感应同步器都高，运行速度快。直线式容栅位移传感器速度可达 1.5 m/s，角式容栅位移传感器可达 5 圈/秒（分辨率在 10″）。

4）可以实现非接触式测量，具有平均效应。当被测件不允许采用接触测量的情况下，电容传感器可以完成测量任务，且电容式传感器具有平均效应，可减小工件表面粗糙度等对测量的不良影响。

5）功率小，可采用干电池直接供电。电容式位移传感器电极的几何尺寸很小，因此电容值 C 很小，一般在几十到几百 μF。正常工作电流小于 10 μA，传感器敏感元件可以长期工作。

6）灵敏度高。由于采用差动电路，使传感器的灵敏度提高一倍，精度也有所提高。

（二）容栅式传感器的缺点

容栅式传感器具有以下缺点：

1）输出信号弱，输出阻抗高，带负载能力差。电容式传感器的一个重要特征就是电容变化量很小，只有几十 pF 甚至几 pF，也就是说检测的是电容的微小变化。此特征使它极易受外界干扰，而且其容抗为 $X_C = 1/j\omega C$，由于 C 很小，X_C 很大，则阻抗很高，带负载能力差。为克服这一点可采用场效应晶体管就近将输出信号放大，再采取电容-电压转换放大器，它具有噪声低、输入阻抗高及单位增益带宽高等特点，这些特点可使其作为电容传感器理想的测量电路，从而克服和减小外界对输出信号的干扰，保证了测量信号的非失真。

2）寄生电容对信号有一定影响。容栅式传感器的寄生电容主要是由电路板的不合理设计和外接电缆产生的。在设计时，要注意引线和电缆的屏蔽。由于采用的是差动原理，寄生电容的影响受到一定程度的抑制。

3）边缘效应的影响。由于容栅式传感器边缘效应的影响，使容栅式传感器的精度受到影响，这要从电路设计方面加以解决。此外，由于边缘效应引起的误差是系统误差，可在具绝对零值的容栅式传感器中加以修正。

第二节　感应同步器

感应同步器是 20 世纪 60 年代末发展起来的一种应用电磁感应原理把位移量转换成电量的高精度位移传感器。它的基本结构是两个平面形的矩形线圈，它们相当于变压器的一次、二次绕组，通过两个绕组间的互感量随位置的变化来检测位移量。

一、结构及种类

（一）感应同步器的结构

感应同步器有直线式和旋转式两种，分别用于直线位移和角位移测量，两者的工作原理相同。直线式感应同步器也称长感应同步器，由定尺和滑尺组成，如图 9-4 所示。旋转式感应同步器由转子和定子组成，如图 9-5 所示。

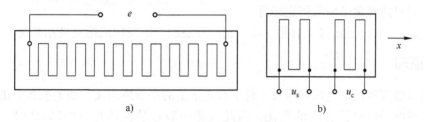

图 9-4　直线式感应同步器
a) 定尺　b) 滑尺

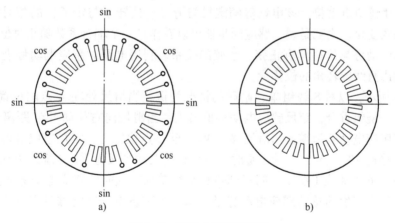

图 9-5　旋转式感应同步器
a) 定子　b) 转子

直线式感应同步器的定尺和滑尺都由基板、绝缘层和绕组构成。定尺和滑尺的基板采用铸铁或其他钢材做成。这些钢材的线膨胀系数应与安装感应同步器的床身的线膨胀系数相近，以减小温度误差。绕组的外面包有一层与绕组绝缘的接地屏蔽层。定尺安装在静止的机械设备上，与导轨母线平行。滑尺安装在活动的机械部件上，与定尺之间保持均匀的狭小气隙。工作时滑尺相对定尺移动。

在定尺和滑尺上，把金属箔用绝缘粘合剂粘贴在基板上，然后按设计要求腐蚀成不同形状的平面绕组，形成印制电路绕组，绕组的材料为铜。在定尺和转子上的是连续绕组，在滑尺和定子上的则是分段绕组。分段绕组分为两组，布置成在空间相差90°相角，分别称为正弦绕组（S绕组）和余弦绕组（C绕组）。

（二）直线式感应同步器的种类

根据不同的运行方式、精度要求、测量范围及安装条件等，直线式感应同步器可设计成各种不同的尺寸、形状和种类。

1）标准型。标准型直线感应同步器的精度高，应用最普遍。每根定尺长250 mm。当测量长度超过175 mm时，可将几根定尺接起来使用，甚至可连接长达十几 m，但必须保持安装平整，否则极易损坏。

2）窄型。窄型直线同步感应器中定尺、滑尺长度与标准型相同，但定尺宽度为标准型的一半。用于安装尺寸受限制的设备，精度稍低于标准型。

3）带型。其定尺的基板改用钢带，滑尺做成滑标式，直接套在定尺上。安装表面不用加工，使用时只需将钢带两头固定即可。

4）三重型。在一根定尺上有粗、中、精三种绕组，以便构成绝对坐标系统。

二、工作原理

感应同步器安装时，定尺和滑尺、转子和定子上的平面绕组面对面地放置。由于其间气隙的变化会影响到电磁耦合度的变化，因此气隙一般必须保持在（0.25±0.05）mm的范围内。

感应同步器工作时，如在其中一种绕组上通以交流激励电压，由于电磁耦合，在另一种绕组上就会产生感应电动势，该电动势随定尺与滑尺（或转子与定子）的相对位置不同呈正弦、余弦函数变化。也就是说，感应同步器可以看作是一个耦合系数随相对位移变化的变压器，其输出电动势与位移具有正弦、余弦的关系。利用电路对感应电动势进行适当的处理，就可测量出直线或转角的位移量。

如图9-6所示，以对S绕组单独励磁的情况为例，当滑尺处在A点的位置时，滑尺S绕组与定尺某一绕组重合，定尺感应电动势值最大；当滑尺向右移动W/4距离到达B点的位置时，定尺感应电动势为零；当滑尺移过W/2至C点位置时，定尺感应电动势为负的最大值；当滑尺移过3W/4至D点的位置时，定尺感应电动势又为零。S绕组单独励磁时的感应电动势如图9-6中曲线1所示。同理可得C绕组单独励磁时的感应电动势如图9-6中曲线2所示。定尺上产生的总的感应电动势是正弦、余弦绕组分别励磁时产生的感应电动势之和。

当行程较长、一块感应同步器难以满足检测长度的要求时，需要将两块或多块感应同步器的定尺拼接起来，即将感应同步器接长。对于接长的要求是：滑尺沿着定尺由一块向另一块移动经过接缝时，由感应同步器定尺绕组输出的感应电动势信号所表示的位移，应与用更高精度的位移检测器（如激光干涉仪）所检测出的位移之间满足一定的误差要求，否则，应重新调整接缝，直到满足误差要求为止。

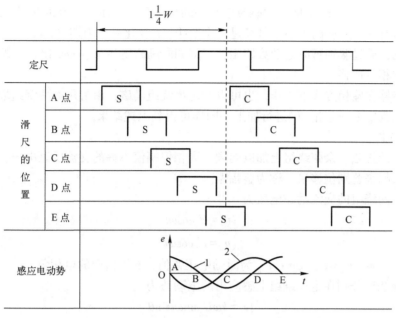

图 9-6 感应电动势与两相绕组相对位置的关系

三、信号处理方式

由感应同步器组成的检测系统可采用不同的励磁方式，并可对输出信号采取不同的处理方式。

感应同步器的励磁方式可分为两大类：一类是以滑尺（或定子）励磁，由定尺（或转子）取出感应电动势信号；另一类以定尺（或转子）励磁，由滑尺（或定子）取出感应电动势信号。目前在实用中多数采用前一类励磁方式。

感应同步器的信号处理方式可分为鉴相和鉴幅两种方式。它们的特征是用输出感应电动势的相位或幅值来进行处理。下面以直线式感应同步器为例进行讨论。

1. 鉴相方式

滑尺的正弦、余弦绕组在空间位置上错开定尺节距 W 的 $\frac{1}{4}$，激励时加上等幅、等频、相位差为 90°的交流电压，即分别以 $\sin\omega t$ 和 $\cos\omega t$ 来激励，这样，就可以根据感应电动势的相位来鉴别位移量，故叫鉴相型。

当正弦绕组单独激励时，励磁电压为 $u_s = U_m\sin\omega t$，感应电动势为

$$e_s = k\omega U_m\cos\omega t\sin\theta \tag{9-7}$$

式中，k 为耦合系数。

当余弦绕组单独激励时，励磁电压为 $u_c = U_m\cos\omega t$，感应电动势为

$$e_c = k\omega U_m\sin\omega t\cos\theta \tag{9-8}$$

根据叠加原理，可求得定尺上的总感应电动势为

$$e = e_s+e_c = k\omega U_m\cos\omega t\sin\theta+k\omega U_m\sin\omega t\cos\theta$$
$$= k\omega U_m\sin(\omega t+\theta) \tag{9-9}$$

式（9-9）中的 $\theta=2\pi x/W$ 称为感应电动势的相位角，它在一个节距 W 之内与定尺和滑尺的相对位移有一一对应的关系，每经过一个节距，θ 变化一个周期 (2π)。

由此可见，通过鉴别感应电动势的相位，例如同励磁电压 $U_m\sin\omega t$ 比相，即可测出定尺和滑尺之间的相对位移。

感应同步器在鉴相方式下工作，也可以对定尺绕组励磁，由滑尺的两绕组取出两个感应电动势，再把其中之一移相 90° 进行加工，同样可得到上述结果。

2. 鉴幅方式

如在滑尺的正弦、余弦绕组上加以同频、同相但幅值不等的交流励磁电压，则可根据感应电动势的振幅来鉴别位移量，称为鉴幅型。

加到滑尺两绕组的交流励磁电压为

$$\begin{cases} u_s = U_s\cos\omega t \\ u_c = U_c\cos\omega t \end{cases} \tag{9-10}$$

式中，$U_s = U_m\sin\phi$；$U_c = U_m\cos\phi$；U_m 为激励电压幅值；ϕ 为给定的电相角。

两个励磁绕组分别在定尺绕组上感应出的电动势为

$$\begin{cases} e_s = k\omega U_s\sin\omega t\sin\theta \\ e_c = k\omega U_c\sin\omega t\cos\theta \end{cases} \tag{9-11}$$

定尺的总感应电动势为

$$\begin{aligned} e &= e_s+e_c = k\omega U_s\sin\omega t\sin\theta+k\omega U_c\sin\omega t\cos\theta \\ &= k\omega U_s\sin\omega t(\cos\varphi\cos\theta+\sin\varphi\sin\theta) \\ &= k\omega U_m\sin\omega t\cos(\varphi-\theta) \end{aligned} \tag{9-12}$$

由式（9-12）可见，感应同步器两尺的相对位移 $x=2\pi\theta/\omega$ 和感应电动势的幅值 $k\omega U_m\cos(\varphi-\theta)$ 有关，即幅值与 x 有关。

感应同步器是一种多极感应元件，由于多极结构对误差起补偿作用，所以用感应同步器来测量位移具有精度高、工作可靠、抗干扰能力强、寿命长及接长便利等优点，常用于数控机床、三坐标测量机等的精密位移测量。感应同步器的误差包括零位误差与细分误差两项。零位误差主要取决于定尺的导体偏差，而细分误差主要取决于滑尺的导体偏差。在实际应用中，必须综合考虑这两种误差的影响。

第三节　磁栅式传感器

磁栅传感器由磁栅、磁头和相应的检测电路组成。磁栅上录有等间距的磁信号，它是利用磁带录音的原理将等节距的周期变化的电信号（正弦波或矩形波）用录磁的方法记录在磁性尺子或圆盘上而制成的。装有磁栅传感器的仪器或装置工作时，磁头相对于磁栅有一定的相对位置，在这个过程中，磁头把磁栅上的磁信号读出来，这样就把被测位置或位移（角位移）转换成电信号。

一、磁栅

（一）磁栅的类型

磁栅按结构可分为直线磁栅（磁尺）和圆磁栅（磁盘）两大类，前者用于测量直线位移，后者用于测量角位移。

1. 长磁栅

长磁栅可分为尺型、同轴型和带型三种（如图9-7所示）。

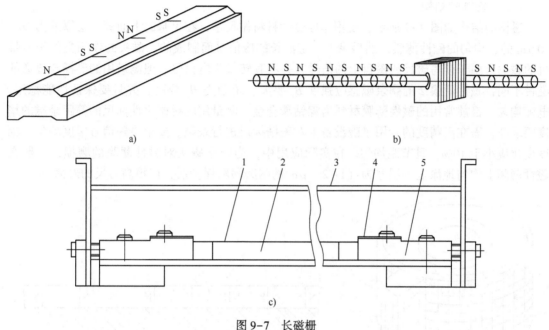

图9-7 长磁栅

a）尺型 b）同轴型 c）带型

1—带状磁尺 2—软垫 3—防尘与屏蔽罩 4—上压板 5—拉紧块

（1）尺型

尺型磁栅应用最多，其外形如图9-7a所示。它是在一根非导磁材料（例如铜或玻璃）制成的尺基上镀一层Ni-Co-P或Ni-Co磁性薄膜，然后录制而成的。磁头一般用片簧机构固定在磁头架上，工作时磁头架沿磁尺的基准面运动，磁头不与磁尺接触。尺型磁栅主要用于精度较高的场合。

（2）同轴型

同轴型磁栅是在青铜棒上电镀一层磁性薄膜，然后录制而成的。磁头套在磁棒上工作，如图9-7b所示，两者之间具有微小的间隙。由于磁棒的工作区被磁头围住，对周围的磁场起到了很好的屏蔽作用，增强了其抗干扰能力。这种磁栅传感器特别小巧，可用于结构紧凑的场合或小型测量装置中。

（3）带型

当量程较大或安装面不好安排时，可采用带型磁栅，如图9-7c所示。带状磁尺1是在一条宽约20 mm、厚约0.2 mm的铜带上镀一层磁性薄膜，然后录制而成的。图中2为软垫（常用泡沫塑料），3为防尘与屏蔽罩，4为上压板，5为拉紧块。带状磁尺的录磁与工作均在张紧状态下进行。磁头在接触状态下读取信号，能在振动环境下正常工作。为防止磁尺磨损，可在磁尺表面涂上一层几μm厚的保护层。调节张紧预变形量可在一定程度上补偿带状尺的累积误差与温度误差。

2. 圆磁栅

圆磁栅传感器如图 9-8 所示。磁盘 1 的圆柱面上的磁信号由磁头 3 读取，磁头与磁盘之间应有微小的间隙以避免磨损。罩 2 起屏蔽作用。

(二) 磁栅的结构

磁栅的结构如图 9-9 所示，是用非导磁性材料做尺基，在尺基的上面镀一层厚度为 10~20 μm 的、均匀的磁性薄膜，然后录上一定波长的磁信号而制成的。磁头的作用类似于磁带机的磁头，用于读写磁尺或磁盘上的信号，并将其转换为电信号。但测量用的磁栅与普通的磁带不同，磁性薄膜 2 的剩余磁感应强度 B_r 要大、矫顽力 H_c 要高，并且要保证性能稳定、电镀均匀。目前常用的磁性薄膜材料为镍钴磷合金。测量用的磁栅磁性标尺的等距录磁的精度要求高，需在高精度的专用录磁设备上对磁栅标尺进行录磁。要求录磁信号幅度均匀，幅度变化应小于 10%，且节距均匀。在实际应用中，为防止磁头对磁性薄膜的磨损，一般在磁性薄膜上均匀地涂上一层厚为 (1~2) μm 的耐磨塑料保护层，以提高磁尺的寿命。

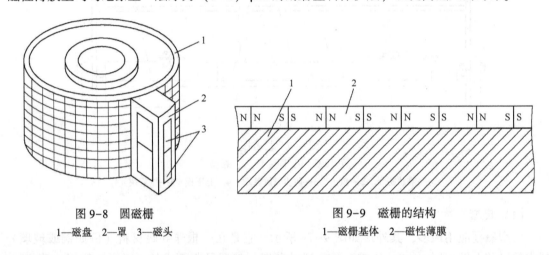

图 9-8　圆磁栅　　　　　　　　　　图 9-9　磁栅的结构
1—磁盘　2—罩　3—磁头　　　　　　1—磁栅基体　2—磁性薄膜

对于长磁性标尺来说，其磁性膜上的磁波波长一般取 200 μm、50 μm 或 20 μm；对于圆磁性标尺，为了等分圆周，录制的磁信号波长不一定是整数值。

磁信号的波长（周期）又称节距，用 W 表示。磁信号的极性是首尾相接，在 N、N 重叠处为正的最强，在 S、S 重叠处为负的最强。

二、磁头

磁栅上的磁信号由读取磁头读出。按读取信号方式的不同，磁头可分为动态磁头与静态磁头两种。

(一) 动态磁头

动态磁头为非调制式磁头，又称速度响应式磁头，它只有一组线圈。

如图 9-10a 所示为动态磁头的实例，其铁心由每片厚度为 0.2 mm 的铁镍合金（含镍80%）片叠成。当磁头与磁栅之间以一定的速度相对移动时，由于电磁感应，在磁头线圈中会产生感应电动势。当磁头与磁栅之间的相对运动速度不同时，输出电动势的大小也不同，静止时，就没有信号输出。因此它不适合用于静态和准静态测量。

用此类磁头读取信号的示意图如图 9-10b 所示。其中，W 为磁信号的节距。读出信号为正弦信号，在N处为正的最强，S处为负的最强。

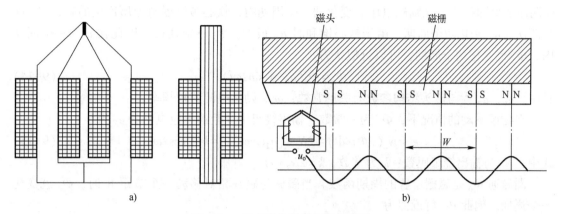

图 9-10　动态磁头结构与读出信号

a）动态磁头结构　b）读出信号

（二）静态磁头

静态磁头是调制式磁头，又称磁通响应式磁头。它与动态磁头的根本不同之处在于，在磁头与磁栅之间没有相对运动的情况下也有信号输出。

如图 9-11 所示为静态磁头对磁栅信号的读出原理。磁栅漏磁通量 Φ_0 的一部分 Φ_2 通过磁头铁心，另一部分 Φ_3 通过气隙，则

$$\Phi_2 = \Phi_0 R_\sigma / (R_\sigma + R_T) \tag{9-13}$$

式中，R_σ 为气隙磁阻；R_T 为铁心磁阻。

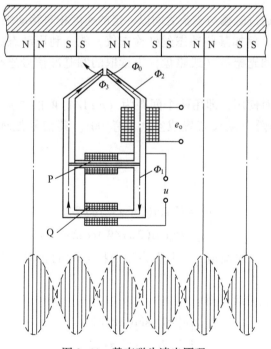

图 9-11　静态磁头读出原理

一般情况下，可以认为 R_σ 不变，则 R_T 与励磁线圈所产生的励磁磁通 Φ_1 有关。铁心 P、Q 两段的截面很小，在励磁电压 u 变化的一个周期内，铁心被励磁电流所产生的磁通 Φ_1 饱和两次，R_T 变化两个周期。由于铁心饱和时 R_T 很大，Φ_2 不能通过，因此在 u 的一个周期内，Φ_2 也变化两个周期，可以近似认为

$$\Phi_2 = \Phi_0(a_0 + a_2 \sin 2\omega t) \tag{9-14}$$

式中，a_0、a_2 为与磁头结构参数有关的常数；ω 为励磁电源的角频率。

在磁栅不动的情况下，Φ_0 为一常数，输出绕组中产生的感应电动势 e_o 为

$$e_o = N_2(\mathrm{d}\Phi_2/\mathrm{d}t) = 2N_2\Phi_0 a_2\omega\cos 2\omega t = k\Phi_0\cos 2\omega t \tag{9-15}$$

式中，N_2 为输出绕组匝数；k 为常数，$k = 2N_2 a_2\omega$。

漏磁通 Φ_0 是磁栅位置的周期函数。当磁栅与磁头相对移动一个节距 W 时，Φ_0 就变化一个周期。因此 Φ_0 可近似为

$$\Phi_0 = \Phi_m\sin(2\pi x/W)$$

于是可得

$$e_o = k\Phi_m\sin(2\pi x/W)\cos 2\omega t \tag{9-16}$$

式中，x 为磁栅和磁头之间的相对位移；Φ_m 为漏磁通的峰值。

由此可见，静态磁头的磁栅是利用它的漏磁通变化来产生感应电动势的。静态磁头输出信号的频率为剩磁电源频率的两倍，其幅值则与磁栅与磁头之间的相对位移成正弦（或余弦）关系。

在实际应用中，需要采用双磁头结构来辨别移动的方向。

三、信号处理方式

动态磁头工作时，通过磁栅与磁头之间以一定的速度相对移动来读取磁栅上的信号，将此信号进行处理后使用。例如某些动态丝杠检查仪，就是利用动态磁头读取磁尺上的磁信号，作为长度基准去同圆光栅盘（或磁盘）上读取的圆基准信号进行相应比较，以检测丝杠的精度。

静态磁头一般是成对使用，即用两个间距为 $(n\pm 1/4)W$ 的磁头，其中 n 为正整数，W 为磁信号节距，也就是两个磁头布置成空间相差 90°。其信号处理方式分为鉴幅和鉴相两种。

1. 鉴幅方式

两个磁头的输出为

$$\begin{cases} e_1 = U_m\sin(2\pi x/W)\cos 2\omega t \\ e_2 = U_m\cos(2\pi x/W)\cos 2\omega t \end{cases} \tag{9-17}$$

式中，U_m 为磁头读出信号的幅值；x 为磁头和磁栅之间的相对位移；ω 为励磁电压的角频率。

经检波器去掉高频载波后可得

$$\begin{cases} e_1' = U_m\sin(2\pi x/W) \\ e_2' = U_m\cos(2\pi x/W) \end{cases} \tag{9-18}$$

此两路相位差为 90° 的两相信号送至有关电路进行细分、辨向后输出。

2. 鉴相方式

某一磁头的励磁电流移相45°（或把其读出信号移相90°），则两磁头的输出分别为

$$\begin{cases} e_1 = U_m \sin(2\pi x/W)\cos 2\omega t \\ e_2 = U_m \cos(2\pi x/W)\cos 2(\omega t - \pi/4) \end{cases} \quad (9-19)$$

将两路信号相减后得到的输出电压为

$$u_o = U_m \sin(2\pi x/W - 2\omega t) \quad (9-20)$$

由式（9-20）可见，输出信号是一个幅值不变、相位随磁头相对位置而变化的信号，可用鉴相电路测量出来。

四、特点及误差因素

磁栅具有精度高、测量范围广、不需要接长、复制简单及便于维修等优点，而且在油污、灰尘较多的工作环境使用时，仍具有较高的稳定性。因此，磁栅在大型机床的数字检测和自动化机床的自动控制等方面得到了广泛的应用。

由于磁头与磁栅为有接触的相对运动，因而有磨损，其使用寿命会受到一定的限制。一般使用寿命可达到5年，涂上保护膜后寿命可进一步延长。

与感应同步器类似，磁栅传感器的误差也包括零位误差与细分误差两项。

影响零位误差的主要因素有：1）磁栅的节距误差；2）磁栅的安装与变形误差；3）磁栅剩磁变化所引起的零位漂移；4）外界电磁场干扰等。

影响细分误差的主要因素有：1）由于磁膜不均匀或录磁过程不完善而造成磁栅上的信号幅度不相等；2）两个磁头间距离偏离1/4节距；3）两个磁头参数不对称；4）磁场高次谐波分量和感应电动势高次谐波分量的影响。

上述两项误差应限制在允许范围内，若发现超差，应找出原因并加以解决。

要注意对磁栅传感器的屏蔽。磁栅外面应有防尘罩，防止铁屑进入，不要在仪器未接地时插拔磁头引线插头，以防止磁头磁化。

第四节　光栅式传感器

光栅是由许多具有等节距刻线分布的透光缝隙和不透光的刻线均匀相间排列构成的光学元件。光栅式传感器有精度高、大量程测量兼有高分辨力、可实现动态测量、具有较强的抗干扰能力等特点。

按其原理和用途，光栅又可分为物理光栅和计量光栅。物理光栅刻线细密，工作原理是利用光的衍射现象，主要用于光谱分析和光波长等量的测量。计量光栅通常直接简称为光栅，其刻线较物理光栅粗，工作原理是利用光栅的莫尔条纹，可用于测量位移、速度、加速度及振动等物理量。

本节主要介绍计量光栅的原理与应用。

一、计量光栅的种类和组成

（一）计量光栅的种类

计量光栅的基本元件是主光栅和指示光栅。它们是在一块长条形的光学玻璃上，均匀刻

上许多明暗相间、宽度相等的刻线，如图9-12所示。常用的光栅每毫米有 10、25、50、100 和 250 条线。主光栅的刻线一般比指示光栅长。

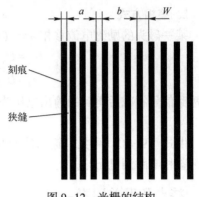

图9-12 光栅的结构

计量光栅按基体材料的不同主要可分为金属光栅和玻璃光栅；按刻线的形式不同可分为振幅光栅和相位光栅；按光线的走向又可分为透射光栅和反射光栅。

计量光栅按其用途可分为长光栅和圆光栅。长光栅有时也称为光栅尺，用于长度或直线位移的测量，它的刻线相互平行。圆光栅有时也称为光栅盘，用来测量角度或角位移。根据栅线划刻的方向，圆光栅可分为径向光栅和切向光栅。

（二）计量光栅的组成

光栅测量装置由光源、光栅副及光电器件三部分组成。

1. 光源

光栅传感器的光源通常采用钨丝灯泡和半导体发光器件。

钨丝灯泡的输出功率较大，工作范围较宽（−40～130℃）。但是，与光电元件相组合的转换效率低。在机械振动和冲击条件下工作时，其使用寿命将降低。

半导体发光器件的转换效率高，响应快速。如砷化镓发光二极管与硅光电晶体管相结合，转换效率最高可达 30% 左右。砷化镓发光二极管的脉冲响应速度约为几十 ns，可以使光源工作在触发状态，从而减小功耗和热耗散。

2. 光栅副

光栅副由标尺光栅（主光栅）和指示光栅组成，标尺光栅和指示光栅的刻线宽度和间距通常完全一样。将指示光栅与标尺光栅叠合在一起，两者之间保持很小的间隙（0.05 mm 或 0.1 mm）。在长光栅中标尺光栅固定不动，而指示光栅安装在运动部件上，所以两者之间可以形成相对运动。

在图9-12中，a 为栅线宽度，b 为栅线缝隙宽度，相邻两栅线间的距离 W 称为光栅常数（或称为光栅栅距）。有时使用栅线密度 ρ 表示，$\rho = 1/W$。光栅常数 $W = a + b$ 是光栅的主要指标，通常情况下，$a = b = W/2$。

3. 光电器件

选择光电器件需要考虑其灵敏度、响应时间、光谱范围、稳定性及体积等因素。光栅传感器常用的光电器件主要有硅光电池、光电二极管和光电晶体管等。

在采用固态光源时，需要选用敏感波长与光源相接近的光电器件，以获得高的转换效率。在光敏元件的输出端常接有放大器以得到足够的信号输出并防止干扰的影响。

二、莫尔条纹及其测量原理

（一）莫尔条纹的原理与特性

若将两块光栅（主光栅、指示光栅）叠合在一起，并且使它们的刻线之间成一个很小

的角度 θ，如图 9-13 所示。由于遮光效应，两块光栅的刻线相交处形成亮带，而在一块光栅的刻线与另一块光栅的缝隙相交处形成暗带，在与光栅刻线垂直的方向，将出现明暗相间的条纹，这些条纹就称为莫尔条纹。

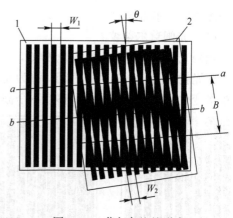

图 9-13　莫尔条纹的形成
1—主光栅　2—指示光栅

如果改变 θ 角，两条莫尔条纹间的距离 B 也随之变化。长光栅莫尔条纹的周期为

$$B=\frac{W_1 W_2}{\sqrt{W_1^2+W_2^2-2W_1 W_2\cos\theta}} \tag{9-21}$$

式中，W_1 为主光栅（也称为标尺光栅）1 的光栅常数；W_2 为指示光栅 2 的光栅常数；θ 为两光栅栅线之间的夹角。

莫尔条纹有如下重要特性。

（1）运动对应关系

两块光栅尺相对移动时，光强随着莫尔条纹的移动而变化，利用光电元件（如光电晶体管）接收光的明暗变换，就可得到与光强波形相同的电信号（电压或电流）输出，它与光栅尺的位移量有正弦函数关系。

莫尔条纹的移动量和移动方向与两光栅的相对位移量和位移方向有着严格的对应关系。当主光栅 1 向右运动一个栅距 W_1 时，莫尔条纹向下移动一个条纹间距 B；当主光栅 1 向左运动，莫尔条纹则向上移动。光栅传感器在测量时，可以根据莫尔条纹的移动量和移动方向来判定光栅的位移量和位移的方向。

（2）位移放大作用

若两光栅的栅距相同，则相邻莫尔条纹间距 B 与栅距 W 和夹角 θ 有如下关系：

$$B=\frac{W}{2\sin\dfrac{\theta}{2}}\approx\frac{W}{\theta} \tag{9-22}$$

由式（9-22）可见，由于两光栅栅线的夹角 θ 通常很小，因此，莫尔条纹对光栅栅距有放大作用，其放大倍数为 $\dfrac{1}{\theta}$。其中，θ 的单位为弧度（rad）。

（3）误差平均效应

莫尔条纹是由光栅的大量栅线共同形成的，对光栅的划刻误差有平均作用，在很大程度上消除了栅线的局部缺陷和短周期误差的影响。个别栅线的栅距误差或断线及疵病对莫尔条纹的影响很微小，从而提高了光栅传感器的测量精度。

（二）莫尔条纹的种类

1. 长光栅的莫尔条纹

当变化栅距 W_1、W_2 和两光栅栅线的夹角 θ 时，可得到不同的莫尔条纹图案，但常见的是横向莫尔条纹和光闸莫尔条纹。

（1）横向莫尔条纹

当两光栅栅距相等时，以夹角 θ 相交形成的莫尔条纹称为横向莫尔条纹。如图 9-13 所示即为横向莫尔条纹。

（2）光闸莫尔条纹

当两光栅栅距相等，且夹角 $\theta=0$ 时，莫尔条纹的宽度趋于无穷大，两光栅相对移动时，对入射光就像闸门一样时启时闭，称为光闸莫尔条纹。图 9-14 为两光栅在不同的相对位置时视场变化情况。两光栅相对移动一个栅距，视场上的亮度明暗变化一次。

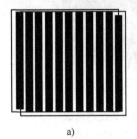 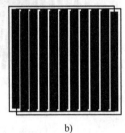  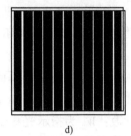

a)　　　　　　　　b)　　　　　　　　c)　　　　　　　　d)

图 9-14　光闸莫尔条纹

a）刻线对齐　b）错开 $W/4$　c）错开 $W/2$　d）错开 $3W/4$

2. 圆光栅的莫尔条纹

圆光栅的莫尔条纹种类繁多，而且有些形状很复杂。

（1）径向光栅的莫尔条纹

所有栅线的延长线全部通过圆心的圆光栅称为径向光栅。在几何量测量中，径向光栅主要使用两种莫尔条纹：圆弧形莫尔条纹和光闸莫尔条纹。

1）圆弧形莫尔条纹。两块栅距角相同的径向光栅以不大的偏心叠合，如图 9-15 所示。在光栅的各个部分，栅线的夹角均不同，便形成了不同曲率半径的圆弧形莫尔条纹。这种圆弧形莫尔条纹实际上是上、下对称的两簇圆形条纹，它们的圆心排列在两光栅中心连线的垂直平分线上。圆弧形莫尔条纹的宽度不是定值，而是随着条纹位置的不同而不同。位于偏心方向垂直位置上的条纹近似垂直于栅线，称这部分条纹为横向莫尔条纹；沿着偏心方向位置上的条纹近似平行

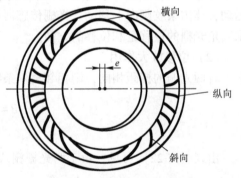

图 9-15　圆弧形莫尔条纹

于栅线，称这部分条纹为纵向莫尔条纹。在实际使用中，主要应用横向莫尔条纹。

2）光闸莫尔条纹。将栅距角相同的两块圆光栅同心叠合时，得到与长光栅中相类似的条纹。主光栅每转过一个栅距角，透光亮度就变化一个周期。

（2）切向光栅的莫尔条纹

所有栅线全部与一个同心小圆相切的圆光栅称为切向光栅。该小圆的直径只有零点几或几个毫米。两块切向相同、栅距角相同的切向光栅栅线面相对同心叠合时，形成的莫尔条纹是以光栅中心为圆心的同心圆簇，称为环形莫尔条纹，如图 9-16 所示。用两个圆光栅组成角度或角位移传感器时，一般让其中一块随主轴转动，称为标尺光栅，另一块光栅固定不动，称为指示光栅。

环形莫尔条纹的突出优点是具有全光栅的平均效应，因而可用于高精度测量，以及圆光

栅分度误差的检验。

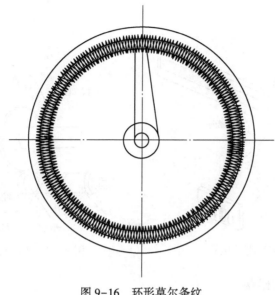

图 9-16　环形莫尔条纹

三、光栅式传感器的类型

莫尔条纹是光栅式传感器工作的基础。光栅式传感器一般由光源、标尺光栅、指示光栅和光电器件组成。

光栅式传感器有多种不同的光学系统，其中比较常见的有透射式光栅传感器和反射式光栅传感器。

（一）透射式光栅传感器

图 9-17 和图 9-18 分别为透射式长光栅和圆光栅传感器。这里采用的光源是发光二极管。标尺光栅和指示光栅形成莫尔条纹。这里采用的指示光栅是一种裂相光栅，一般由四部分组成，每部分的刻线间距与对应的标尺光栅完全相同，但各部分之间在空间上依次错开 $nW+W/4$ 的距离。指示光栅与标尺光栅的刻线平行放置，它们之间形成光闸莫尔条纹。用光电器件分别接收裂相光栅四个部分的透射光，可以得到相位差依次为 $\pi/2$ 的四路信号，即

$$u_1 = U_0 + U_m \sin \frac{2\pi x}{W} \tag{9-23}$$

$$u_2 = U_0 + U_m \sin \left(\frac{2\pi x}{W} + \frac{\pi}{2} \right) = U_0 + U_m \cos \left(\frac{2\pi x}{W} \right) \tag{9-24}$$

$$u_3 = U_0 + U_m \sin \left(\frac{2\pi x}{W} + \pi \right) = U_0 - U_m \sin \left(\frac{2\pi x}{W} \right) \tag{9-25}$$

$$u_4 = U_0 + U_m \sin \left(\frac{2\pi x}{W} + \frac{3\pi}{2} \right) = U_0 - U_m \cos \left(\frac{2\pi x}{W} \right) \tag{9-26}$$

式中，U_0 为电信号的直流电平，对应于莫尔条纹的平均光强；U_m 为电信号的幅值，对应于莫尔条纹明暗的最大变化。

这四相电信号的后续处理过程是：首先将 u_1、u_3 和 u_2、u_4 分别两两相减，消除信号中的直流电平，得到两路相位差为 90° 的信号，然后将其送入专门的电子细分和辨向电路，从

而实现对位移的测量。

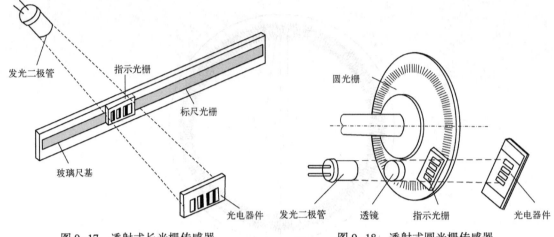

图 9-17　透射式长光栅传感器　　　　图 9-18　透射式圆光栅传感器

（二）反射式光栅传感器

典型的反射式光栅传感器原理如图 9-19 所示。发光二极管经聚光透镜形成平行光，平行光以一定角度射向裂相指示光栅，莫尔条纹由标尺光栅的反射光与指示光栅作用形成，光电器件接收莫尔条纹的光强，经与透射式光栅传感器类似的信号处理后得到所测位移。

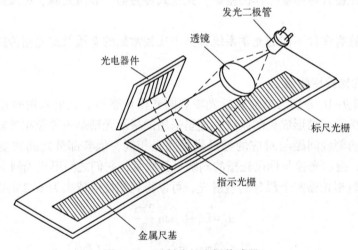

图 9-19　反射式长光栅传感器

反射式光栅传感器一般用在数控机床上。主光栅为金属光栅，坚固耐用，而且线膨胀系数与机床基体的接近，能减小温度误差。

四、光栅式传感器的测量电路

（一）光电转换

主光栅和指示光栅做相对位移产生了莫尔条纹，莫尔条纹需要经过转换电路才能将光信号转换成电信号。光栅传感器的光电转换系统由聚光镜和光电器件组成。如图 9-20 所示，当两块光栅做相对移动时，光电器件上的光强随莫尔条纹的移动而变化。在 a 处，两光栅刻线重叠，透过的光强最大，光电器件输出的电信号也最大；在 b 处，由于光被遮去一半，光强减小；在 c 处，光全被遮去变成全黑，光强为零。若光栅继续移动，透射到光电器件上的光强又逐渐增大，因而形成了一个接近于正弦周期函数的输出波形。

光敏元件输出的波形可近似用如下公式描述：

$$u_o = U_o + U_m \sin\left(\frac{\pi}{2} + \frac{2\pi x}{W}\right) \tag{9-27}$$

式中，u_o 为光敏元件输出的电压信号；U_o 为输出信号的直流分量；U_m 为输出信号中交流分量的幅值；x 为光栅的相对位移量。

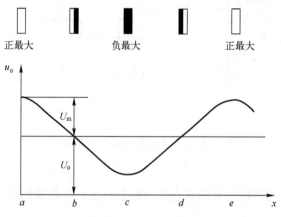

图 9-20　光栅位移与光强及输出电压的关系

（二）辨向原理

在实际应用中，大部分被测物体的移动往往不是单向的，通常既有正向运动，也有反向运动。单个光电器件接收一固定点的莫尔条纹信号，只能判别明暗的变化，但不能辨别条纹的移动方向，也就不能判别运动零件的运动方向，导致不能正确测量位移。

为了辨别主光栅是向左还是向右移动，可在相隔 1/4 条纹间距的位置上安装两只光电器件，这两只光电器件输出信号 u_1、u_2 的相位差将为 $\pi/2$，可以根据它们之间的超前/滞后关系来判别指示光栅的移动方向，如图 9-21 所示。

两种信号经整形后得到方波 U'_{o1} 和 U'_{o2}。U'_{o2} 作为门控信号同 U'_{o1} 的微分信号一起输入到与门 Y_1，同 U'_{o1} 倒相后的微分信号一起输入到与门 Y_2。光栅右移时，U'_{o2} 超前 U'_{o1}，则先于 U'_{o1} 的微分信号打开了 Y_1，可从 Y_1 得到向右移动脉冲输出（Y_1 称为右移动脉冲输出端）；而 U'_{o1} 倒相后的微分信号到达 Y_2 时 Y_2 已关闭，则 Y_2（左移动脉冲输出端）没有输出，反之亦然。这样就实现了主光栅左、右移动的方向辨别和移动脉冲的输出。

（三）细分技术

科技的发展对传感器的分辨力提出了越来越高的要求。如仅以光栅的栅距作为其分辨单位，只能读到整数莫尔条纹，分辨力的提高经常受到工艺上的限制。例如，如要实现 0.1 μm 的位移分辨力，则要求每毫米刻线 1 万条，这是目前的工艺水平无法实现的。为了提高光栅传感器的分辨力，测量比栅距更小的位移量，在测量系统中常采用细分技术。细分技术的基本思想是：在一个栅距即一个莫尔条纹信号变化周期内，发出 n 个脉冲，每个脉冲代表原来栅距的 $1/n$，由于细分后计数脉冲频率提高了 n 倍，因此也称为 n 倍频。

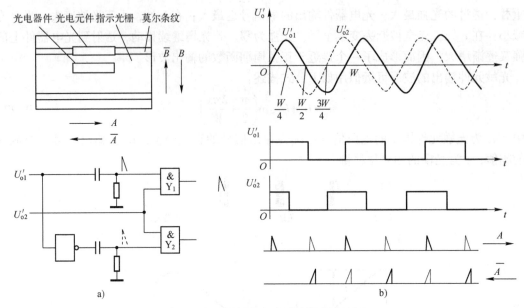

图 9-21 光栅传感器辨向原理
a）电路原理 b）信号波形

细分方法很多，常用的细分方法有直接倍频细分法、电阻桥细分法等。

第五节 光电编码器

光电编码器是一种数字式角度传感器，其转轴通常与被测旋转轴连接，随被测轴一起转动。光电编码器能将被测轴的角位移量转换为与之对应的电脉冲进行输出，具有高分辨率、高抗干扰性及高稳定性等特点，主要用于机械转角位置和旋转速度的检测与控制。光电编码器分为光电式绝对编码器和光电式增量编码器两种。

一、光电式绝对编码器

绝对编码器式角位移数字传感器是将被测机械旋转角位移转换为某种制式数码的电信号，直接输出数字量的传感器。又称为直接编码式数字传感器，简称绝对旋转编码器或码盘式编码器。

（一）光电式绝对编码器的结构

光电式绝对编码器由码盘与光电读出装置两部分组成。圆形码盘上沿径向有若干同心码道，每条码道上排列着透光与不透光相间的扇形区。而在径向方向由这些透光与不透光的扇形区构成某种制式的数码，数码的位数就是码道的数目。一个四位二进制数码的码盘如图 9-22a 所示。码盘材料有金属、光学玻璃、塑料以及透光与不透光多种，均采用刻蚀工艺制成。

光电读出装置由分置于码盘两侧的光发射部分与光接收部分构成。光发射部分由发光元件放置在光学元件的焦点处被扩束为细束平行光，光接收部分由多元光电元件线阵及其相应电路组成。一个四位光电读出头示意图如图 9-22b 所示，其中采用的光电器件是光电晶体管，四个光电晶体管沿码道径向排列，分别对应一个码道。

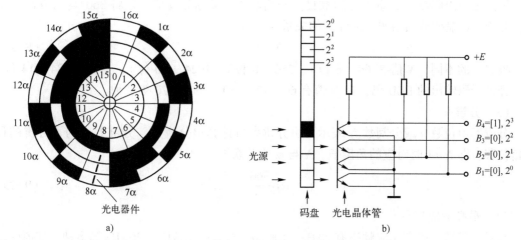

图 9-22　光电式编码盘的结构与工作原理
a) 四位二进制码盘　b) 光电读出装置结构示意图

（二）光电式绝对编码器的工作原理

以图 9-22 所示码盘与其读出装置为例，其中的四条码道分别对应于四位二进制数的 2^0、2^1、2^2、2^3 位。最外圈码道为 2^0 位，最里圈码道为 2^3 位。图 9-22 中四个光电晶体管的读出装置正处在码盘第 8 号角度（8α）位置，只有最里面码道的光电晶体管对着不透光的扇形阴影区，故不受光照，光电晶体管截止，输出电平为 $B_4 = 1$。其他三个码道光电晶体管均对着透光区，故受光照而导通，输出电平均为 0。因此，码盘的第 8 号角度位置对应的输出数码为 $B_4B_3B_2B_1 = 1000$。码盘转动一定角度，光电读出装置就输出一个数码。码盘转动一周，光电读出装置就能输出 2^4 即 16 种不同的四位二进制数码，也就是说，四条码道有 16 个数位状态。如果码道有 10 条，那么会有 2^{10} 即 1024 个数位状态。码盘随被测轴的转动而转动，转动后的角位移状态都对应一数码输出。四条码道的码盘不同角位置状态与对应的数码之间的关系由所采用的码制确定，通常为格雷码。

光电式绝对编码器的机械位置决定了其每个位置是唯一的，无须找参考点，不用一直计数，可以随时读取其位置，不受停电、干扰的影响，抗干扰特性强，数据可靠性高。

（三）光电式绝对编码器的基本参数

基本参数表征了编码器的基本性能。通常，光电式绝对编码器的基本参数有输出码制、位数、分辨率及输出方式等。

（1）输出码制

绝对编码器输出码制有正负逻辑 BCD 码、二进制码及格雷码；其位数有 6、8、10、12、13、…、16，甚至 27 位可选，以满足工业实际控制测量的不同需求。

为减少误码率，编码器码盘输出的通常是多位格雷码。但电信号最适合表达的数字形式是二进制码，故需将格雷码转换成二进制码输出。然而人们习惯使用十进制的 BCD 码，故可再由二进制码转换为十进制的 BCD 码输出。由于表示角度常用六十进制，因此在显示角度值前还需进行码制的转换。

（2）位数 n 与分割数 N

位数是输出码数，也即码道的数目。分割数 N，又称分度值，是将 $360°$ 均匀分割的份数。对于二进制码或格雷码，n 与 N 的关系为

$$N = 2^n \tag{9-28}$$

根据 n 的不同，N 值有 64（6 位）、256（8 位）、1024（10 位）、…、16 384（14 位）等，经过译码输出的 BCD 码，其 N 值有 60、72、180、360、720 等多种。

（3）分辨率

分辨率由位数 n 或分割数 N 表示，由分辨率可计算出分辨力。分辨力 α 为可分辨的最小角位移，即 $N=1$ 时对应的角度值。N 与 α 的关系为

$$\alpha = \frac{360°}{N} \tag{9-29}$$

（4）最高响应频率

绝对编码器的最高响应频率有 $20\,Hz$、$100\,Hz$、$5\,kHz$、$10\,kHz$、$20\,kHz$ 等多种，其值受限于分辨率与最大机械转速。光电读数头的响应速度应与此相适应，匹配不当也将成为限制因素。通常最高响应频率 f_H、分辨率 N 与最高转速 R_{max} 之间有如下关系式：

$$f_H = \frac{R_{max}}{60} N\eta \tag{9-30}$$

式中，η 是在 $1/8 \sim 1/4$ 之间或小于等于 1 的其他值。

（5）输出方式

编码器光电读数头输出的信号一般都需经整形、放大或译码（二进制码、BCD 码输出），输出的信号还不能直接与负载相连接。出于多种因素考虑，如为了适应不同负载的驱动，提高远距离信号传送的抗干扰及驱动能力，与控制器信号接收装置的信号电平相匹配等，输出信号的形式有多种，如：电压输出、NPN 或 PNP 集电极开路输出、推挽互补输出及长线驱动输出等。

二、光电式增量编码器

增量编码器是将被测机械旋转角位移改变量转换为输出计数脉冲数的改变量的数字式传感器。在结构上比绝对编码器简单，价格较低廉，故在位置与速度控制系统中广泛应用。

（一）光电式增量编码器的结构与工作原理

1. 光电式增量编码器的结构

光电式增量编码器也是由码盘与光电读出装置两部分组成。圆形码盘上有三条码道，但不具有绝对码盘的含义。这三条码道的两条内外码道称 A 码道与 B 码道，均等角距地开有透光的缝隙，但是相邻两缝错开半条缝宽；最外圈的第三条码道只开有一个透光狭缝，用来确定码盘的零位。光电读出装置由光源与光电接收元件组成，并分别放置在码盘两侧，其功能与绝对编码器相同，增量编码器码道的示意图如图 9-23a 所示。当码盘转动时，电源经过透光和不透光的区域，每个码道将有一系列光脉冲由光电元件输出，码道上有多少缝隙就有多少个脉冲输出。整形后 A、B 两列脉冲信号如图 9-23b 所示。A、B 两相脉冲信号相差 $90°$ 相位，也就是 $T/4$，其中 T 为 A 相脉冲的一个周期。

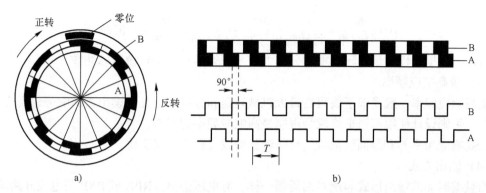

图 9-23　增量编码器内外码道（A、B 码道）缝隙

a）示意图　b）放大整形后的 A、B 两相脉冲信号

2. 光电式增量编码器的工作原理

编码器的码盘固定在被测轴上与其同速旋转，码盘转动一圈将输出三路脉冲，因 A、B 码道刻有 N 个透光狭缝，故其中两路各有 N 个脉冲，相位差 90°，第三路仅有一个脉冲输出，第三路脉冲也称 C 相或 Z 相脉冲。

（1）脉冲数目与码盘角位移改变量的关系

计数一个脉冲对应的码盘角位移量就是分辨力 α，其计算公式为

$$\alpha = \frac{360°}{N} \tag{9-31}$$

式中，N 为码盘在一圈（360°）刻有的透光狭缝数。

若 $N = 1024$，即一圈码道有 1024 个透光狭缝，码盘旋转一周输出 1024 个脉冲。

（2）旋转方向的判别

由计数系统累计的脉冲数不能反映当前增量码盘所处的角位移状态。由第三码道输出的脉冲作为零位标记，开机后脉冲计数增加表明轴正向旋转角位移增加，而脉冲计数减少则表明轴反向旋转角位移减少。因此，需要判别码盘的旋转方向，以控制可逆计数器是加数还是减数。无论正转还是反转，计数码每次反映的都是相对上次角度的增量，故称增量编码器。

光电式增量编码器的优点是原理构造简单，机械平均寿命可达几万 h 以上，抗干扰能力强，可靠性高，适合于长距离传输。

（三）光电式增量编码器的基本参数

光电式增量编码器的基本参数指标包括每转输出脉冲数（P/R）、分辨率、分辨力、最高响应频率及输出形式等。

（1）每转输出脉冲数（P/R）

光电式增量编码器的每转输出脉冲数（P/R）有 20、25、30、…、25 000 等。

（2）分辨率与分辨力

分辨率由旋转一周输出脉冲数表示，分辨力即可分辨的最小角位移 α，为

$$\alpha = \frac{360°}{\text{分辨率}} = \frac{360°}{\text{每转输出脉冲数（P/R）}} \tag{9-32}$$

如每转输出脉冲数为 5000，则表示码盘随被测轴旋一周，A 或 B 相输出脉冲 5000 个，于是分辨力由式（9-32）可得

$$\alpha = \frac{360°}{分辨率} = \frac{360°}{每转输出脉冲数(P/R)} = \frac{360°}{5000} = 0.072°$$

通常，根据工程测量实际要求的分辨力来选择编码器的每转输出脉冲数。

（3）最高响应频率

最高响应频率一般受限于编码器最大机械转速和分辨率，光电读出头的响应速度应与其相适应，否则设计使用不当也将成为限制最高响应频率的因素。

最高响应频率 f_H 和最高转数 R_{max} 与每转脉冲数（P/R）成正比。

（4）输出方式

增量编码器的输出形式与绝对编码器一样，有电压输出、NPN 或 PNP 集电极开路输出、推挽互补输出及长线驱动输出等多种形式。可以选择输出相的数目，如：一路信号 A；两路信号 A 与 B、A 与 Z；三路信号 A、B、Z；以及六路信号 A、B、Z、$\overline{A}$、$\overline{B}$、$\overline{Z}$。相应电缆芯线的定义由颜色或脚号标识。

思考题与习题

1. 容栅式传感器的工作原理是什么？有哪些特点？试举例说明容栅式传感器的应用。

2. 容栅式传感器有哪些信号处理方式？

3. 简述感应同步器的工作原理。

4. 磁栅式传感器有哪些结构和类型？

5. 磁栅式传感器的信号处理方式有哪几种？

6. 光栅传感器的工作原理是什么？为什么光栅传感器可以具有较高的测量精度？

7. 莫尔条纹有哪些特性？

8. 已知一光栅的光栅常数为 0.02 mm，主光栅与指示光栅之间的夹角为 $\theta = 0.01$ rad。问：

① 光栅的栅线密度是多少？

② 得到的莫尔条纹的间距是多少？

③ 用 4 个光电二极管接收莫尔条纹信号，光电二极管的响应时间为 10^{-6} s，则光栅所允许的运动速度最大为多少？

9. 光栅传感器常用的细分方法有哪些？试举其中一例进行说明。

10. 一单圈绝对编码器有 10 条码道，请问其所能分辨的最小角位移是多少？

11. 对于一个 P/R 为 5000 的光电式增量编码器，如果计数器计了 $n = 200$ 个脉冲，那么对应的角位移量为多少？

12. 光电式绝对编码器和光电式增量编码器的工作原理有何异同？

第十章　气敏和湿敏传感器

半导体传感器是以半导体为敏感材料，在各种物理量的作用下引起半导体材料内载流子浓度或分布的变化，通过检测这些物理特性的变化，得到被测参数值。半导体传感器的特点是：基于物理变化对被测量进行测量，没有相对运动，结构简单，易于微型化；灵敏度高，动态性能好，输出为电物理量；采用半导体为敏感材料，容易实现传感器的集成化和智能化；功耗低，安全可靠。其缺点是：线性范围窄，在精度要求高的场合应采用线性化补偿电路；输出特性易受温度影响而产生漂移，所以应采取补偿措施；性能参数离散性大。

半导体传感器是目前传感器发展的重要方向，尤其是随着大规模集成电路技术的不断发展，半导体传感器技术也发展迅速，已应用于工业自动化、遥测、工业机器人、家用电器、环境污染监测、医疗保健、医药工程和生物工程等领域。

凡是使用半导体材料为敏感元件的传感器都属于半导体传感器，其检测对象可以是光、温度、磁、压力及湿度等物理量，也可以是气体分子、离子、有机分子等化学量及生物化学物质。前面章节中已介绍了压阻式、霍尔式及光敏式等半导体传感器。本章主要介绍气敏传感器和湿敏传感器。

第一节　气敏传感器

一、概述

气敏传感器是用来测量气体的类别、浓度和成分的传感器，检测的气体主要有可燃性气体、有毒性气体和大气污染气体等，应用于职业健康与安全、环境与排放监测、住宅健康与安全等领域。由于气体种类繁多，性质各不相同，不可能用一种传感器检测所有类别的气体，因此，能实现气-电转换的传感器种类很多。按构成气敏传感器的材料，可分为半导体和非半导体两大类。半导体气敏传感器是目前应用最为广泛的气敏传感器，它是利用半导体气敏元件与气体接触，使半导体的性质发生变化，实现对特定气体的成分或者浓度的测量。

目前气敏传感器所能检测的气体大致可以分为如下三类：

1）可燃性气体。可燃性气体是石油化工等工业场合遇到最多的危险气体，主要包括烷烃等有机气体和某些无机气体。

2）有毒性气体。存在于生产原料及生产过程的副产品中，如 NH_3、CO、H_2S 等。

3）大气污染气体。如形成酸雨、温室效应和破坏臭氧层的一些气体，如 CO_2、CH_4、O_3 等。

气敏传感器在使用中需要满足下列要求：能选择性地检测某种单一气体，而对共存的其他气体不响应或低响应；对被测气体具有较高的灵敏度，能有效地检测允许范围内的气体浓度；对检测信号的响应速度快，重复性好；长期工作稳定性好；使用寿命长；制造成本低，使用与维护方便。

气敏传感器的参数与特性各不相同，主要有灵敏度、响应时间、选择性和稳定性等。

1）灵敏度。标志着气敏元件对气体的敏感程度，决定了其测量精度。一般用气敏元件的输出变化量（如电压变化量 ΔU）与被测气体浓度的变化量 ΔP 之比来表示，以 S_g 表示，$S_g = \Delta U / \Delta P$。灵敏度的另一种表示方法是气敏元件在空气中的输出量（U_o）与在被测气体中的输出量（U_g）之比，以 K_g 表示，$K_g = U_o / U_g$。

2）响应时间。指从气敏元件与被测气体接触到其输出值达到某一规定值所需要的时间，表示气敏元件对被测气体浓度的反应速度。

3）选择性。也称交叉灵敏度，指在多种气体共存的条件下气敏元件区分气体种类的能力。对某种气体的选择性好，就表示对该气体有较高的灵敏度而对其他种类气体的灵敏度很低。可以通过测量此类传感器对某一种浓度的干扰气体所产生的响应来确定。理想气敏传感器应同时具有高灵敏度和高选择性，这也是目前较难解决的问题之一。

4）稳定性。指当气体浓度不变而其他条件发生变化时，在规定的时间内气敏元件输出特性维持不变的能力，即对气体浓度以外的各种因素的抵抗能力。稳定性取决于零点漂移和区间漂移。零点漂移指在没有目标气体时整个工作时间内传感器输出响应的变化。在理想情况下，一个传感器在连续工作条件下每年零点漂移应小于10%。

5）温/湿度特性。指气敏元件灵敏度随环境温/湿度变化的特性。元件自身温度与环境温度对灵敏度都有影响，一般元件自身温度对灵敏度影响较大，必须采取温度补偿措施。环境湿度变化也会引起灵敏度变化并影响检测精度，必须采用湿度补偿方法予以消除。

按照半导体变化的物理性质，半导体气敏元件可分为电阻型和非电阻型两种，见表 10-1。电阻型半导体气敏元件是利用半导体接触气体时其阻值的改变来检测气体的成分或浓度。非电阻型半导体气敏元件是利用其对气体的吸附反应，使其某些有关特性发生变化，从而对气体进行直接或间接检测。

表 10-1　半导体气敏传感器分类

类型	主要物理特性	传感器举例	工作温度	典型被测气体
电阻型	表面控制型	氧化锡、氧化锌	室温~450℃	可燃性气体
	体控制型	氧化钛、氧化镁、氧化钴	室温~700℃	酒精、氧气
非电阻型	表面电位	氧化银	室温	硫醇
	二极管整流特性	铂/硫化镉、铂/氧化钛	室温~200℃	氢气、一氧化碳、酒精
	晶体管特性	铂栅 MOS 场效应晶体管	室温~150℃	氢气、硫化氢

二、气敏半导体材料的导电机理

气敏半导体材料是利用陶瓷工艺制成的具有半导体特性的材料，称为半导体陶瓷，简称"半导瓷"。在纯氧化物半导体中掺杂不同化合价的原子（或离子），可形成导电类型不同的半导体材料。若掺杂元素是金属元素时则形成施主能级，电离后提供自由电子，形成多数载流子为电子的 N 型材料；若掺杂元素是电负性元素时，则形成受主能级，电离后提供空穴，形成多数载流子为空穴的 P 型材料。目前采用很多半导体材料可以制备出不同结构类型的半导体气敏元件。其导电机理可以用吸附效应来解释。

在半导体表面原子性质特别活跃，很容易吸附气体分子。当气体分子的亲和能（电势能）大于半导体表面的电子逸出功时，吸附分子将从半导体表面夺取电子而变成负离子吸附，被称为氧化型气体，是电子接收性气体，如 O_2、NO 等。当 N 型半导体表面形成负离子吸附时，表面多数载流子（电子）浓度减少，电阻增加；对于 P 型半导体，则表面多数载流子（空穴）浓度增大，电阻减小。若气体分子的电离能小于半导体表面的电子逸出功时，则气体供给半导体表面电子，形成正离子吸附，被称为还原型气体，是电子供给性气体，如 H_2、CO、C_2H_5OH（乙醇）及各种碳氢化合物。当 N 型半导体表面形成正离子吸附时，多数载流子（电子）浓度增加，电阻减小；对于 P 型半导体，则多数载流子（空穴）浓度减少，电阻增加。利用半导体表面电阻的变化就可以检测出气体的种类和浓度。

半导体气敏传感器检测气体时的阻值变化曲线如图 10-1 所示。在洁净大气中经过预热后的半导体气敏元件阻值处于稳定状态，其阻值会随被测气体吸附情况而发生变化。图中所示为 P 型及 N 型半导体气敏元件在还原性气体中阻值的变化。为加速电阻随半导体表面对气体的吸附和释放而发生的变化，通常用加热器对气敏元件进行加热。在实际操作中，需要保证加热时间。在检测气体时，气敏元件应处于图 10-1 中的稳定状态下，以保证检测结果的准确可靠。半导体气敏传感器的响应时间一般不超过 1 min。检测完毕后，将气敏传感器置于大气环境中，其阻值将复原，一般约 1 min 左右便可复原到原有电阻值的 90%。

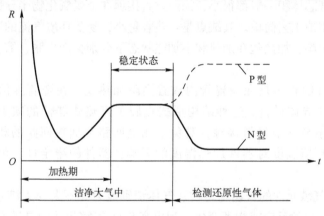

图 10-1　半导体气敏传感器检测气体时的阻值变化曲线

三、电阻型气敏器件

电阻型气敏器件是目前广泛应用的气体传感器之一，根据气敏材料与气体的相互作用是在其表面还是在内部，可分为表面控制型和体控制型两类。

（一）表面控制型

表面控制型电阻传感器是利用半导体表面吸附气体引起电导率变化的气敏元件。按其结构不同分为烧结型、薄膜型和厚膜型三种，均由三部分组成：敏感体及其依附的基底、加热器以及信号引出电极。敏感体一般都需要在一定的温度下才能正常工作，为加速气体吸附，提高测量灵敏度和响应速度，加热器不可缺少，同时加热器能烧掉附着在测控部分上的油雾、尘埃等。加热温度一般为（200~400）℃，具体温度视所掺杂质不同而有所不同。

1. 烧结型

烧结型气敏器件是一种实用化最早的气体传感器，一般以粒度很小的 SnO_2 为基本材料，将铂电极和加热丝埋入SnO_2材料中，加入添加剂，用加热、加压、温度为700～900℃的制陶工艺烧结成形。若改变添加剂成分和烧结工艺条件，则可以呈现出不同的气敏特性。根据其结构不同分为直热式和旁热式两种形式，如图10-2所示。

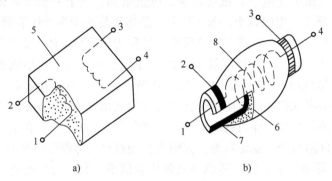

图10-2　烧结型器件结构

a）直热式结构　b）旁热式结构

1、2、3、4—电极　5、6—SnO_2烧结体　7—陶瓷绝缘管　8—加热丝

直热式器件的管芯体积一般都很小，加热丝直接埋在金属氧化物半导体材料内，兼作一个测量板，该结构制造工艺简单。其缺点是：热容量小，易受环境气流的影响；测量电路和加热电路之间相互影响；加热丝在加热和不加热状态下分别会产生胀、缩，容易造成与材料接触不良的现象。

旁热式气敏器件的管芯是在陶瓷管内放置高阻加热丝，在瓷管外涂梳状金电极，再在金电极外涂气敏半导体材料。这种结构形式克服了直热式器件的缺点，使测量极和加热极分离，加热丝不与气敏材料接触，避免了测量回路和加热回路的相互影响。其优点是热容量大，降低环境温度对器件加热温度的影响，器件的稳定性、可靠性都较直热式器件好。

但SnO_2烧结型气敏元件的长期稳定性、气体识别能力等不太令人满意，且工作温度较高会使敏感膜层发生化学反应或物理变化。为提高SnO_2气敏元件的灵敏性，可以在SnO_2材料中加入添加剂。

2. 薄膜型

薄膜型气敏器件是在绝缘衬底（玻璃石英式陶瓷）上采用蒸发、溅射方法形成氧化物半导体（SnO_2）薄膜，其厚度约在100 nm以下，结构如图10-3所示。实验测得SnO_2和ZnO薄膜的气敏特性较好。用这种方法制成的敏感膜具有较大的表面积和较高表面活性，较低温度下就能与吸附气体发生化学吸附，因此具有很高的灵敏度和响应速度。

敏感体的薄膜化有利于器件的低功耗、小型化以及与集成电路制造技术兼容，这种气敏器件具有较高的机械强度，而且具有互换性好、产量高及成本低等优点，是一种应用前景很好的器件。

3. 厚膜型

厚膜型气敏器件是将粉状SnO_2与添加剂混合后制成厚胶膜，采用丝网印制技术把厚胶膜涂敷在隔离基片上，结构如图10-4所示。该器件一致性较好，机械强度高，适于批量生产，是一种较有发展前景的器件。

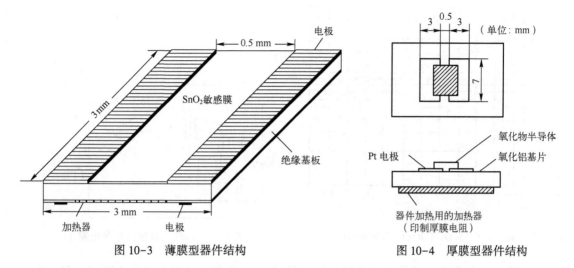

图 10-3　薄膜型器件结构　　　　　图 10-4　厚膜型器件结构

这类气敏器件的优点是：工艺简单，价格便宜，使用方便；对气体浓度变化响应快；即使在低浓度（3000 mg/kg）下，灵敏度也很高。其缺点在于：稳定性差，老化较快，气体识别能力不强；各器件之间的特性差异大等。

SnO_2半导体气敏器件发展很快，从烧结型一直发展到薄膜、厚膜等多种形式，具有良好的稳定性，能在较低的温度工作，检验气体种类较多，是目前研究最广泛、最深入的气敏传感器。SnO_2薄膜对多种气体都敏感，现在研究重点在提高其对目标检测气体的选择性和灵敏度。但缺点是在使用中受环境温/湿度影响较大，需要改进。

各种可燃性气体的浓度与 SnO_2 半导瓷传感器的电阻率变化的关系如图 10-5 所示。针对各种气体不同的相对灵敏度，可以通过不同的烧结条件、在基体材料中加入不同种类和数量的催化剂以及控制元件工作温度来提高选择性。一般说，SnO_2烧结型气敏器件在低浓度下灵敏度高，在高浓度下灵敏度降低并趋于稳定。这一特点表明其适宜检测低浓度微量气体。因此，这种器件常用来检测可燃性气体的泄漏和定限报警等，目前已用于液化石油气、管道空气等气体的泄漏检测。图 10-6 给出了 SnO_2 气敏器件的温/湿度曲线，环境温/湿度对气敏器件的特性有影响，在使用时要加温/湿度补偿。

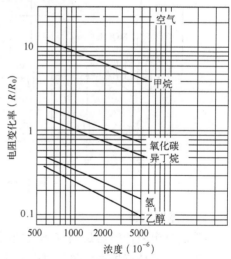

图 10-5　各种可燃性气体的浓度与 SnO_2
半导瓷传感器电阻率变化的关系

图 10-7 是 SnO_2 用于检测石油气泄漏的报警电路。当 SnO_2 传感器与泄漏的液化石油气相接触时，其中的还原气体（如丙烷）使传感器的电阻值减小，流过蜂鸣器的电流增大，当泄漏气体的浓度超过规定的限度时，流过蜂鸣器的电流将增大，驱动蜂鸣器发出警报。

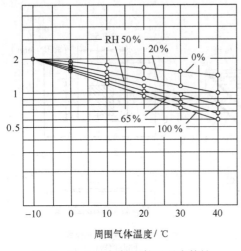

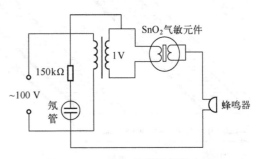

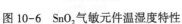

图 10-6　SnO_2气敏元件温湿度特性　　　　　　图 10-7　SnO_2气体泄漏报警电路

利用SnO_2气敏器件可设计酒精探测器，图 10-8 为携带式酒精探测器的原理电路。图中 MQ-3 即为SnO_2气敏元件，当接触到酒精蒸汽时，其电导率随气体浓度的增加而迅速升高。R_1所在回路为气敏元件加热，R_2和 MQ-3 接成了分压电路，RP 和 U1A 接成电压比较器电路，LED 指示灯显示输出的是高电平还是低电平。电路制作完成后，还需要根据被测气体浓度的报警限调整 RP，使气体浓度达到该值时刚好能发出报警信号。一般是使用前通过标准浓度的被测气体进行调节。

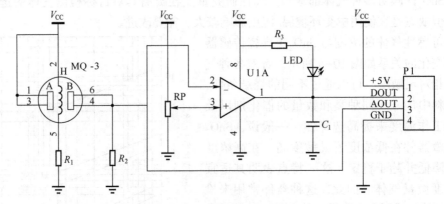

图 10-8　酒精探测器电路图

（二）体控制型

体控制型电阻传感器是当气体反应时，半导体组成产生变化而使电导率变化的气敏元件。这种类型的传感器主要包括复合氧化物系气体传感器、氧化铁系气体传感器和半导体型O_2传感器等。主要的体电阻型气体敏感材料有$\gamma\text{-}Fe_2O_3$，以及TiO_2和某些钙钛矿结构材料等。以$\gamma\text{-}Fe_2O_3$为例，氧化铁通常有三种形态：Fe_3O_4、$\gamma\text{-}Fe_2O_3$和$\alpha\text{-}Fe_2O_3$，其中$\gamma\text{-}Fe_2O_3$的结构较为稳定，在 600℃以下不会发生相变，但是在一定温度下接触和脱离还原性气体时，与Fe_3O_4之间可以发生可逆的氧化-还原反应，Fe_3O_4电阻率低于$\gamma\text{-}Fe_2O_3$，因此反应前后电阻变化相当明显，且电阻变化量与气体浓度之间存在对应关系，通过电阻测量可得到气体浓度。

四、非电阻型气敏器件

金属半导体二极管、金属-氧化物-半导体（MOS）二极管及金属-氧化物-半导体场效应晶体管（MOSFET）等气敏器件都属于非电阻型气敏器件，是基于 MEMS 技术的新型微结构气敏传感器。它们的工作原理是利用半导体表面的空间电荷层或金属-半导体接触势垒的变化，但并不是测量其电阻变化，而是利用其他参数的变化，如二极管和场效应晶体管的伏安特性的变化来检测被测气体的存在。

这类器件的制造工艺成熟，便于器件集成化，因而其性能稳定且价格便宜。利用特定材料还可以使器件对某些气体特别敏感。

（一）二极管气敏器件

二极管的金属和半导体接触时形成肖特基势垒，当金属与半导体接触部分吸附某种气体时，如果对半导体能带或金属的功函数有影响，那么它的整流特性就发生变化。如在掺铟的硫化镉（CdS）上，薄薄地蒸发一层钯（Pd）薄膜，就形成钯-硫化镉（Pd-CdS）二极管气敏传感器，可用来检测氢气的浓度。当氢气浓度急剧增高时，正向偏置条件下的电流也急剧增大，因此，在一定偏置下，通过测量电流值就能知道氢气的浓度。电流值增大，是因为吸附在钯表面的氧气由于氢气浓度的增高而解析，从而使肖特基势垒降低。

目前已使用的有 $Pd-TiO_2$、$Pd-ZnO$、$Pt-TiO_2$、$Au-TiO_2$ 等肖特基势垒二极管气敏器件。

（二）MOS 二极管气敏器件

MOS 二极管的结构和等效电路如图 10-9 所示。制作过程是在 P 型半导体硅片上，利用热氧化工艺生成一层厚度为 50~100 nm 左右的 SiO_2 层，然后在其上面蒸发一层 Pd 的金属薄膜，作为栅电极。由于 SiO_2 层的电容 C_a 固定不变，而 Si 和 SiO_2 界面电容 C_s 是外加电压的函数，因此由等效电路可知，总电容 C 也是栅偏压的函数。其函数关系称为该类 MOS 二极管的 $C-V$ 特性，如图 10-10 中曲线 a 所示。由于 Pd 对 H_2 特别敏感，当 Pd 吸附了 H_2 以后，会使 Pd 的功函数降低，导致 MOS 管的 $C-V$ 特性向负偏压方向平移，如图 10-10 中曲线 b 所示。根据这一特性就可测定 H_2 的浓度。

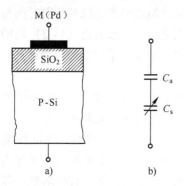

图 10-9　MOS 气敏器件结构和等效电路
a）气敏器件结构　b）等效电路图

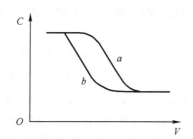

图 10-10　MOS 结构 $C-V$ 特性曲线

（三）Pd-MOSFET 气敏器件

这类器件是利用 MOS 场效应晶体管（MOSFET）的阈值电压的变化做成的半导体气敏传感器。Pd-MOSFET 气敏器件的结构如图 10-11 所示，Pd 薄膜取代铝（Al）作为 MOSFET

的栅电极，由于 Pd 对 H_2 有很强的吸附性，当 H_2 吸附在 Pd 栅极上时，会引起 Pd 的功函数降低。由 MOSFET 的工作原理可知，当栅极（G）、源极（S）之间加正向偏压 U_{GS}，且 $U_{GS} > U_T$（阈值电压）时，栅极氧化层下面的硅从 P 型变为 N 型。这个 N 型区就将源极和漏极连接起来，形成导电通道，即为 N 型沟道。此时，MOSFET 进入工作状态。若此时，在源极（S）和漏极（D）之间加电压 U_{DS}，则源极和漏极之间有电流（I_{DS}）流通。I_{SD} 随 U_{DS} 和 U_{GS} 的大小而变化，其变化规律即为 MOSFET 的伏安特性。当 $U_{GS} < U_T$ 时，MOSFET 的沟道未形成，故无漏源电流。阈值电压 U_T 的大小除了与衬底材料的性质有关外，还与金属和半导体之间的功函数有关。Pd-MOSFET 气敏器件就是利用 H_2 在 Pd 栅极上吸附后引起阈值电压 U_T 下降这一特性来检测 H_2 浓度的。

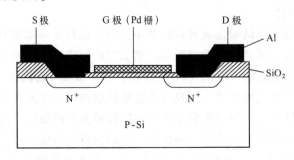

图 10-11　Pd-MOSFET 的结构

五、气敏半导体器件应用时应注意的问题

目前市场上的气敏半导体器件多数为烧结型或烧结膜型器件，这类器件的缺点是易受环境条件变化的影响。为了使器件处于最佳工作状态，使用时需注意控制以下因素：

1）器件性能受加热温度的影响很大，而加热温度受加热电压和电流的控制，即使是不稳压的条件下，器件开始使用到达稳态也需要有一定的预热时间，此预热时间包括使器件加热清洗掉表面吸附水和其他杂质气体及使表面吸附氧达到平衡所需的时间。所以，在气敏半导体器件使用之前，必须经过一定的电老化时间。器件从开始通电到达稳态所需时间与器件存放的条件和时间有关。经过长时间存放的元件在标定使用之前，一般需要（1~2）周的电老化时间。连续测试时要注意保持前后测试条件一致。电老化一般可以采用加热及两端加一定电压的方式实现。

2）在精度要求较高的检测中要注意保持环境的温/湿度的一致性，因为器件表面吸附羟基（-OH）的量与环境湿度关系极为密切，需要较长时间才能达到平衡状态。

3）一般烧结型气敏元件对某种气体的检测并不具有绝对的选择性，不同种类、不同浓度的气体传感器有不同的电阻值，因此在使用时，一般可通过标准被测气体对传感器灵敏度进行调整和校正。同时在应用中要注意环境气氛的清洁。特别是某些有机溶剂的蒸气，如三氯乙烷，如果它吸附在器件表面，则需要很长时间才能脱附。

第二节　湿敏传感器

湿敏传感器是指通过器件材料的物理或化学性质变化将外界环境的湿度转化成有用信号

214

的器件。人们的生活和工农业生产都与周围环境的湿度密切相关，湿敏传感器在仓储、粮食及食品防霉、温室种植及环境监测等方面具有越来越重要的作用。

　　水分子有较大的偶极距，故其易于吸附在固体表面并渗透入固体内部。水分子的这种吸附和渗透特性称为水分子亲和力。利用水分子的这一特性制作的湿敏传感器称为水分子亲和力型传感器。与水分子亲和力无关的传感器称为非水分子亲和力型传感器。当前广泛使用的是水分子亲和力型的湿敏传感器。

一、湿度及其表示方法

　　在自然界中，凡是有水和生物的地方，在其周围的大气里总含有或多或少的水汽。大气中含水量的多少，表明了大气的干湿程度，用湿度表示。在物理学和气象学中表示湿度的方法很多，最常用的表示方法是绝对湿度和相对湿度。

　　绝对湿度是指一定大小空间中水蒸气的绝对含量，其定义式为

$$\rho = \frac{m_V}{V} \tag{10-1}$$

式中，ρ 为待测空气的绝对湿度，单位为 g/m^3 或 mg/m^3；m_V 为待测空气中的水汽质量；V 为待测空气的总体积。

　　绝对湿度也可称为水汽浓度，或称为水汽度或水汽密度，它与空气中水汽分压 P_V 有关。根据理想气体状态方程有

$$\rho = \frac{P_V M_V}{RT} \tag{10-2}$$

式中，M_V 为水汽的摩尔质量；R 为理想气体常数；T 为空气的绝对温度，因此空气的绝对湿度也可用其分压来表示。

　　在实际生活中，许多与湿度有关的现象，并不直接和水汽分压有关，而是与空气中水汽分压与同温度下的饱和水汽压之间的差值有关。如果此差值过小，人们就会感到空气过于潮湿，差值过大就会感到空气太干燥。这就需要引入相对湿度的概念。

　　相对湿度为待测空气的水汽分压与相同温度下水的饱和水汽压的比值的百分数。这是一个无量纲的量，常表示为 %RH（Relative Humidity）。即

$$相对湿度 = \left(\frac{P_V}{P_W}\right)_T \times 100\%RH \tag{10-3}$$

式中，P_V 为温度为 T 的空气中水汽分压；P_W 为与待测空气温度 T 相同时的饱和水汽压。相对湿度给出大气的潮湿程度，使用广泛。

二、湿敏传感器的特性参数

　　湿敏传感器的主要特性参数如下：

　　1）湿度量程。湿度测量的全量程为 0～100%RH。但一种具体的传感器一般来说是无法覆盖全量程的，所以湿度传感器的标称量程越大，其使用价值就越大。

　　2）相对湿度特性曲线。指湿敏元件的感湿特征量，如电阻、电容、电压及频率等随环境相对湿度变化的关系曲线。通常希望这种曲线在全量程上是连续的，并呈线性关系。

　　3）灵敏度及其温度系数。灵敏度就是相对湿度特性曲线的斜率。灵敏度的温度系数就

是相对湿度特性曲线与温度间的关系曲线的斜率。

4）响应时间。指当环境相对湿度变化时，湿敏元件输出的特征量随之变化快慢的程度。该值越小越好。

5）湿滞回线和湿滞回差。指吸湿和脱湿特征曲线的重合程度。原因是湿敏元件吸湿和脱湿的响应时间不同。

湿敏传感器的核心是湿度敏感材料，主要利用吸附效应直接吸附大气中的水分子，使材料的电学特性等物理性质发生变化，从而检测湿度的变化。根据敏感材料不同，可分为陶瓷、电解质及高分子等湿度传感器。

三、陶瓷湿敏传感器

陶瓷湿敏传感器材料主要是不同类型的金属氧化物，通常是用两种以上的金属氧化物半导体材料混合烧结成为多孔陶瓷。这些材料有 $ZnO\text{-}LiO_2\text{-}V_2O_5$ 系、$Si\text{-}Na_2O\text{-}V_2O_5$ 系、$TiO_2\text{-}MgO\text{-}Cr_2O_3$ 系、Fe_3O_4 等，前三种材料的电阻率随湿度增加而下降，称为负特性湿敏半导体陶瓷，最后一种 Fe_3O_4 的电阻率随湿度增加而增大，称为正特性湿敏半导体陶瓷（以下简称半导瓷）。

（一）半导瓷湿敏材料的导电机理

水分子中的氢原子具有很强的正电场，当水在半导瓷表面吸附时，从半导瓷表面俘获电子，使半导瓷表面带负电。

对于负特性湿敏半导瓷，如果该半导瓷是 P 型半导体（多数载流子是空穴），则由于水分子吸附使表面电势下降，将吸引更多的空穴到达其表面，于是，其表面层的电阻下降。若该半导瓷为 N 型（多数载流子是电子），则由于水分子的附着使表面电势下降，如表面电势下降较多，不仅使表面层的电子耗尽，同时吸引更多的空穴到达表面层，有可能使到达表面层的空穴浓度大于电子浓度，出现所谓表面反型层，这些空穴称为反型载流子。它们同样可以在表面迁移而表现出电导特性。因此，由于水分子的吸附，使 N 型半导瓷材料的表面电阻下降。不论是 N 型还是 P 型半导瓷，其电阻率都随湿度的增加而下降。图 10-12 表示了几种负特性半导瓷阻值与湿度的关系。曲线 1、2 和 3 分别表示 $ZnO\text{-}LiO_2\text{-}V_2O_5$ 系、$Si\text{-}Na_2O\text{-}V_2O_5$ 系和 $TiO_2\text{-}MgO\text{-}Cr_2O_3$ 系半导瓷材料。

对正特性湿敏半导瓷的导电机理的解释，可认为这类材料的结构、电子能量状态与负特性材料有所不同。当水分子附着半导瓷的表面使电势变负时，导致其表面层电子浓度下降，但还不足以使表面层的空穴浓度增加到出现反型现象，此时仍以电子导电为主。于是，表面电阻将由于电子浓度下降而加大，这类半导瓷材料的表面电阻将随湿度的增加而加大。如果对某一种半导瓷，其晶粒间的电阻并不比晶粒内电阻大很多，那么表面层电阻的加大对总电阻并不起多大作用。不过，通常湿敏半导瓷材料都是多孔的，表面电导占的比例很大，故表面层电阻的升高必会引起总电阻值的明显升高。但是，由于晶体内部低阻支路仍然存在，正特性半导瓷的总电阻值的升高没有负特性材料的阻值下降得那么明显。图 10-13 给出了 Fe_3O_4 正特性半导瓷湿敏电阻阻值与湿度的关系曲线。比较图 10-12 和图 10-13 可以看出，当相对湿度从 0 变化到 100%RH 时，负特性材料的阻值均下降 3 个数量级，而正特性材料的阻值只增大了约一倍。

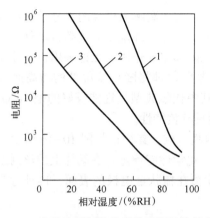

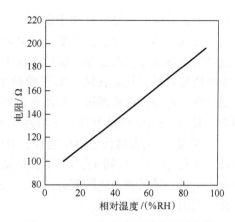

图 10-12　几种金属氧化物半导瓷湿敏特性曲线　　　　图 10-13　Fe_3O_4 半导瓷湿敏特性曲线

（二）典型半导瓷湿敏传感器

半导瓷湿敏传感器具有较好的热稳定性，较强的抗沾污能力，能在恶劣、易污染的环境中测得准确的湿度数据，而且还有响应快、使用湿度范围宽等优点，在实际应用中占有很重要的地位。

1. 烧结型湿敏电阻

$MgCr_2O_4-TiO_2$ 半导体陶瓷是由 P 型半导体 $MgCr_2O_4$ 和 N 型半导体 TiO_2 两种晶体结构组成，它们的化学特性差别很大，其结构如图 10-14 所示，属负特性半导瓷湿敏材料。$MgCr_2O_4$ 的感湿灵敏度适中，电阻率低，阻值湿度特性好。为改善烧结特性和提高元件的机械强度及抗热骤变特性，在原材料中加入 30% mol 的 TiO_2，在 1300℃ 的空气中烧结成多孔陶瓷，气孔率达 30%~40%。这种陶瓷材料的电阻率和湿

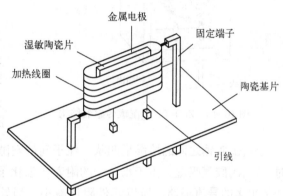

图 10-14　$MgCr_2O_4-TiO_2$ 湿敏传感器结构

度特性与原材料的配方及工艺密切相关。在 $MgCr_2O_4-TiO_2$ 陶瓷片的两面涂覆有多孔金属电极 RuO_2，RuO_2 的热膨胀系数与陶瓷相同，因而有良好的附着力。金属电极与引出线烧结在一起。为了减少测量误差，在陶瓷片外设置由镍铬丝制成的加热线圈，以便对器件加热清洗，排除恶劣气氛对器件的污染。整个器件安装在陶瓷基片上，电极引线一般采用铂-铱合金。

$ZnO-Cr_2O_3$ 陶瓷湿敏元件是将多孔材料的金电极烧结在多孔陶瓷圆片的两表面上，并焊上铂引线，然后将敏感元件装入有网眼过滤的方形塑料盒中，并用树脂固定，其结构如图 10-15 所示。$ZnO-Cr_2O_3$ 湿敏传感器能连续、稳定地测量湿度，而无须加热除污装置，因此功耗低于 0.5 W，体积小，可使传感器小型化，成本低，是一种常用的湿度传感器。

2. 涂覆膜型湿敏传感器

涂覆膜型湿敏传感器的结构与烧结型陶瓷不同，是由金属氧化物粉粒经过堆积、粘结而成的材料，通过一定方式调和，然后喷洒或涂覆在具有叉指电极的陶瓷基片上制成的。这类湿敏传感器的阻值随环境湿度变化非常剧烈，这种特性是由其结构决定的。金属氧化物粉粒之间通常是很松散的"准自由"表面，这些表面非常有利于水分子的附着，特别是粉粒与

粉粒之间不太紧密的接触更有利于水分子的附着。极性的、离解力极强的水分子在粉粒接触处的附着将强化其接触程度，并使接触电阻显著降低。因此，环境湿度越高，水分子附着越多，接触电阻就越低。在这类湿敏传感器中，接触电阻起主导作用，无论采用正特性还是负特性湿敏瓷粉材料，只要其结构属于粉粒堆集型，其阻值都将随环境湿度的增高而显著下降，都具有负特性。这种湿敏传感器有多种品种，其中比较典型且性能较好的是 Fe_3O_4 湿敏传感器，其中，Fe_3O_4 烧结型具有正特性，涂覆膜型具有负特性。

涂覆膜型 Fe_3O_4 湿敏传感器由基片、电极和感湿膜组成，其构造如图 10-16 所示。基片材料选用滑石瓷，该材料的吸水率低，机械强度高，化学性能稳定。在基片上用丝网工艺印制梳状金电极，最后将预先配制好的 Fe_3O_4 胶体液涂覆在梳状金电极的表面，再进行热处理和老化，引出电极即可使用。

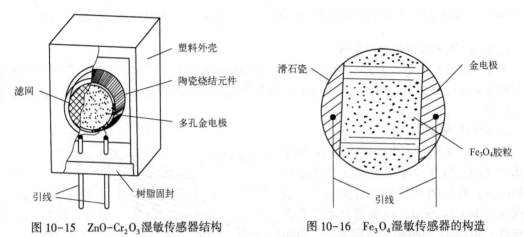

图 10-15　ZnO-Cr_2O_3 湿敏传感器结构　　　　图 10-16　Fe_3O_4 湿敏传感器的构造

Fe_3O_4 胶体之间的接触呈凹状，粒子间的空隙使薄膜具有多孔性，当空气相对湿度增大时，Fe_3O_4 胶膜吸湿，由于水分子的附着，强化了颗粒之间的接触，降低了粒间的电阻，增加了更多的导流通路，所以元件阻值减小。当处于干燥环境中，胶膜脱湿，粒间接触面减小，元件阻值增大。当环境温度不同时，涂覆膜上所吸附的水分也随之变化，使梳状金电极之间的电阻产生变化。

Fe_3O_4 湿敏传感器在常温、常湿条件下性能比较稳定，有较强的抗结露能力，测湿范围广，有较为一致的湿敏特性和较好的温度-湿度特性，工艺简单，价格便宜。但缺点是器件有较明显的湿滞现象，响应时间长，吸湿过程（60%RH→98%RH）需要 2 min，脱湿过程（98%RH→12%RH）需（5~7）min。

四、电解质湿敏传感器

有些物质的水溶液是能导电的，称为电解质。无机物中的酸、碱、盐大部分属于电解质。电解质溶于水中，在极性水分子作用下，全部或部分地离解为能自由移动的正、负离子，不同的电解质溶液具有不同的导电能力。电解质溶液的导电能力既与电解质本身的性质有关，又与电解质溶液的浓度有关，其溶液中的离子导电能力与浓度成正比。当溶液置于一定的温度场中，若环境相对湿度高，溶液将吸收水分，使浓度降低，因此，其溶液电阻率增高。反之，环境相对湿度变低时，则溶液浓度升高，其电阻率下降，即电解质溶液的电导率是环境湿度的函数，从而可实现对湿度的测量。利用这一特性，在绝缘基板上制作一对金属电极，其上再覆一层电解质溶液，即可形成一层感湿膜。感湿膜可随空气中湿度的变化吸湿或脱湿，同时引起感湿膜电导的变化，通过测量电路就可测得环境的湿度。

氯化锂（LiCl）是典型的离子晶体，属于非缔合型电解质，在 LiCl 溶液中，Li 和 Cl 分别以正、负离子的形式存在。实验证明，LiCl 溶液的当量电导随着溶液浓度的增加而下降，是一种较好的感湿材料。LiCl 溶液的电阻与环境相对湿度之间的关系如图 10-17 所示。

氯化锂湿敏元件有登莫式和浸渍式两种类型，分别如图 10-18 和图 10-19 所示，均由基片、感湿层与电极三部分组成。登莫式的结构是在条状绝缘基片（如无碱玻璃）的两面，用化学沉积或真空蒸镀法做上电极，再浸渍一定比例配制的氯化锂—聚乙烯醇混合溶液。经老化处理，便制成了氯化锂湿敏元件。图 10-18 是在聚苯乙烯圆管上涂一层经碱化处理的聚乙烯醋酸盐和氯化锂水溶液的混合液，形成均匀薄膜。A 为聚苯乙烯包封的铝管，B 为一对平行的钯引线。浸渍式结构是将氯化锂溶液直接浸渍在基片材料上（天然树皮），基片材料表面积大，可实现传感器小型化，适于微小空间的湿度检测。

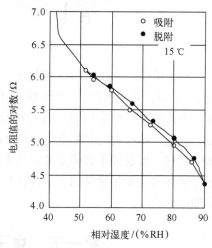

图 10-17　氯化锂溶液湿度–电阻特性曲线

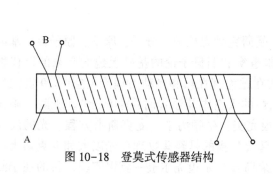

图 10-18　登莫式传感器结构

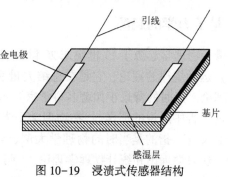

图 10-19　浸渍式传感器结构

思考题与习题

1. 气敏传感器有哪几种类型？各有什么特点？
2. 说明气敏半导体材料的导电机理。
3. 表面控制型电阻传感器由哪几部分组成？有哪些类型？各有何特点？
4. 为何多数气敏器件都附有加热器？
5. 直热式气敏元件与旁热式气敏元件各有何特点？
6. 说明 MOS 二极管气敏器件的结构及工作原理。
7. 气敏半导体器件应用时应注意哪些问题？
8. 什么是湿度、绝对湿度和相对湿度？
9. 简述负特性和正特性半导瓷湿敏材料的导电机理。
10. 说明电解质湿敏传感器的工作原理。

第十一章 量子传感技术基础

作为信息技术源头的传感技术，是提高测量分辨力的根本环节。测量科学的宗旨就是"追求卓越，挑战极限"，不断刷新已有的记录。而目前传感技术的最新进展是将量子物理学的理论应用到测量领域，以实现对一些基本物理量的测量及建立计量基准。值得说明的是，就连本章标题的名称也受现有文献的限制，尚未有确切的定义，是本书暂时为本章所给出的名称，但这并不妨碍读者对这方面知识的学习和理解。可以肯定地说，本章所介绍的量子传感技术是测量科学的前沿科技和发展方向。这里只对量子传感技术中的几种较成熟的技术加以介绍。

第一节 量子传感技术的量子力学基础

量子传感技术的理论基础是量子力学，因此，有必要对量子力学的有关基础知识进行简单的回顾。

一、量子力学的起源

量子物理学起源于19世纪末20世纪初，是研究微观粒子（分子、原子、原子核、基本粒子）运动规律的理论，它是在总结大量实验事实和旧量子论的基础上建立起来的近代物理学理论。当时的背景正如著名科学家开尔文在题为《在热和光动力理论上空的19世纪乌云》的报告中所说的那样："在物理学阳光灿烂的天空中漂浮着两朵小乌云"。所谓"阳光灿烂的天空"指的是当时的物理学大厦已经很完美：牛顿力学、麦克斯韦方程、光的波动理论、热力学理论和统计物理学理论。"两朵乌云"指的是经典物理在光以太和麦克斯韦—玻尔兹曼能量均分学说上遇到的难题。"第一朵乌云"是迈克尔逊—莫雷实验，目的在于测量以太相对于地球的漂移速度，但实验结果却无情地否定了以太的存在，使这根支撑经典物理大厦的梁柱面临崩塌的危险。这个实验是物理史上最有名的"失败的实验"。"第二朵乌云"是黑体辐射实验结果和理论的不一致，但也正是这朵"乌云"成了量子物理学发展的主线，促成了量子论的诞生。而前者则促成了相对论的诞生。

在当时，从不同出发点导出的黑体辐射谱的公式有两个，其中从粒子角度推导的维恩公式在高频区与实验符合得很好，而从波动角度推导的瑞利—金斯公式在低频区与实验符合得很好。这两个公式分别在各自的范围内起作用，这使人们感到很困惑。时任柏林大学理论物理研究所主任的普朗克基于长期研究的经验，对两个公式采用内插法提出了一个能适用于整个频率区的新公式。该研究成果于1900年12月14日发表（该日期现已作为量子力学的诞生日）。他在该公式中做了一个大胆的、革命性的假设：能量在发射和接收的时候，不是连续不断的，而是分成一份一份的。这个基本单位一开始被普朗克称为"能量子"，但不久他又在论文中改称为"量子"，拉开了量子理论的研究序幕。

二、量子传感技术的计量学起源

在 1963 年第 11 届国际计量大会上，国际计量局（BIPM）提出用光波波长取代实物基准米原器，使米的计量准确度提高到 10^{-9} 量级，从此，基本计量单位进入了量子计量基准的时代。因此我们可以将量子传感技术的起源大致定位在这个时间。目前，在 7 个国际计量单位（米、千克、秒、安培、开尔文、坎德拉、摩尔）中，具有最高准确度的量子计量基准是时间频率基准，已达 1×10^{-16} 量级。量子计量基准的核心内容是量子传感技术，而量子传感技术的核心内容是量子物理学，量子物理学的基础是量子力学。为避开繁杂的理论推导，这里仅对量子物理学中与量子传感技术有关的内容进行简要介绍。

三、量子传感技术的经典量子力学基础

量子传感技术中比较经典的物理学概念在《大学物理》中都已出现过，在本章学习中涉及的主要有以下几个知识点。

1. 能量子假设

普朗克于 1900 年 10 月下旬发表的论文中第一次提出了黑体辐射公式。他随后在 12 月 14 日德国物理学会的例会报告中说：为了从理论上得出正确的辐射公式，必须假定物质辐射（或吸收）的能量不是连续不断，而是一份一份地进行的，并只能取某个最小数值的整数倍。这个最小数值就叫能量子，它是辐射频率为 ν 的能量的最小数值，即

$$\varepsilon = h\nu \tag{11-1}$$

式（11-1）中的 h 就是著名的量子常数，以它的发现者命名，称为普朗克常数，现已成为现代物理学中最重要的三个基本物理常数之一（另外两个是万有引力常数 G 和光速 c）。

2. 光子理论

在光电效应的早期研究中，人们是用光照射特定的金属而打出电子。当时的实验中发现：能否打出电子取决于光的频率，存在着临界频率；而打出电子的多少则取决于光的强度。如何解释这些明确的实验结果在当时成了一个难题，主要是因为这样的结果与经典物理学中的波动理论是相矛盾的。经典力学理论总是把研究对象明确地区分为两类——波和粒子，前者的典型例子是光，而后者则是常说的"物质"。通常，二者的界限很清晰。为解释光电效应，爱因斯坦受普朗克量子理论的启发，在 1905 年提出了光电效应的光量子理论，认为光的能量是以"量子"或"光子"的形式表现出来的，其行为更接近粒子。这样，根据式（11-1）可知，频率越高的光（如紫外光）的单个量子的能量要比频率低的光（如红外光）的单个量子含有更多的能量，因此，当它作用到金属表面时，就能够激发出拥有更大动能的电子来。而量子本身的能量同光的强度无关。比如，对低频光来说，它的每一个量子都不足以激发出电子，那么，不论光的强度有多大，也就是说即使含再多的光量子也无法打出电子。直到 1915 年，密立根想通过实验证实光量子理论是错误的，但实验结果却意外地证实了爱因斯坦理论的正确性，光电现象都明确地表现出量子化的特征。1923 年，康普顿在研究 X 射线被自由电子散射时发现了一个奇怪的现象（康普顿效应）：散射出来的 X 射线分成两部分，一部分和原来的入射线波长相同，而另一部分却比原来的射线的波长要长，且同散射角成函数关系。用光量子理论推导的波长变化值与实验结果完全吻合。人们开始意识到光波可能同时具有波和粒子的双重性质。

3. 原子光谱与玻尔模型

氢是最轻的原子，氢原子光谱在人类对原子结构认识的过程中起到了重要的作用。测量光谱的光谱仪的分辨力用 R 表示，表达式为

$$R = \frac{\lambda}{\Delta\lambda} \tag{11-2}$$

式中，λ 为波长；$\Delta\lambda$ 为在 λ 附近能够分辨的最小波长差。

1853 年埃斯特朗首先发现了最强的一根谱线，即现在称作 H_α 的谱线。1885 年巴尔末对已观察到的 14 条氢光谱线的规律性进行了研究，获得了波长的表达式，但当时的原子模型理论不能解释原子光谱可具有离散的线光谱的现象。

丹麦物理学家玻尔受普朗克和爱因斯坦学说以及巴尔末公式的启发，在 1913 年提出了如下假设：

1）原子只能处在一些具有确定的离散值的能量状态中。

2）原子中电子的轨道角动量是量子化的。

3）当原子从一个定态跃迁到另一个定态时，原子的能量状态发生改变，这时原子才发射或吸收电磁辐射，所发射或吸收辐射的频率要服从频率规则。

将玻尔的三个假设与卢瑟福核式模型结合在一起，就可推导出氢原子的能级，还能推导出原子中电子的轨道半径。当原子中的电子由较高能级 E_n 跃迁到较低能级 E_m 时，就会产生电离辐射而发射光子，根据玻尔的频率条件可得光子的能量为

$$h\nu = E_n - E_m, \quad n > m, \quad m = 1,2,3,\cdots \tag{11-3}$$

式（11-3）中的 n 和 m 都是整数，即这些能级的跃迁是量子化的行为。反过来，当电子吸收了能量，也可以从能量低的状态跃迁到能量高的状态。玻尔的公式与基于实验结果的巴尔末公式完全符合（误差小于 0.1%），这使他的理论有了坚实的基础。更重要的是，玻尔的模型还预测了一些新的谱线的存在，这些预言又很快被物理学家们所证实（如图 11-1 所示）。

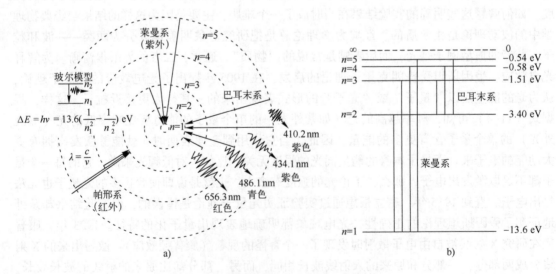

图 11-1　氢原子的电子轨道及能级示意图

a）电子轨道　b）能级

4. 物质的波粒二象性

玻尔的理论虽然能解释氢原子光谱，给出里德伯常量，但还不符合经典带电粒子的运动规律，因此，还必须有新的理论。

（1）德布罗意假设

在玻尔原子模型中，原子中电子的角动量、能量都出现了一些整数，德布罗意把这种整数现象同波的特征联系起来，如波的驻波现象、衍射现象等。他认为氢原子中电子轨道角动量的量子化恰恰反映出电子的波动性特征。德布罗意在 1924 年所提交的博士论文中提出了一个惊人的假设，即"物质波"的假说。他认为和光一样，一切物质都具有波粒二象性。当然，电子也可以具有波动性。这个假设质疑了粒子不能具备波动性质的传统观点。德布罗意提出，机械能量为 E、动量为 p、静止质量为 m_0 的粒子与波的频率 ν 和波长 λ 之间的关系为

$$\begin{cases} E = h\nu \\ p = \dfrac{h\nu}{c} = \dfrac{h}{\lambda} \\ E^2 = p^2 c^2 + m_0^2 c^4 \end{cases} \tag{11-4}$$

式中，c 为光速。德布罗意认为，玻尔原子模型中允许的电子轨道必须是那些具有稳定的驻波的轨道，即轨道的长度必须是波长的整数倍，这样就可由波长和动量之间的关系式推出玻尔的量子化规则。他还大胆预言，当电子穿过小孔或者晶体的时候会产生可观测的衍射现象。

（2）实验验证

戴维逊和革末在 1927 年合作完成了镍晶体的电子衍射实验，发现被镍晶体散射的电子其行为和 X 射线衍射完全一样（如图 11-2 所示）。这个实验对电子的德布罗意波给出了明确的验证，证明了德布罗意公式的正确性。

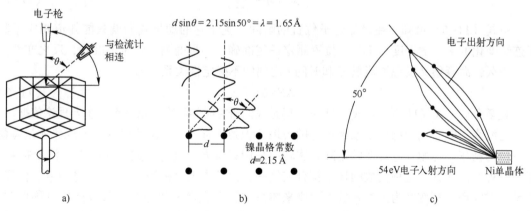

图 11-2　戴维逊-革末实验原理图

a) 实验原理　b) 相长干涉条件　c) 实验结果

同年，汤姆逊用一窄束阴极射线打在金属薄箔（厚度为 nm 量级）上，在薄箔后面垂直于电子束方向放置的胶片接收散射电子，经过显影后在底片上得到了衍射图形。根据 X 射线衍射的数据可以知道金属的晶格结构，计算的电子波长和由德布罗意公式预测的波长之间

的误差在 1% 以内。该实验也证实了电子衍射的存在。

5. 不确定性原理

不确定性原理在我国教材中多译为"测不准原理"。

德国物理学家海森堡坚定地认为,物理学的理论只能够从一些可以直接被实验观察和检验的结果开始。因此,他对玻尔的原子模型提出了一点疑问:根据玻尔理论所观测到的结果仅是"能级差"或"轨道差",是个相对值,而不是我们真正想得到的"能级"或"轨道"这样的绝对量。那么,问题出在哪里呢?海森堡另辟蹊径,他从电子在原子中的运动出发,发现跃迁电子的频率必然要表示成两个能级的函数,而这个函数竟然有两个坐标,因此,必须用二维表格表达。于是,他采用矩阵理论进行研究,即每个数据都用行元素和列元素表示,并运用矩阵理论推导出了原子能级和辐射频率。更重要的是,他发现他所研究的矩阵不符合交换律,能正确解释这一问题就是重大突破的关键所在。

波粒二象性所导致的一个必然结果就是在任何时候都不可能得到一个量子体系的全部信息。例如,在双缝干涉实验中可以选择让光通过双缝来测量光的特性而无法知道光子从哪个狭缝通过,或者牺牲干涉的可能性而只观测光子是从哪个狭缝通过的,但永远不可能把这两件事同时完成。海森堡最先认识到这一问题,他用一种很特别的方式解释了这种测量的不确定性。他指出,测量光子通过哪个狭缝其实就是测量光子到达显示屏时的位置,而观察干涉现象则是测量光子的动量。因此,根据波粒二象性,不可能同时测出一个量子对象的位置和时间。他在 1927 年提出了不确定性原理。海森伯的不确定性原理是通过一些实验来论证的。设想用一个 γ 射线显微镜来观察一个电子的坐标,因为 γ 射线显微镜的分辨本领受到波长 λ 的限制,所用光的波长 λ 越短,显微镜的分辨率越高,从而测定电子坐标不确定的程度 Δq 就越小,所以 $\Delta q \propto \lambda$。但另一方面,光照射到电子,可以看成是光量子和电子的碰撞,波长 λ 越短,光量子的动量就越大,所以有 $\Delta p \propto 1/\lambda$。经过推理计算得出

$$\Delta q \times \Delta p = \frac{h}{4\pi} \qquad (11\text{--}5)$$

由式 (11--5) 可知,在确知电子位置的瞬间,关于它的动量我们就只能知道相应于其不连续变化的大小的程度。于是,位置测定得越准确,动量的测定就越不准确,反之亦然。

不久,海森堡又发现了能量 E 和时间 t 之间的不确定性关系,即

$$\Delta E \times \Delta t > h \qquad (11\text{--}6)$$

直至今日,式 (11--5) 和式 (11--6) 仍是我们研究时间频率计量基准的主要理论依据。

与海森堡同时代的物理学家狄拉克敏锐地认识到不符合矩阵交换律的量子现象才是海森堡理论的精华。他抛开海森堡的矩阵方法转而采用算符方法进行研究,即应用"泊松括号"建立一种新的代数,这种代数同样不符合交换率,狄拉克把它称为"q 数"。将动量、位置、能量、时间等,都变换为这种 q 数。而原来体系中符合交换率的那些变量被狄拉克称作"c 数"。他用这种方法获得了与海森堡相同的结论,但方程的形式更加简洁,同时也证实了量子力学其实是与经典力学一脉相承的。

6. 薛定谔方程

薛定谔在仔细研究德布罗意的思想后认为,既然粒子具有波粒二象性,那就一定能够用波动方程来描述这种波动特性,而不必用此前玻尔的"分立能级"假设及海森堡的庞大矩阵和复杂运算。于是,他将研究目标集中在寻找波动方程方面。他从经典力学的哈密顿–雅

可比方程出发，利用变分法和德布罗意公式，提出了描述微观粒子运动规律的基本方程——薛定谔方程。薛定谔方程的一般形式可表达为

$$\left(\frac{\partial}{\partial t}+\hat{L}\right)\Psi(x,t)=0 \tag{11-7}$$

式中，$\hat{L}$ 为时间、空间的线性算符。以自由粒子为例，其波函数满足的薛定谔方程为

$$i\hbar\frac{\partial}{\partial t}\Psi=-\frac{\hbar^2}{2m}\nabla^2\Psi \tag{11-8}$$

式中，∇ 为梯度算符，即

$$\nabla=\vec{i}\frac{\partial}{\partial x}+\vec{j}\frac{\partial}{\partial y}+\vec{k}\frac{\partial}{\partial z} \tag{11-9}$$

以上六个量子力学的经典理论成为量子传感技术的重要基础。

第二节　时间频率基准的量子传感技术

时间频率是 7 个国际基本单位（SI）之一，单位为秒（s）。根据 2018 年第 26 届国际计量大会（CGPM）上的定义，秒等于未受干扰条件下铯-133（^{133}Cs）原子在稳定基态的两个超精细能级之间跃迁 9 192 631 770 个辐射周期持续的时间。人们在追求缩小体积、增强实用性方面提出相干布局囚禁（CPT）原子钟。随着激光冷却和原子囚禁技术的发展，使光频测量成为可能，进而发展了新一代准确度更高的时间传感技术——光钟。目前时间频率的测量是所有量值计量中精度最高的，可达 10^{-16} 量级。

一、原子频标的基本原理

原子频标也称量子频率标准，是构成原子钟的核心部分，它是利用原子的能级跃迁而产生的稳定的辐射频率来锁定外接振荡器频率的频率测量装置。如图 11-3 所示为其原理框图，这是一个闭环反馈控制系统。一个受控的标准频率发生器输出的信号经倍频和频率合成后成为频率接近原子跃迁频率的信号，用来激励原子产生吸收或激发的频率信号，达到共振状态。其幅频特性曲线呈共振曲线形状，称原子谱线，其中心频率为原子跃迁频率 ν_0，线宽为 $\Delta\nu$。反馈控制系统的作用是将受控振荡器的频率锁定在原子跃迁频率上。

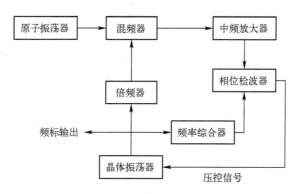

图 11-3　主动型原子频标原理框图

原子钟的主要性能指标是输出频率的稳定度和准确度。频率稳定度与采样周期的长短有关，短期稳定度主要取决于输出信号的频率噪声，而长期稳定度则取决于影响原子频率的物理因素。

二、原子频标的物理基础

（一）原子的精细结构和超精细结构

1. 原子光谱的精细结构

所谓精细结构是指用分辨本领高的光谱仪观察原子光谱时，发现原来的一条谱线实际上包含着两条或多条波长非常接近的谱线。由于电子层是不连续的，所以，电子跃迁所放出的能量也是不连续的（量子化的），这种不连续的能量在光谱上的反映就是线状光谱。

在现代量子力学模型中，描述电子层的量子数称为主量子数或量子数 n，n 的取值为正整数 1、2、3、4、5、6、7，电子层的对应符号为 K、L、M、N、O、P、Q。对氢原子来说，n 一定，其运动状态的能量一定。一般而言，n 越大，电子层的能量越高。

2. 原子光谱的超精细结构

在越来越多的光谱实验中，人们发现，电子在两个相邻电子层之间发生跃迁时，会出现多条相近的谱线，这表明，同一电子层中还存在着能量的差别，这种差别被称为"电子亚层"，也叫"能级"。如果用更加精细的光谱仪观察氢原子光谱，就会发现原来的整条谱线又有裂分，这意味着量子化的两电子层之间存在着更为精细的"层次"。每一电子层都由一个或多个能级组成，同一能级的能量相同。从第一到第七周期的所有元素中，人们共发现 4 个能级，分别命名为 s、p、d、f。

3. 量子传感技术中常用的几种原子的超精细能级结构

图 11-4 ~ 图 11-6 所示为时间频率计量基准中常用的铯、氢、铷原子的超精细能级结构图。

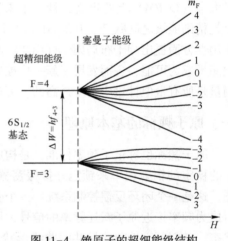

图 11-4　铯原子的超细能级结构

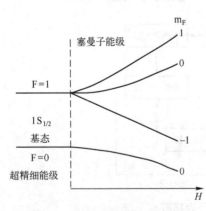

图 11-5　氢原子的超细能级结构

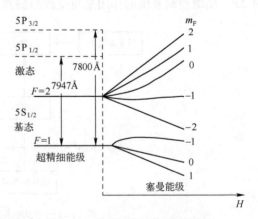

图 11-6　铷原子的超细能级结构

（二）电子自旋

1921 年施特恩和格拉赫提出了一个实验方案（如图 11-7 所示），目的是直接显示原子的空间量子化并测量原子的磁矩。该实验验证了空间量子化的存在，并测量了原子磁矩。

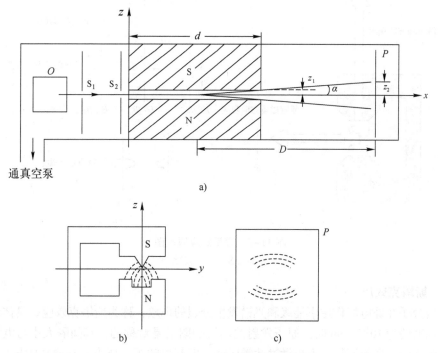

图 11-7 电子自旋实验示意图

a）装置示意图 b）磁极布置 c）实验结果

为解释这一实验现象，在 1925 年乌伦贝克和哥德斯密托提出了原子自旋假说：

1）每一个电子都具有内禀角动量 S_z，它在空间任何方向上的投影只可能取两个数值：

$$S_z = \pm\frac{\hbar}{2} \tag{11-10}$$

式中，$\hbar = \dfrac{h}{2\pi}$ 也叫普朗克常数。

2）假设每个电子都具有自旋磁矩 μ_s，它和自旋角动量 S 的关系为

$$\mu_s = -\frac{e}{m}S \tag{11-11}$$

式中，m 为质量；e 为电子的基本电荷。

后来的大量实验都证明了这两条假设是正确的，从而证实了电子自旋的存在。每个轨道最多可以容纳两个自旋方向相反的电子，记做"↑↓"。

（三）塞曼效应

1896 年塞曼观察到，将钠光源放在磁场中，在磁场外垂直于磁力线方向用光谱仪测量谱线，发现钠的谱线会变宽，这就是塞曼效应。这个效应是很小的，当时的谱线宽度只为 0.22 nm。该效应表明磁场能改变电磁波的振荡频率。图 11-8 是塞曼效应的原理图，图中用电矢量 E 表示谱线的极化特性。洛伦兹对塞曼效应做出了合理的解释。直至现在，双频激

光干涉仪还是应用塞曼效应产生两个频率的激光。

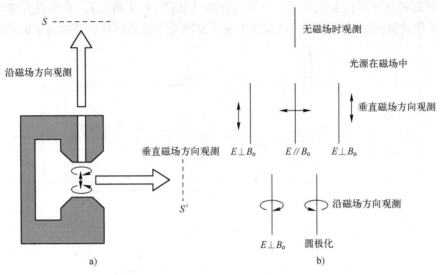

图 11-8　塞曼效应原理图

a）实验布置　b）实验结果

（四）斯塔克效应

原子或分子在外电场作用下能级和光谱发生分裂的现象，称为斯塔克效应。具体地讲，就是在电场强度约为 10^5 V/cm 时，原子发射的谱线的图案是对称的，其间隔大小与电场强度成正比。在此之前，塞曼等科学家也做过此类研究，但都失败了。斯塔克在凿孔阴极后仅几 mm 处放置了第三个极板，并在这两极之间加了 20 000 V/cm 的电场，然后用分光计在垂直于射线的方向上测试，观察到了光谱线的分裂。图 11-9 所示为氢原子斯塔克效应的谱线分裂图。

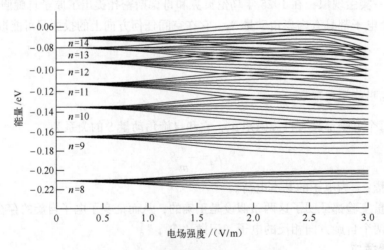

图 11-9　斯塔克效应的谱线分裂图

三、原子的态选择技术

为了对不同能级的原子进行区分，就必须把高、低能态的原子的数目加以改变。改变原子在两个能级的相对数目称为态制备。目前，微波原子共振器中所采用的态制备方法有两种：磁选态和光抽运。前者利用在非均匀磁场中不同状态原子形成不同轨迹，把所需原子从空间中选择出来。后者利用特殊的光选择吸收作用，把大部分原子"变"成所需状态原子，可得到更高的原子利用率。

（一）磁选态技术

磁选态技术是基于原子具有"磁偶极矩"的特点，使它们进入非均匀强磁场后就像大量的小磁铁一样，被偏转到不同的方向，可以选其中的一类用于原子共振器。图 11-10 所示为原子的磁选态技术原理。

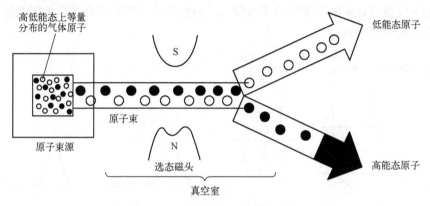

图 11-10 原子的磁选态技术原理

（二）光抽运技术

光抽运技术要求原子有一个以上的共振，其中只有一种共振对应于微波频率，是微波共振器所需要的，而另一种共振对应于红外或可见光频率。即微波共振器所需要的共振发生在原子基态两个超精细能级之间，而光共振发生在基态之一到激发态的跃迁。相对于磁选态技术，采用光抽运技术可获得更高的原子利用率。

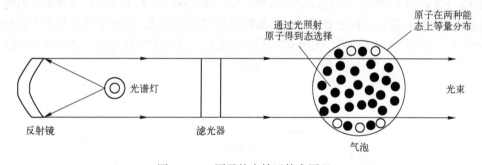

图 11-11 原子的光抽运技术原理

四、传统型原子频标

（一）光抽运气室频率标准的原理

光抽运气室频标是用碱金属原子基态在两个超精细结构能级之间跃迁的辐射频率作为标准频率，它处于微波波段。在磁场中，这两个能级都有塞曼分裂。作为标准频率的跃迁是其中受磁场影响最小的两个磁子能级 $m_F = 0$ 之间的跃迁。若用合适频率的单色光照射原子系统，使基态一个超精细能级上的原子被共振激发而辐射回到基态时可能落到所有能级，原子就会集中到一个基态能级，极大地偏离玻尔兹曼分布，这就是光抽运效应。典型的能产生光抽运效应的原子有铯原子和铷原子。

铷原子有两种稳定的同位素^{85}Rb 和^{87}Rb，其丰度分别为 72.2% 和 27.8%。它们各有 3036 MHz 和 6835 MHz 的两个超精细能级，^{87}Rb 的能级结构如图 11-6 所示，而图 11-12 所示为^{85}Rb 和^{87}Rb 的能级简化结构及其共振光的频率分布，图中的 A、B 线由^{85}Rb 产生，a、b 线由^{87}Rb 产生。A、a 两线有较多的重合，而 B、b 线则重合较少。因此，若^{87}Rb 原子发出的光透过一个充以^{85}Rb 原子的滤光泡，a 线就会被较多吸收，而剩下较强的 b 线。^{87}Rb 在这种光的作用下就会有较多的下能级原子被激发，使更多的原子聚集在超精细能级结构的上能级上，从而实现光抽运效应。

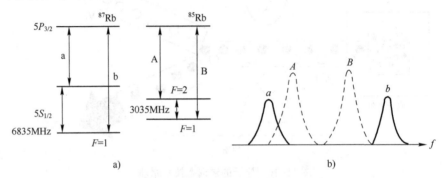

图 11-12　铷原子的能级简化结构及其共振光的频率分布
a) 能级简化结构　b) 共振光的频率分布

激光抽运铯原子频标的结构如图 11-13 所示。由铯炉喷出的铯原子束经准直后，在进入微波作用区前与抽运光束相互作用。来自激光器并被偏振的、具有几 mW 功率的激光束在半透明薄片作用下分为两部分。进入谐振腔的原子束与激光束相互作用，这就是原子与光的相互作用区。它们产生的磁场与作用区中的磁场平行，跃迁取决于光学选择。当谐振腔内电磁场频率与超精细跃迁相符时，原子在两个超精细能级之间发生跃迁，打破了原有的原子在能级上的平衡分布，又发生新的光吸收，使光电信号产生变化。这种周期性的信号就是原子钟信号。

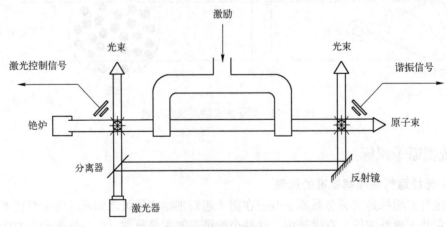

图 11-13　激光抽运铯原子频标结构

（二）磁选态分析型铯原子束频率标准的原理

原子束频标的工艺要求高、技术难度大。图 11-14 所示为磁选态型铯原子束频率标准的原理。铯原子从铯炉中经大量细长管子组成的准直器以较小发散角的原子束的形式流出，穿过由不均匀强磁场形成的 B 分析磁场区。由于处于基态的两个超精细结构能级上的原子带有不同的磁矩，在不均匀强磁场中偏转分成两束，其中一束进入带有 C 场和微波的谐振腔，在那里与微波辐射场进行两次相互作用而完成跃迁。跃迁后的原子经过 B 分析磁场后偏向检测器，而未经跃迁的原子则被偏离开。检测器上跃迁频率与微波频率的关系呈 Ramsey 曲线，如图 11-15 所示。检测器用热离化丝把中性铯原子离化为离子而加以收集。微波腔内加辐射场的目的是使原子发生跃迁，这样，才能在热离化丝上检测到频率信号。

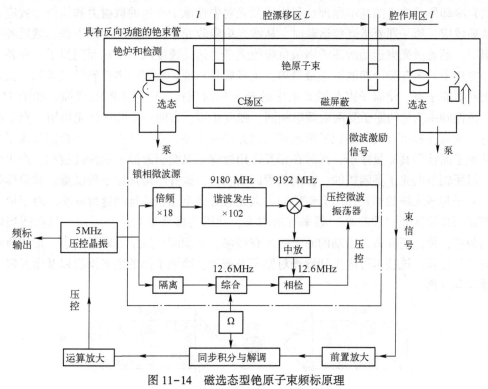

图 11-14　磁选态型铯原子束频标原理

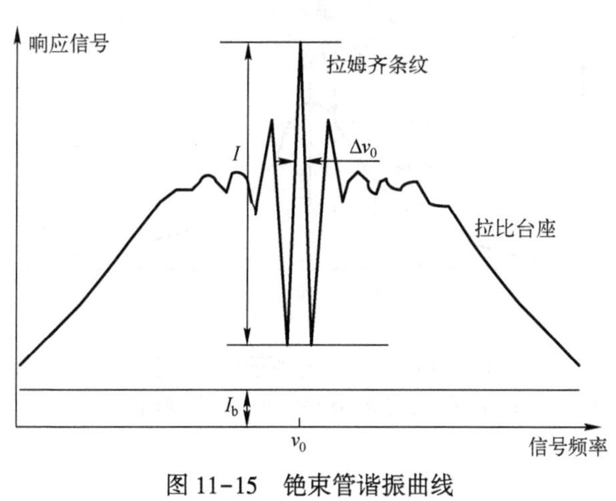

图 11-15　铯束管谐振曲线

231

在用 Ramsey 分离场技术获得的跃迁原子信号中，线宽 $\Delta\nu$ 取决于原子飞过谐振腔中漂移区（两微波相互作用区之间的长度 L）的时间 T，有 $\Delta\nu \approx 1/(2T)$。可见，T 越大，$\Delta\nu$ 越小，频率越稳定。而 T 与原子速度 v 有关，$T = L/v$，这样，增大 T 的有效途径是降低 v。通常，原子的速度在数百 m/s 的量级。问题的关键在于如何让原子"减速"。于是，激光冷却原子的技术应运而生。

五、新一代原子频标

（一）原子喷泉型频标

1. 激光冷却原子技术

激光冷却原子技术的基本原理是利用了激光对中性原子产生的散射力和偶极力效应。根据多普勒效应，原子迎着激光束运动时，从激光束吸收光子，而速度会降下来，然后各向同性地辐射。顺着激光束运动的原子则很难吸收光子，运动速度降不下来而跑掉了。在各种激光冷却方法中，多普勒冷却的原理最简单，也最容易实现。所谓的多普勒激光冷却，就是用激光束照射原子束，使原子束与激光束中的光子相向而行，进行不断的碰撞。如图 11-16 所示，谐振频率为 f_0 的原子受两束频率相同、强度相等、方向相反的单色光作用。光子和原子的每一次碰撞都可以看成是原子吸收和发射光子的循环。在循环中，原子会因吸收了相向而行的光子而使得其动量减小，同时在相互作用过程中又会引起原子的跃迁过程，产生光子辐射，但所辐射的光子是随机的，方向朝着四面八方，这并不增加原子的动量。从总体效果上看，原子与激光场的相互作用会使得迎着激光束方向上原子的运动速度减小。对于原子而言，迎面而来的激光"看起来"频率有所增大，此即为多普勒效应。因此，只有适当降低激光的频率，使之正好适合运动的原子的固有频率，才能满足原子的跃迁要求，形成吸收和发射光子的过程。该技术可应用到激光对原子束减速、冷原子团的激光操纵以及激光阱中的原子俘获等方面。

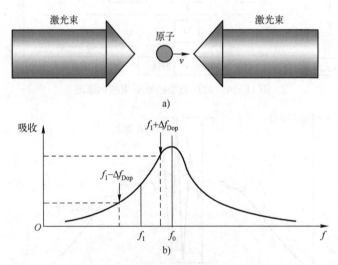

图 11-16　激光冷却原子原理示意图

a）原子与单色光的作用　b）原子吸收谱线

2. 原子喷泉技术

原子喷泉原本是在20世纪50年代为解决原子频率基准腔相位差频移的一种巧妙设想，即让原子束先是垂直向上穿越微波腔，然后在重力场中自由下落穿过同一微波腔而产生 Ramsey 共振的方法。显然，由于工艺技术及装置方面的原因，高速原子形成喷泉后很难再回落入微波腔中，因此，激光减速原子就成为必备条件。20世纪80年代末，随着光学粘团（Optical molasses，OM）和磁光阱（Magneto-optical trap，MOT）技术的成熟，产生了简单易行的形成原子喷泉的方法。这种方法是先在汽室中用磁光阱技术形成金属蒸汽冷原子团，然后用光学粘团中的偏振梯度冷却，得到约几 μK 的超低温原子团。此时原子运动的平均速率仅为几 cm/s。在此基础上，利用运动光学粘团方法把原子以低于 5 m/s 的速度上抛，在其自由下落时形成原子喷泉。这是一种间歇的喷泉，原子团两次经过微波谐振腔，发生跃迁，对跃迁的原子进行检测，然后再重新获得冷原子团，一个工作周期约耗时 1 s。我国研制的 MOT 是用 6 束相互反向的圆偏振激光和反向电流亥姆霍兹线圈组成。如图 11-17 所示为原子喷泉的工作原理。图 11-18 是冷原子喷泉的 Ramsey 谐振图形（铯原子的情形）。

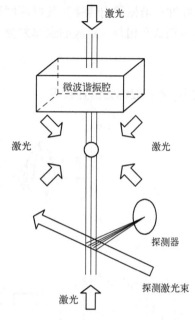

图 11-17 铯原子喷泉的工作原理

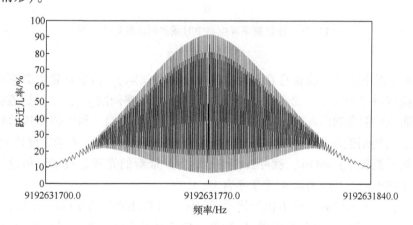

图 11-18 冷原子喷泉的 Ramsey 谐振图形

由原子喷泉技术制成的原子钟目前国际上最好的准确度数据是 5×10^{-16}，其频率稳定度误差主要来源于冷原子团中原子间的自旋交换碰撞而产生的频移，通过改变冷原子团的形状等方法可以有效地减小该项误差。有人认为用这种方法实现的时间频率测量基准已接近极限程度，也有人认为还有相当的提高空间。无论如何，再往下进行研究工作的难度将是相当大的。

（二）光频标和光钟

1. 飞秒激光梳状发生器

1978年，德国物理学家亨施提出用短脉冲激光进行激光频率精密测量的方法，其基本思想是将时域内等时间间隔的脉冲激光通过傅里叶变换后成为等间距的频率间隔。如图 11-19 所示，设时域中脉冲间隔为 τ，则在频域变成频率间隔 $f_{rep} = 1/\tau$，称为"光梳"。由此可以推断：若已知光梳中某条谱线的频率为 f_0，则其他未知谱线的频率为 $f_0 + nf_{rep}$。但通常情况下，光脉冲在谐振腔内传播时其群速度和相速度不同，当光在腔内来回一次后，群速度和相速度会出现 $\Delta\Phi$ 相差，对应的频率差为

$$\delta = \frac{\Delta\Phi}{2\pi\tau} \tag{11-12}$$

式中，δ 一般称为偏置频率。

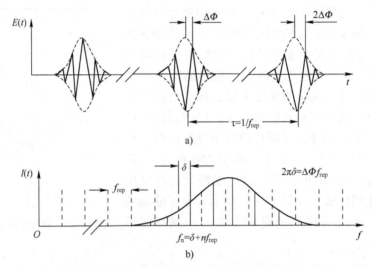

图 11-19 梳状频率发生器中时域和频域的对应关系
a) 时域 b) 频域

由于一般情况下激光的腔长存在抖动，因此，频率间隔 f_{rep} 和偏置频率都不确定。要保持这一系列梳状频率的稳定，必须要固定偏置频率 δ 和频率间隔 f_{rep}，这就是梳状发生器的核心技术。而飞秒激光的出现，使得同时控制 δ 和 f_{rep} 成为可能。利用锁相技术对重复频率 f_{rep} 进行锁定，只要用铯原子钟就可容易实现对 δ 和 f_{rep} 的精确锁定，不确定度达到 10^{-15} 水平。这样，第 n 级光梳频率 $f_n = \delta + nf_{rep}$ 就可被精确地标定。最新的光频链技术已将设备体积从几间实验室大小缩小到 $1.2 \times 1.0\,m^2$ 的光学平台上。

到目前为止最准确的频率标准仍为铯原子频标，其振荡频率为 9 192 631 770 Hz，准确度为 1×10^{-15}。而可见光的频率在 5×10^{14} Hz 量级，与铯原子频标的振荡频率相差近 1×10^4 倍。光学频率的精密测量一直是困扰人们的难题。理论上讲，若能用光的频率来锁定原子跃迁频率，则可以使时间频率测量的准确度再提高 3~4 个数量级。近几年来，人们发现应用锁相倍频技术可以把红外波段的激光器频率锁定到铯原子频标上，然后用该红外激光器与待测稳频激光频率进行比对，测量其准确的频率。目前光梳合成频率的不确定度已提高到 10^{-19} 水平。

2. 光频传感技术

在 2006 年的国际计量委员会（CIPM）会议上，确定了 4 个原子或离子（Hg^+，Sr^+，Yb^+，Sr）的光学跃迁频率作为国际单位制"秒"定义的二级标准，这意味着光钟将有很好

234

的发展前景。

如图 11-20 所示，光钟也有两个基本组成单元：振荡器和计数器，其中，振荡器又可分为三个部分：稳频激光器、锁定稳频激光器的鉴频装置、能将光学频率和原子频标联系到一起的频率分配器（利于光钟与微波钟之间的比对）。激光线宽由很好隔离的光腔压缩，并被稳定到原子跃迁中心。光梳把激光的频率精确地传递到其他光频和微波频段。

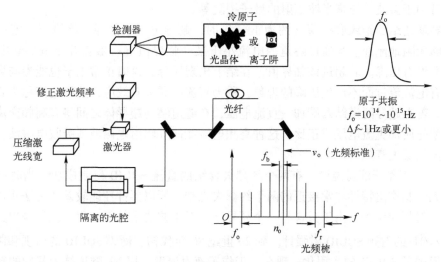

图 11-20　基于光频原理的时间频率传感技术

美国的 NIST 已建立了 $^{199}Hg^+$ 光钟，其原理是将 $^{199}Hg^+$ 跃迁（波长为 282 nm）的二次分频与波长为 532 nm 的稳频染料激光器的频率锁定在一起，得到了准确度为 4×10^{-16}、长期稳定度为 7.2×10^{-17} 的结果，被誉为当前最准的钟。

第三节　超导量子干涉器件（SQUID）及其应用

超导量子干涉器件（Superconducting quantum interference device，简称 SQUID）是 20 世纪 60 年代中期发展起来的一种磁敏传感器。它是以约瑟夫森效应为理论基础，用超导材料制成的在超导状态下检测外磁场变化的一种新型磁测装置。就其功能而言，SQUID 是一种磁通传感器，可用来测量磁通及可转变成磁通的其他物理量，如电流、电压、电阻、电感、磁感应强度、磁场梯度、磁化率、温度及位移等。由于 SQUID 的灵敏度取决于其内在的超导量子干涉机理，它可以测量到其他仪器无法感知的微弱电磁信号。目前，低温 SQUID 的磁场灵敏度达到 1×10^{-15} T（地磁场强度约为 5×10^{-5} T），高温 SQUID 达到 1×10^{-14} T。

一、超导现象与约瑟夫森效应

1911 年，荷兰物理学家 H. Kamerlingh-Onnes 发现了汞的超导现象：汞的电阻值在 4.2 K 左右的低温时急剧下降，以至完全消失（即零电阻）。超导现象引起了各国科学家的关注和研究，通过研究人们发现：所有超导物质（如钛、锌、铊、铅、汞等）当温度降至临界温度（超导转变温度）时，都表现出一些共同特征，如电阻为零和完全抗磁性。具有超导特性的金属称为超导体。超导体的形状可根据需要制作而成。

超导体中存在两类电子，即正常电子和超导电子对。超导体中没有电阻，电子流动将不产生电压。如果在两个超导体中间夹一个很厚的绝缘层（大于几百 nm）时，无论超导电子和正常电子均不能通过绝缘层，因此，所连接的电路中没有电流。如果绝缘层的厚度减小到几百 Å 以下时，在绝缘层两端施加电压，则正常电子将穿过绝缘层，电路中出现电流，这种电流称为正常电子的隧道效应。正常电子的隧道效应除了可以用于放大、振荡、检波及混频外，还可用于微波、压毫米波辐射的量子探测等。

当超导隧道结的绝缘层很薄（约为 1 nm）时，超导电子也能通过绝缘层，宏观上表现为电流能够无阻地流通。当通过隧道的电流小于某一临界值（一般在几十 μA 至几十 mA）时，在结上没有压降。若超过该临界值，在结上出现压降，这时正常电子也能参与导电。在隧道结中有电流流过而不产生压降的现象，称为直流约瑟夫森效应，这种电流称为直流约瑟夫森电流。若在超导隧道结两端加一直流电压，在隧道结与超导体之间将有高频交流电流通过，其频率与所加直流电压成正比。这种高频电流能向外辐射电磁波或吸收电磁波，这种特性称为交流约瑟夫森效应。

1964 年，工作于液氦温度、有两个约瑟夫森结的直流 SQUID 研制成功。当时制结工艺不成熟，无法制作出特性非常接近的两个约瑟夫森结，所以器件性能较差，无法实用。1967 年，出现了射频 SQUID。由于只含有一个超导结，对工艺要求较低，很快就研制出灵敏度达到 10^{-14} T$/\sqrt{\text{Hz}}$ 的射频 SQUID 磁强计。到 20 世纪 80 年代初，薄膜 SQUID 的出现和制结效率的提高更促进了 SQUID 的实用化。现在，工作于液氦温度、以 Nb 隧道结为基础的超导集成电路技术已经相当成熟。

二、SQUID 的工作原理

SQUID 是由超导隧道结和超导体组成的闭合环路，它一般包含一个或两个约瑟夫森结。因此，具有两种不同的 SQUID 系统：一种是包含两个结的 SQUID，用直流偏置，称为直流 SQUID（DC SQUID）；另一种是包含一个结的 SQUID，用射频装置，称为射频 SQUID（RF SQUID）。

对于任何超导环，当其所在的外磁场小于环的最小临界磁场时，在中空的超导环内磁通的变化都会呈现不连续的现象，这称为磁通量子化现象。其闭合的磁通是磁通量子 $\phi_o = h/2e = 2.07 \times 10^{-15}$ Wb 的整数倍，其中，h 为普朗克常数，e 为电子电荷。在弱磁场中，磁通量子化是由环内的屏蔽电流 I 来维持的，环内的磁通为

$$\phi = n_0 \phi = \phi_e - L_s I \tag{11-13}$$

式中，L_s 为超导环的电感；ϕ_e 为外磁通；n_0 为最小临界磁场时超导环的环数（$n_0 = 1$）。

当环路屏蔽电流为零时，磁通量子化就被破坏了。在环路中，使屏蔽电流不为零的那些点，通常称为"弱连接"或"弱耦合"。

约瑟夫森建立的"弱连接"模型是用绝缘氧化层隔开两个超导体构成的。如果氧化层足够薄，那么电子对势垒的穿透性就会导致在两个隔离的电子系统间产生一个不大的耦合能量，这时，绝缘层两侧的电子对可以交换但没有电压出现。约瑟夫森指出，通过结的电流为

$$I = I_c \sin\theta \tag{11-14}$$

式中，I_c 为超导体的临界电流；θ 为结两侧超导体的相位差。

如果流过结的电流 I_c 比超导体的临界电流大，就会出现直流电压，并且相位差 θ 也会按交流约瑟夫森方程的形式而振荡，即

$$\frac{\mathrm{d}\theta}{\mathrm{d}t} = \frac{2eU}{h} \tag{11-15}$$

式中，U 为结上的直流电压。

由式（11-15）可以看出，伴随直流电压将出现一个交变电流，其频率为

$$f = \frac{2e}{h}U \tag{11-16}$$

式（11-14）和（11-15）分别是直流约瑟夫森效应和交流约瑟夫森效应的数学表达式。

三、SQUID 的结构

由于发生约瑟夫森效应的约瑟夫森结（也称为隧道结）能而且只能让较小的超导电流通过，结两侧的超导体具有某种弱耦合，所以称为弱连接超导体。目前生产的几种弱连接超导体结形式如图 11-21 所示。其中，图 11-21a 是在一层超导膜上生成一种氧化物绝缘层，然后再叠上一层超导膜而组成的。图 11-21b 是由一根一端磨尖的超导棒压到另外一个超导体平台上，形成点接触而形成的弱连接，调节触点压力可以改变弱连接的强度。图 11-25c 是一种超导桥，是在超导膜中部用光刻方法造成狭窄颈缩区，形成桥的形状。图 11-25d 是焊滴结，也称 Clarke 棒，是在一根表面氧化的超导线上滴上另一超导焊滴而成的。此外，还有邻近效应桥、交叉线结等形式。

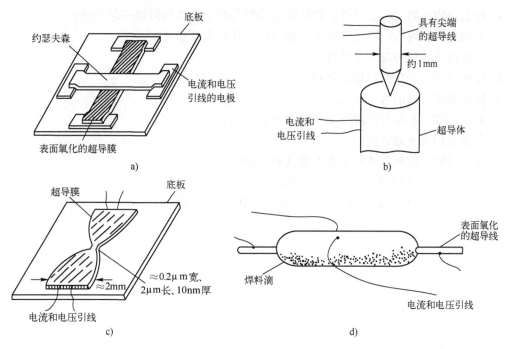

图 11-21 几种约瑟夫森结

a）氧化层绝缘膜结　b）点接触结　c）超导桥　d）焊滴结

四、SQUID 的应用

用 SQUID 测量磁通或磁场强度的测量系统由输入电路、前置放大电路、锁相放大电路和反馈电路构成。由于射频 SQUID 的制作比直流 SQUID 容易，在实际应用中，多数是用射频 SQUID 组成磁通或磁场强度的测量系统。

SQUID 磁敏传感器灵敏度极高，可达10^{-15} T 量级；它测量范围宽，可以从零场测量到数千 T；其响应频率可从零响应到几千 MHz。这些特性均是其他磁传感器所望尘莫及的。因此，SQUID 在地球物理、固体物理、生物医学、生物物理、电流计、电压标准、超导输电、超导磁流体发电及超导磁悬浮列车等方面均得到广泛应用。以生物医学应用为例，心磁的本底噪声在10^{-12} T 量级，峰值在10^{-10} T 量级，所以，SQUID 的灵敏度足够用于生物磁场的测量，而且也只有 SQUID 才能满足生物磁场的测量要求。

SQUID 磁测仪器要求在低温条件下工作，需要昂贵的液氦和制冷设备，这大大限制了 SQUID 的推广和使用。20 世纪 80 年代末以来，在研究高温超导材料热的推动下，出现了钡钇铜氧等高温超导材料，其转变温度已经超过 100 K，使 SQUID 磁敏传感器在比较容易获得的液氮中即可正常工作。但是，由于工作温度提高，高临界温度 SQUID 的灵敏度略低于低临界温度 SQUID。另外，与低临界温度超导体不同，高临界温度超导体是陶瓷性的，延展性差，目前还不宜加工为线或带材，使高临界温度超导线圈的使用受到了限制。

思考题与习题

1. 什么是物质的波粒二象性？物质的波动性和粒子性是如何统一起来的？
2. 不确定性原理的内容是什么？它的提出有什么重要意义？
3. 薛定谔方程的物理含义是什么？
4. 什么是原子的超精细能级结构？
5. 简述原子频标的基本原理。
6. 新一代原子频标与传统型原子频标有何不同？
7. 什么是约瑟夫森效应？
8. 什么是弱连接超导体？主要有哪几种类型？
9. SQUID 的工作原理是什么？它有哪些应用？
10. 查找相关资料，简述高温超导材料的最新进展及其应用。

第十二章 无线传感器网络

近年来，随着个人计算机、计算机网络的普及，以及通信技术、嵌入式计算技术与传感器技术的飞速发展和日益成熟，由具有感知能力、计算能力和通信能力的微型传感器通过自组织的方式构成的无线传感器网络引起了人们的极大关注。这种传感器网络能够借助网络中内置的、形式多样的微型传感器实时监测、感知和采集网络分布区域内的各种环境和监测对象的信息，并对这些信息进行处理，获得详尽、准确的数据，传送给需要这些信息的用户。

第一节 无线传感器网络概述

一、无线传感器网络的基本概念

因特网对人们生活方式的影响巨大，并将继续在未来的各领域持续发挥其影响力，而集成了传感器技术、微机电系统（Micro Electro-Mechanical System，MEMS）技术、无线通信技术和分布式信息处理技术的无线传感器网络可以看作是因特网从虚拟世界到物理世界的延伸。因特网改变了人与人之间交流、沟通的方式，而无线传感器网络将逻辑上的信息世界与真实物理世界融合在一起，改变了人与自然交互的方式。

无线传感器网络从 20 世纪 90 年代出现以来，已从最初的节点研制、网络协议设计，发展到智能群体的研究阶段，成为国内外一个新的 IT（Information Technology）热点技术，吸引了大量的学者对其展开了各方面的研究，并取得了一些进展，已产生了众多的节点平台和大量的通信协议，但还没有形成一套完整的理论和技术体系来支撑这一领域的发展，还有众多的科学和技术问题尚待突破。

无线传感器网络（Wireless Sensor Network，WSN）的定义是由大量的静止或移动的传感器节点以自组织和多跳的方式构成的无线网络，其目的是协作式地感知、采集、处理和传输网络覆盖地理区域内感知对象的监测信息，并报告给用户。

无线传感器网络负责实现数据采集、处理和传输三种功能，而这正对应着现代信息技术的三大基础技术，即传感器技术、计算机技术和通信技术。它们分别构成了信息系统的"感官"、"大脑"和"神经"三个部分。因此说，无线传感器网络正是这三种技术的结合，可以构成一个独立的现代信息系统（如图 12-1 所示）。

从无线传感器网络的定义可以看出，传感器节点、感知对象和用户是无线传感器网络的三个基本要素。无线网络是传感器节点之间、传感器节点与用户之间最常用的通信方式，用于在传感器节点与用户之间建立通信路径。协作式的感知、采集、处理和发布感知信息是传感器网络的基本功能。

一组功能有限的传感器节点协作式地完成大的感知任务，是传感器网络的重要特点。传感器网络中的部分或全部节点可以慢速移动，拓扑结构也会随着节点的移动而不断地动态变化。节点间可以进行通信，每个节点都可以充当路由器的角色，并且都具备动态搜索、定位和恢复连接的能力。

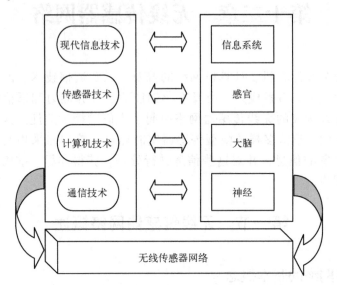

图 12-1 现代信息技术与无线传感器网络的关系

感知对象是用户感兴趣的监测目标，也是传感器网络的感知对象，如坦克、军事人员、动物及有害气体等。感知对象一般用表示物理现象、化学现象或其他现象的数字量来表征，如尺寸、温度、湿度等。一个传感器网络可以感知网络分布区域内的多个对象，一个对象也可以被多个传感器网络所感知。

传感器网络的用户是感知信息的接收者和使用者，可以是人，也可以是计算机或其他设备。例如，军队指挥官可以是传感器网络的用户，一台由飞机携带的移动计算机也可以是传感器网络的用户。一个传感器网络可以有多个用户，一个用户也可以是多个传感器网络的使用者。用户可以主动地查询或收集传感器网络的感知信息，也可以被动地接收传感器网络发布的信息。用户对感知信息进行观察、分析、挖掘、制定决策，或对感知对象采取相应的行动。

二、无线传感器网络的特点

无线传感器网络诞生于军事领域，并逐步应用到民用领域。无线传感器网络通常运行在人无法接近的恶劣甚至危险的环境中，此时能源不便提供，所以，通常传感器网络节点本身是微功耗的，因此无线传感器网络具有能量有限性的特点。在无线传感器网络中，除了少数节点需要移动以外，大部分节点都是静止的。无线传感器节点本身的不确定性（容易失效、不稳定性、能量的有限性）及传感器节点的规模（数量、密集程度）等问题决定了无线传感器网络是以数据（信息）为中心的，主要考虑对信息的获取，对网络的物理结构和传感器节点本身的状况较少考虑。无线传感器网络的这些特殊性，导致它与传统网络存在许多差异，主要表现为以下几个方面：

1）无线传感器网络的节点数量大、分布密度高。由于节点数量很多，无线传感器网络节点一般没有统一的标识。这会带来一系列问题，如信号冲突、信号的有效传送路径如何选择、大量节点之间如何协同工作等。

2）无线传感器网络节点的能量、计算能力及存储能力有限。传感器网络的节点一般是以干电池、纽扣电池等提供能量，而且电池能量通常难以进行补充，为了长时间保证传感器网络的有效工作，在满足应用要求的前提下，应尽量节省使用节点的能量。

3）无线传感器网络的传感器的通信带宽窄且经常变化，通信覆盖范围只有几十到几百m。传感器之间的通信断接频繁，经常导致通信失败。由于传感器网络更多地受到高山、建筑物、障碍物等地势地貌以及风、雨、雷、电等自然环境的影响，传感器可能会长时间脱离网络而离线工作，这导致无线传感器网络拓扑结构频繁变化。

4）无线传感器网络与数据的关系不同于传统网络。传统网络强调将一切与功能相关的处理都放在网络的端系统上，中间节点仅仅负责数据分组的转发，而无线传感器网络的中间节点具有数据转发和数据处理双重功能。

5）无线传感器网络设计协议时与传统网络侧重点不同。由于应用程序不是很注重单个节点上的信息，节点标识（如地址等）的作用在无线传感器网络中就不是十分重要，但无线传感器网络中中间节点上与具体应用相关的数据处理、融合和缓存却是很有必要的。

6）无线传感器网络需要工作在一个动态的、不确定性的环境中，管理和协调多个传感器节点簇集。这种多传感器管理的目的在于合理优化传感器节点资源，增强传感器节点之间的协作，从而提高网络的性能及对所在环境的监测程度。

无线传感器网络是涉及传感器技术、网络通信技术、无线传输技术、嵌入式计算机技术、分布信息处理技术、微电子制造技术及软件编程技术等多学科交叉的研究领域。无线传感器网络的概念、应用领域、与传统网络的差异以及无线传感器网络实现涉及的技术等决定了无线传感器网络一般应具有以下特征。

（1）能量受限

无线传感器网络通常的运行环境决定了无线传感器网络节点一般具有电池不可更换、能量有限的特征。当前的无线网络一般侧重于满足用户的服务质量要求，重视节省带宽资源、提高网络服务质量等方面，较少考虑能量要求。而无线传感器网络在满足监测要求的同时必须以节约能源为主要目标。

（2）可扩展性

一般情况下，无线传感器网络包含有上千个节点。在一些特殊的应用中，网络的规模可以达到上百万个。无线传感器网络必须有效地融合新增节点，使它们参与到全局应用中。无线传感器网络的可扩展性能力加强了处理能力，延长了网络生存时间。

（3）健壮性

在无线传感器网络中，由于能量有限性、环境因素和人为破坏等影响，无线传感器网络的节点容易损坏。无线传感器网络的健壮性保证了网络功能不受单个节点的影响，增加了系统的容错性和鲁棒性，延长了网络生存时间。

（4）环境适应性

无线传感器网络节点被密集部署在监测环境中，通常运行在无人值守或人无法接近的恶劣甚至危险的环境中，传感器可以根据监测环境的变化动态地调整自身的工作状态，使无线传感器网络获得较长的生存时间。

（5）实时性

无线传感器网络是一个反应系统，通常被应用于航空航天、军事及医疗等具有很强的实时要求的领域。无线传感器网络采集得到的数据需要实时传输给监测系统，并通过执行器对环境变化做出快速反应。

第二节　无线传感器网络的结构

一、无线传感器网络的应用系统架构

无线传感器网络的应用系统架构如图 12-2 所示。无线传感器网络通常包括传感器节点、汇聚节点和管理节点。大量传感器节点随机部署在监测区域的内部或附近，能够通过自组织方式构成网络。传感器节点监测的数据沿着其他传感器节点逐跳地进行传输，在传输过程中监测数据可能被多个节点处理，经过多跳后路由到汇聚节点，最后通过互联网或卫星到达管理节点。用户通过管理节点对传感器网络进行配置和管理，发布监测任务以及收集监测数据。

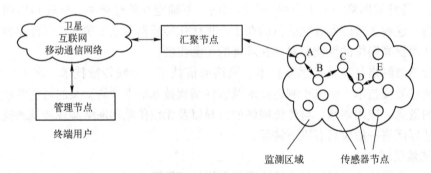

图 12-2　无线传感器网络的应用系统架构

从网络功能上看，每个传感器节点都具有信息采集和路由的双重功能，除了进行本地信息收集和数据处理外，还要存储、管理和融合其他节点转发过来的数据，同时与其他节点协作完成一些特定任务。

如果因为通信环境或者其他因素发生变化，导致传感器网络的某个或部分节点失效时，先前借助它们传输数据的其他节点应能自动重新选择路由，保证在网络出现故障时能够实现自动愈合。

二、无线传感器网络的节点结构

如图 12-3 所示，无线传感器网络节点通常由传感器模块、处理器模块、无线通信模块和能量供应模块四部分组成。其中，传感器模块负责监测区域内信息的采集和数据转换；处理器模块负责控制整个传感器节点的操作，存储和处理本身采集的数据以及其他节点发来的数据；无线通信模块负责与其他传感器节点进行无线通信，交换控制信息和收发采集数据；能量供应模块为传感器节点提供运行所需的能量，通常采用微型电池。

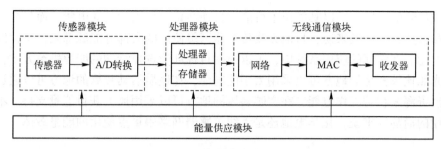

图 12-3　无线传感器网络的节点结构

（一）处理器模块

处理器模块是无线传感器网络节点的计算核心。通常选用嵌入式 CPU 来协调节点各部分的工作，如对传感器模块获取的信息进行必要的处理、保存，以及控制传感器模块和无线通信模块的工作模式等。

目前使用较多的有 Atmel 公司的 AVR 系列单片机、TI 公司的 MSP430 超低功耗系列处理器等。它们不仅功能完整、集成度高，且可根据存储容量的多少提供多种引脚兼容的处理器，使开发者很容易根据应用对象平滑升级系统。

嵌入式 ARM 处理器也可能成为下一代传感器节点设计的考虑对象。ARM 处理器的性能跨度比较大，低端系统价格便宜，可以代替单片机的应用，高端处理器可以达到 Pentium 处理器和其他专业多媒体处理器的水平，甚至可以在很多并行系统中实现阵列处理。ARM 处理器的功耗低，处理速度快，集成度也相当高，而且地址空间非常大，可以扩展大容量的存储器。但在普通无线传感器网络节点中使用，其价格、功耗以及外围电路的复杂度还不十分理想。对于需要大量内存、外存以及高数据吞吐率和处理能力的传感器网络汇聚点，ARM 处理器是非常理想的选择。

嵌入式操作系统为网络节点提供必要的软件支持，负责管理节点的硬件资源，对不同应用的任务进行调度与管理。TinyOS 是世界上第一款无线传感器操作系统，起源于加州大学伯克利分校，经过许多世界知名高效和企业的维护和升级，目前已成为无线传感器网络领域应用最广泛、最权威的一款操作系统。

（二）无线通信模块

无线通信模块具有低功耗、短距离的特点。通信模块消耗的能量在无线传感器网络节点中占主要部分，所以应用时考虑通信模块的工作模式和收发能耗很关键。无线传感器网络节点的通信模块必须是能量可控的，并且收发数据的功耗要非常低，对于支持低功耗待机监听模式的技术要优先考虑。目前使用较多的有 RFM 公司的 TR1000、TI 公司的 CC1000、CC2420 等。

（三）传感器模块

传感器模块用于感知、获取监测区域内的信息，并将其转换为数字信号，它由传感器和 A/D 转换模块组成。传感器模块借助于内置的多种传感器，可以测量出所处周边环境中的温度、湿度、噪声、光强度、压力、土壤成分以及移动物体的大小、速度和方向等众多物理量，并将其传输到处理器模块进行处理。

（四）能量供应模块

能量供应模块为网络节点提供正常工作所必需的能源。无线传感器网络一般都是布置在人烟稀少或危险的区域，所以其能源不可能来自现在普通使用的工业电能，而只能求助于自身的存储和自然界。一般来说，目前无线传感器网络使用的大部分能源都是自身存储一定能量的化学电池。在实际的应用系统中，可以根据目标环境选择特殊的能源供给方式，例如在沙漠这种光照比较充足的地方可以采用太阳能电池，在地质活动频繁的地方可以通过地热资源或者震动资源来积蓄工作电能，在空旷多风的地方可以采用风力获得能量支持。不过，从体积和应用的简易性来说，化学电池还是无线传感器网络中重点使用的能量载体。

第三节　无线传感器网络的体系结构

从无线联网的角度来看，无线传感器网络的体系结构由分层的网络通信协议、网络管理平台和应用支撑平台三个部分组成，如图 12-4 所示。

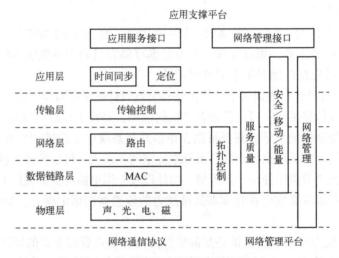

图 12-4　无线传感器网络的体系组成

一、网络通信协议

无线传感器网络的通信协议结构类似于传统因特网中的 TCP/IP 体系，网络通信协议由物理层、数据链路层、网络层、传输层和应用层组成，如图 12-5 所示。

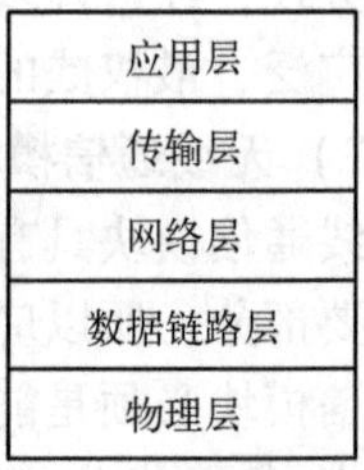

（一）物理层

物理层主要负责数据传输的介质规范，数据的调制、发送与接收，工作频段、工作温度、信道编码、定时及同步等标准，以及负责载波频率的产生、信号的调制解调等工作。无线传感器网络的传输介质主要包括无线电波、红外线及光波等，以无线电波为主。

图 12-5　无线传感器网络的通信协议结构模型

物理层协议的主要技术是无线频段的选择、调制技术和扩频技术。无线频段一般选用 ISM 频段，该频段广泛用于工业、科学研究和微波医疗等方面。应用这些频段不需许可证，只需要遵守一定的发射功率要求（一般低于 1 W）限制且不对其他频段造成干扰即可。目前，国外已研制出来的无线传感器大多采用 ISM 频段，如美国无线传感器制造商 Crossbow

的产品大多采用433 MHz和915 MHz频段,而蓝牙技术、ZigBee技术采用2.4 GHz频段等。在调制和扩频技术方面,通常采用Mary调制机制、差分编码相移调制或直接序列扩频码分多址访问机制。

(二) 数据链路层

无线传感器网络的数据链路层除了要完成数据成帧、帧检测和差错控制等功能外,最主要的任务是设计一个适合于无线传感器网络的媒体访问控制协议(Media access control protocol,MAC)。MAC决定无线信道的使用方式,在传感器节点之间分配有限的无线通信资源,用来构建传感器网络系统的底层基础结构。MAC处于传感器网络协议的底层部分,对传感器网络的性能有较大的影响,是保证无线传感器网络高效通信的关键网络协议之一。传感器网络的MAC首先要考虑节省能源和可扩展性,其次才考虑公平性、利用率和实时性等。在MAC层的能量浪费主要表现在空闲侦听、接收不必要数据和碰撞重传等。为减少能量的消耗,MAC通常采用"侦听/睡眠"交替的无线信道侦听机制,传感器节点在需要收发数据时才侦听无线通道,没有数据需要收发时就尽量进入睡眠状态。由于传感器网络是和应用相关的网络,当应用需求不同时,网络协议往往需要根据应用类型或应用目标环境特征定制,没有任何一个协议能够高效地适应所有的应用场合。

(三) 网络层

无线传感器网络的网络层负责路由的发现和维护。通常,大多数节点无法直接与网关通信,需要通过中间节点以多跳路由的方式将数据传送至汇聚节点。网络层的路由协议用于监控网络拓扑结构的变化,定位目标节点的位置,产生、维护和选择路由,以及节点间路由信息交换。通过路由发现、路由维护和路由选择等过程完成数据转发,使得传感器节点之间可以进行有效的相互通信。路由算法效率的高低,直接决定了传感器节点收发控制性数据与有效采集数据的比率。

路由协议由于采用的通信模式、路由结构、路由建立时机、状态维护、节点标识和投递方式等不同,可以运用多种分类方法对其进行分类:

1)根据传输过程中采用路径的多少,可分为单路径路由协议和多路径路由协议。单路径路由节约存储空间,数据通信量少;多路径路由容错性强,健壮性好,且可从众多路由中选择一条最优路由。

2)根据节点在路由过程中是否有层次结构、作用是否有差异,可分为平面路由协议和层次路由协议。平面路由简单,健壮性好,但建立、维护路由的开销大,数据传输跳数多,适合小规模网络;层次路由扩展性好,适合大规模网络,但簇的维护开销大,且簇头是路由的关键节点,其失效将导致路由失败。

3)根据路由建立时机与数据发送的关系,可分为主动路由协议、按需路由协议和混合路由协议。主动路由建立、维护的开销大,资源要求高;按需路由在传输前需计算路由,时延大;混合路由则综合利用这两种方式。

4)根据是否以地理位置来标识目的地、路由计算中是否利用地理位置信息,可分为基于位置的路由协议和非基于位置的路由协议。

(四) 传输层

无线传感器网络的传输层负责数据流的传输控制,主要通过汇聚节点采集无线传感器网络内的数据,并使用卫星、移动通信网络、因特网或其他的链路与外部网络通信,它是保证通信服务质量的重要部分。由于传感器节点硬件条件的限制，传输层协议的开发存在一定的困难，每个节点不可能如同因特网上的服务器那样存储很多的信息。如果无线传感器网络要通过现有的网络与外界通信，需要将无线传感器网络内部以数据为基础的寻址变换为外界以IP地址为基础的寻址，即必须进行数据格式的转换。目前无线传感器网络传输层的研究大多以IP网络的TCP和UDP两种协议为基础，主要是改善数据传输的差错控制、线路管理和流量控制等性能。

（五）应用层

应用层的主要任务是获取数据并进行初步处理，然而，以数据为中心、面向特定应用的特点要求无线传感器网络脱离传统网络的寻址过程，能够快速有效地组织起各个节点的信息，分析处理之后提取出有用信息直接传达给用户。但网络节点实现数据采集、计算或传输都需要消耗能量，所耗能量和产生的数据量、采样频率、传感器类型以及应用需求等有关，所以，需考虑采用能效高的网络通信协议和数据局部处理策略，如在应用层采用数据融合技术，消除冗余数据和无用数据，从而大大减少所需传输的数据量，节省能量。此外，若网络中的节点能够采用多种类别的传感器，合理地对采集数据进行融合，不但可以改善信息获取的质量，更可以扩大网络的应用领域。

二、网络管理平台

网络管理平台主要用于对传感器节点自身的管理和用户对传感器网络的管理，包括拓扑控制、服务质量管理、能量管理、安全管理、移动管理及网络管理等。

1）拓扑控制。一些传感器节点为了节约能量会在某些时刻进入休眠状态，这导致网络的拓扑结构不断发生变化，因而需要通过拓扑控制技术管理各节点状态的转换，使网络保持畅通，保证数据的有效传输。拓扑控制利用链路层、路由层完成拓扑生成，反过来又为它们提供基础信息支持，优化MAC和路由协议，降低能耗。

2）服务质量管理。服务质量管理在各协议层设计队列管理、优先级机制或者带宽预留等机制，并对特定应用的数据给予特别处理。它是网络与用户之间，以及网络上互相通信的用户之间关于信息传输与共享的质量约定。为了满足用户的要求，传感器网络必须能够为用户提供足够的资源，以用户可接受的性能指标工作。

3）能量管理。在传感器网络中电源能量是各个节点最宝贵的资源。为了使传感器网络的使用时间尽可能长，需要合理、有效地控制节点对能量的使用。每个协议层中都要增加能量控制代码，并提供给操作系统进行能量分配的决策。

4）安全管理。由于节点随机部署、网络拓扑的动态性和无线信道的不稳定，传统的安全机制无法在传感器网络中使用，因而需要设计新型的传感器网络安全机制，采用诸如扩频通信、接入认证、数字水印和数据加密等技术。

5）移动管理。在某些传感器网络的应用环境中，节点可以移动，移动管理用来监测和控制节点的移动，维护到汇聚节点的路由，还可以使传感器节点跟踪其邻近传感器节点。

6）网络管理。网络管理是对传感器网络上的设备和传输系统进行有效监视、控制、诊断和测试所采用的技术和方法。它要求协议各层嵌入各种信息接口，并定时收集协议运行状态和流量信息，协调控制网络中各个协议组件的运行。

三、应用支撑平台

应用支撑平台建立在网络通信协议和网络管理技术的基础之上，包括一系列基于监测任务的应用层软件，通过应用服务接口和网络管理接口来为终端用户提供各种具体应用的支持。

应用支撑平台包括如下内容：

1）时间同步。传感器网络的通信协议和应用要求各节点间的时钟必须保持同步，这样多个传感器才能相互配合工作。另外，节点的休眠和唤醒也要求时钟同步。

2）定位。节点定位是确定每个传感器节点的相对位置或绝对位置。节点定位在军事侦察、环境监测及紧急救援等应用中尤为重要。

3）应用服务接口。传感器网络的应用是多种多样的，针对不同的应用环境，有各种应用层的协议，如任务安排和数据分布协议、节点查询和数据分布协议等。

4）网络管理接口。主要是传感器管理协议，用来将数据传输到应用层。

第四节　无线传感器网络的应用

无线传感器网络具有众多类型的传感器，可探测包括地震、电磁、温度、湿度、噪声、光强度、压力、土壤成分及移动物体的大小、速度和方向等周边环境中多种多样的现象。基于 MEMS 的微传感技术和无线联网技术为无线传感器网络赋予了广阔的应用前景。这些潜在的应用领域可以归纳为军事、航空、反恐、防爆、救灾、环境、医疗、保健、家居、工业及商业等领域。

1. 军事应用

无线传感器网络是网络中心战体系中面向武器装备的网络系统，自组织和高容错性的特征使无线传感器网络非常适用于恶劣的战场环境中，可进行我方兵力、装备和物资的监控，冲突区的监视，敌方地形和布防的侦察，目标定位攻击，损失评估，核、生物和化学攻击的探测等。

2. 空间探索

探索外部星球一直是人类梦寐以求的理想，借助于航天器布撒的传感器网络节点实现对星球表面长时间的监测，是一种经济可行的方案。美国国家航空航天局（National Aeronautics and Space Administration，NASA）的喷气推进实验室（Jet Propulsion Laboratory，JPL）实验室研制的 Sensor Webs 就是为将来的火星探测进行技术准备的，现已在美国佛罗里达宇航中心周围的环境监测项目中进行测试和完善。

3. 反恐应用

采用具有各种生化检测传感能力的传感器节点，在重要场所进行部署，配备迅速的应变反应机制，有可能将各种恐怖活动和恐怖袭击扼杀在摇篮之中，或尽可能将损失降低到最少。

4. 防爆应用

矿产、天然气等开采、加工场所，由于其易爆、易燃的特性，加上各种安全设施陈旧，以及其他人为和自然等因素，极易发生爆炸、坍塌等事故，造成生命和财产的巨大损失。在这些易爆场所部署具有敏感气体浓度传感能力的节点，通过无线通信自组织成网络，并把检测到的数据传送给监控中心，一旦发现情况异常，可立即采取有效措施，防止事故的发生。

5. 灾难救援

在遭受地震、水灾、强热带风暴或其他灾难后，固定的通信网络设施（如有线通信网络、蜂窝移动通信网络的基站等网络设施、卫星通信地球站以及微波中继站等）可能被全部摧毁或无法正常工作，对于抢险救灾来说，这时就需要无线传感器网络这种不依赖任何固定网络设施、能快速布设的自组织网络技术。此外，边远或偏僻的野外地区和植被不允许被破坏的自然保护区，这些地方无法采用固定或预设的网络设施进行通信，也可以采用无线传感器网络来进行信号采集与处理。

6. 环境科学

随着人们对环境的日益关注，环境科学所涉及的范围越来越广。通过传统方式采集原始数据是一件困难的工作。传感器网络为野外随机性的研究数据获取提供了方便，比如，跟踪候鸟和昆虫的迁徙，研究环境变化对农作物的影响，监测海洋、大气和土壤的成分等。此外，也可用于对森林火灾的监控。

7. 医疗保健

如果在住院病人身上安装特殊用途的传感器节点，如心率和血压监测设备，医生就可以利用传感器网络随时了解被监护病人的病情，及时进行处理。还可以利用传感器网络长时间地收集人的生理数据。此外，在药物管理等诸多方面，它也有新颖而独特的应用。

8. 智能家居

嵌入家具和家电中的传感器与执行机构组成的无线传感器执行器网络与因特网连接在一起，将会为人们提供更加舒适、方便和具有人性化的智能家居环境。例如，家庭自动化可以通过把传感器网络嵌入到智能吸尘器、智能微波炉及电冰箱等，实现遥控、自动操作和基于因特网或手机网络等的远程监控，智能家居环境可以实现根据亮度需求自动调节灯光、根据家具脏的程度自动进行除尘等。

9. 工业自动化

无线传感器网络在工业自动化领域有着广阔的应用前景，如机器人控制、设备故障监测和诊断、工厂自动化生产线、恶劣环境生产过程监控及仓库管理等。而在一些大型设备中，需要对一些关键部件的技术参数进行监控，以掌握设备的运行情况。在不便安装有线传感器的情况下，无线传感器网络就可以作为一个重要的通信手段。

10. 商业应用

无线传感器网络具有自组织、微型化和对外部世界的感知能力等特点，这些特点决定了无线传感器网络在商业领域应该也会有很多的应用。比如，在城市车辆监测和跟踪、智能办公大楼、汽车防盗、交互式博物馆及交互式玩具等众多领域，无线传感器网络都将会孕育出全新的设计和应用模式。

无线传感器网络有着十分广泛的应用前景，将对人类的生活产生重大的影响。无线传感器网络将是未来一个"无孔不入"的十分庞大的网络，其应用可以涉及人类日常生活和社会生产活动的所有领域，研究无线传感器网络的意义重大而深远。

思考题与习题

1. 什么是无线传感器网络？
2. 无线传感器网络的系统架构是怎样的？
3. 无线传感器网络具有哪些特点？
4. 无线传感器网络节点的组成及其功能是什么？
5. 传感器网络的体系结构包括哪些部分？各部分的功能分别是什么？
6. 无线传感器网络的通信协议由哪几层构成？其作用分别是什么？
7. 无线传感器网络与传统网络有何异同？
8. 查找相关资料，介绍一个无线传感器网络的应用实例。
9. 设计无线传感器网络时需要考虑哪些因素？
10. 讨论无线传感器网络在实际生活中有哪些潜在的应用。

第十三章　传感器的标定与校准

传感器的标定和校准对于保证传感器的计量性能符合要求具有非常重要的意义。可以这样说，没有经过标定和校准的传感器，其测量结果是没有多少价值的。因此，随着科学技术的发展，传感器的标定和校准受到了越来越多的关注。

第一节　概　述

在我国的国家标准 GB/T 7665-2005《传感器通用术语》中，对"校准（标定）"是这样定义的："在规定的条件下，通过一定的实验方法记录相应的输入-输出数据，以确定传感器性能的过程。"这里对标定与校准未做明确区分，这是因为标定与校准在本质上是相同的。标定与校准都是为了确保传感器各项性能指标达到要求，但是，在实际应用时这两个概念还是有一定区别的。

标定的基本方法是将已知的被测量输入给待标定的传感器，同时得到传感器的输出量，再对所获得的传感器输入量和输出量进行处理和比较，从而得到一系列表征两者对应关系的标定曲线，进而得到传感器性能指标的实测结果。从标定内容来分，有静态标定和动态标定两种。

传感器的标定系统一般由以下几部分组成：

1）被测非电量的标准发生器。如活塞式压力计、测力机及恒温源等。

2）被测非电量的标准测试系统。如标准压力传感器、标准力传感器及标准温度计等。

3）待标定传感器所配接的信号调节器和显示、记录器等。所配接的仪器亦作为标准测试设备使用，其精度是已知的。

按照我国的计量技术规范 JJF 1001—2011《通用计量术语及定义》，校准的定义为："在规定的条件下，为确定测量仪器或测量系统所指示的量值，或实物量具或参考物质所代表的量值，与对应的由测量标准所复现的量值之间关系的一组操作"。也就是说，校准的对象是测量仪器或测量系统、实物量具或参考物质。校准方法应依据国家计量校准规范，如果需要进行的校准项目尚未制定国家计量校准规范，应尽可能使用公开发布的，如国际的、地区的或国家的标准或技术规范，也可采用经确认的如下校准方法：由知名的技术组织、有关科学书籍或期刊公布的，设备制造商指定的，或实验室自编的校准方法，以及计量检定规程中的相关部分。

校准的目的是确定被校准对象的示值与对应的由计量标准所复现的量值之间的关系，以实现量值的溯源性。校准工作的内容就是按照合理的溯源途径和国家计量校准规范，或其他经确认的校准技术文件所规定的校准条件、校准项目和校准方法，将被校对象与计量标准进行比较和数据处理。校准所得结果可以是给出被测量示值的校准值，如给实物量具赋值，也可以是给出示值的修正值。这些校准结果的数据应清楚、明确地表达在校准证书或校准报告中。报告校准值或修正值时，应同时报告它们的测量不确定度。

可见，校准与标定相比，要更严格、规范，而且要求实施校准的机构具备一定的资质。通常任何一种传感器在装配完后都必须按设计指标进行全面严格的标定实验。传感器使用一段时间或经过修理后，也必须对主要技术指标再次进行标定或校准。当侧重点在于确定传感器的准确量值或分度值，且实施主体不是具备一定资质的计量机构时，可以称为标定。若是强调传感器测量结果的溯源性，由具备一定资质的计量机构依据计量校准规范进行的操作，则可以称为校准。在校准中通常包括标定的内容。

第二节　传感器的静态标定

传感器静态标定的目的是确定传感器的静态特性指标，主要有线性度、灵敏度、迟滞和重复性等。

一、静态标准条件

传感器的静态特性是在静态标准条件下进行标定的。所谓静态标准条件是指没有加速度、振动、冲击（除非这些参数本身就是被测物理量）及环境温度一般为室温、相对湿度不大于 85%Rn，大气压力为 1.01×10^5 Pa 的情况。

二、标定仪器准确度等级的确定

对传感器进行标定，是根据实验数据确定传感器的各项性能指标，实际上也是确定传感器的测量精度。在标定传感器时，所用的测量仪器的精度至少要比被标定的传感器的精度高一个等级。这样，通过标定确定的传感器的静态性能指标才是可靠的，所确定的精度才是可信的。

三、静态标定方法

对传感器进行静态特性标定，首先是创造一个静态标准条件，其次是选择与被标定传感器的精度要求相适应等级的标定用的仪器设备，然后才能开始对传感器进行静态特性标定。静态标定的步骤如下：

1）将传感器全量程（测量范围）分成若干等间距点。

2）根据传感器的分点情况，由小到大（正行程）逐点输入标准值，并记录下相对应的输出值。

3）将输入值由大到小（反行程）逐点减少下来，同时记录下与各输入值相对应的输出值。

4）按2）、3）所述过程，对传感器进行正、反行程往复循环多次测试，将得到的输出—输入测试数据用表格列出或画成曲线。

5）对测试数据进行必要的处理，根据处理结果就可以确定传感器的线性度、灵敏度、迟滞和重复性等静态特性指标。

第三节　传感器的动态标定

传感器动态标定的目的是确定传感器的动态特性参数，主要有频率响应、时间常数、固有频率和阻尼比等。有时，根据需要也要对横向灵敏度、温度响应及环境影响等进行标定。

一、标准仪器要求

标定系统中所用的标准仪器的时间常数应比待标定传感器小得多，而固有频率则应高得多。这样，标准仪器的动态误差才可以忽略不计。

二、动态标定方法

传感器动态标定方法常常因传感器的具体形式（电、光、机械等）不同而有所不同，但从原理上通常可分为阶跃信号响应法、正弦信号响应法、随机信号响应法和脉冲信号响应法等。

1. 阶跃信号响应法

传感器的动态标定主要是研究传感器的动态响应，而与动态响应有关的参数，一阶传感器只有一个时间常数 τ，二阶传感器则有固有频率 ω_n 和阻尼比 ζ 两个参数。

（1）一阶传感器时间常数 τ 的确定

一阶传感器的阶跃响应为 $y(t) = 1 - e^{-t/\tau}$。在测得的传感器阶跃响应曲线上，取输出值达到其稳态值的 63.2% 处所经过的时间即为其时间常数 τ。但这样确定 τ 值实际上没有涉及响应的全过程，测量结果的可靠性仅仅取决于某些个别的瞬间值。令 $z = -t/\tau$，其中 z 与 t 为线性关系，则 $y(t) = 1 - e^z$，可得 $z = \ln[1 - y(t)]$，因此，根据测得的输出信号 $y(t)$ 画出 z-t 曲线，则 $\tau = -\Delta t/\Delta z$。这种方法考虑了瞬态响应的全过程，并可以根据 z-t 曲线与直线的符合程度来判断传感器接近一阶系统的程度。

（2）二阶传感器固有频率 ω_n 和阻尼比 ζ 的确定

二阶传感器一般都设计成 $\zeta = 0.6 \sim 0.8$ 的欠阻尼系统，其阶跃响应为

$$y(t) = k\left[1 - \frac{e^{-\zeta\omega_n t}}{\sqrt{1-\zeta^2}}\sin\left(\omega_d t + \arctan\frac{\sqrt{1-\zeta^2}}{\zeta}\right)\right] \tag{13-1}$$

其中

$$\omega_d = \omega_n\sqrt{1-\zeta^2} \tag{13-2}$$

可得最大过冲量 M 为

$$M = e^{-\zeta\pi\sqrt{1-\zeta^2}} \tag{13-3}$$

式（13-3）可化为

$$\zeta = \sqrt{\frac{1}{\left(\dfrac{\pi}{\ln M}\right)^2 + 1}} \tag{13-4}$$

于是可以获得曲线振荡频率 ω_d 和最大过冲量 M，由式（13-2）和式（13-4）可确定固有频率 ω_n 和阻尼比 ζ。

若衰减振荡缓慢，过程较长，可测 M_i 和 M_{i+n} 来求 ζ，n 为两峰值相隔的周期数。设 M_i 对应的时间为 t_i，则 M_{i+n} 对应的时间为

$$t_{i+n} = t_i + \frac{2n\pi}{\omega_n\sqrt{1-\zeta^2}} \tag{13-5}$$

将 t_i 和 t_{i+n} 代入式（13-1），得

$$\ln \frac{M_i}{M_{i+n}} = \ln \frac{e^{-\zeta\omega_n t}}{e^{-\zeta\omega_n(t_i+2n\pi/\omega_n\sqrt{1-\zeta^2})}} = \frac{2n\pi\zeta}{\sqrt{1-\zeta^2}} \qquad (13-6)$$

令 $\delta_n = \ln \dfrac{M_i}{M_{i+n}}$ 并整理后，得

$$\zeta = \sqrt{\frac{\delta_n^2}{\delta_n^2 + 4\pi^2 n^2}} \qquad (13-7)$$

式中，当 $\zeta < 0.1$ 时，$\sqrt{1-\zeta^2} \approx 1$，则

$$\zeta = \frac{\ln(M_i/M_{i+n})}{2n\pi} \qquad (13-8)$$

该方法消除了信号幅值不理想的影响。若传感器是二阶的，则取任何正整数 n，求得的 ζ 值都相同；反之，就表明传感器不是二阶的。所以，该方法还可以判断传感器与二阶系统的符合程度。

2. 正弦信号响应法

可以利用正弦信号输入，测定传感器输出与输入的幅值比和相位差，以此来确定传感器的幅频特性和相频特性，然后根据幅频特性来求得一阶传感器的时间常数 τ，以及欠阻尼二阶传感器的固有频率 ω_n 和阻尼比 ζ。

3. 其他方法

如果用随机白噪声作为待标定传感器的标准输入量，得到传感器频率响应的方法称为随机信号校验法，它可以消除干扰信号对标定结果的影响。

如果用冲击信号作为传感器的输入量，则传感器的系统传递函数为其输出信号的拉普拉斯变换，由此可确定传感器的传递函数。

如果传感器属于三阶以上的系统，则需分别求出传感器输入和输出的拉氏变换，或通过其他方法确定传感器的传递函数，或直接通过正弦响应法确定传感器的频率特性，再进行因式分解，将传感器等效成多个一阶和二阶环节的串、并联，进而分别确定它们的动态特性，最后以其中最差的作为传感器的动态特性标定结果。

第四节　传感器标定实例

一、S 型拉压力传感器的静态标定

1. S 型拉压力传感器的标定原理

S 型拉压力传感器的标定的实质是找出加载砝码的质量与传感器输出电压之间的函数关系。标定装置原理如图 13-1 所示。

由力学中的杠杆原理可知，拉压力传感器受力与砝码重力之间的关系式为

$$F = \frac{L_2}{L_1} G \qquad (13-9)$$

式中，L_1 为旋转中心至拉压力传感器中心的距离，即测功臂；L_2 为旋转中心至砝码中心的距离，即标定臂；F 为传感器处受力；G 为砝码的重量。

测功臂支架装在测功机定子上。在定子一端装有标定臂和平衡臂。待两边平衡后，在测功机右端砝码盘上加载砝码时，测功机定子受到的扭力通过测功臂作用于传感器，使其输出电压信号，该电压信号随扭力的变化而变化。输出的电压信号经放大、滤波和隔离电路后进入采集卡，最后进入计算机系统分析和存储，得到相应的标定曲线。

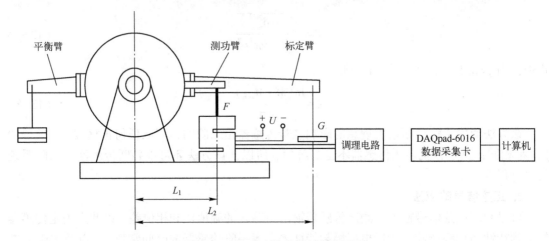

图 13-1　拉压力传感器的标定原理

2. S 型拉压力传感器的标定程序

标定程序中用波形图控件实时显示采集到的电压与时间的关系。通过数值显示控件动态显示测量电压的最大值、最小值和平均值。待某一标定点输出电压稳定后，进行数据的存储。在程序框图中用条件结果来控制数据的保存，每次保存数据的个数由设置采样的个数来决定。待完成标定后对保存的数据进行读取，去掉一些坏点和峰值，从而得到最终的标定数据。最后退出标定程序。

3. S 型拉压力传感器的标定步骤

在进行 S 型拉压力传感器标定时，应保证测功机轴承润滑状态良好。为了使未加砝码时传感器不受力的作用，在标定前应通过调节平衡臂上的砝码保持标定机构的平衡。

下面举例说明。标定系统量程为 18.5 N·m，因 168F 型汽油机最大输出扭矩为 9 N·m，为了减少标定误差，得到更高精度的拟合曲线，仅对 (0~12) N·m 范围进行标定。在此范围内取 7 个标定点，正反行程循环次数为 5 次。标定数据列入表中。

标定步骤如下：

1) 测量传感器零点输出。将传感器安装在测功臂上，并将其固定好。不加载荷，开机将电路板接上电源热机半个小时后，待系统稳定，测出传感器的零点输出电压，记录几组数据点，求得其平均值为 0.168 V。

2) 安装标定臂。将测功机与发动机联轴器分开，装上标定臂和砝码盘。在测功机左侧装上平衡臂，使测功机左右两侧达到平衡状态，此时传感器输出电压为 0.168 V。

3) 由小到大进行加载标定。将采集到的实验数据填入表中。

4) 由大到小进行卸载实验。将实验数据填入表中。

5) 待传感器形变恢复后，重复步骤 3) 和步骤 4) 四次。并存储相应的标定数据。

6) 标定完毕后，拆掉标定臂和平衡臂，将发动机联轴器和测功器连接好。

4. S 型拉压力传感器标定数据处理

用 LabVIEW 设计程序对传感器标定数据进行分析和处理，用最小二乘法对标定数据进行曲线拟合。得到 S 型拉压力传感器的输出电压与载荷之间的拟合曲线方程为

$$y = 1.982x + 0.129114 \tag{13-10}$$

式中，y 为传感器输出电压，单位为 V；x 为加载质量，单位为 kg。

由标定数据和分析结果可计算出传感器静态特性指标，各类误差越小说明标定得越准确。经计算，S 型拉压力传感器标定误差见表 13-1。

表 13-1　S 型拉压力传感器标定误差表

类别 ＼ 载荷/kg	0	0.5	1.0	1.5	2.0	2.5	3.0
正行程	0.1952	1.083	2.0438	3.0438	4.0434	5.0418	6.162
反行程	0.2034	1.1226	2.121	3.082	4.0824	5.0432	6.163
绝对差值	0.0082	0.0396	0.0772	0.0382	0.039	0.0014	0.001
平均值	0.1993	1.1028	2.0824	3.0629	4.0629	5.0425	6.162
直线拟合	0.129	1.120	2.111	3.102	4.093	5.084	6.075
正向极差	0.035	0.003	0.004	0.002	0.003	0.007	0.005
反向极差	0.004	0.003	0.007	0.006	0.004	0.005	0.005
灵敏度	1.982						
回程误差	0.257 33%						
重复性	0.995%						
非线性度	0.124 12%						
综合误差	1.376 45%						

各项误差均小于国标中力测量仪器的精度要求，故满足要求。

二、温度传感器的动态标定

1. 动态标定系统组成

本实例动态标定系统由以下器件组成：NTC 热敏电阻传感器，传感器调理电路，数据采集卡，PC（综合实验标定软件），恒温槽各一，导线若干。

温度传感器是把所要测量标定的温度值转换成与之相应的电阻值。本实例用的温度传感器是用具有负温度系数的半导体热敏电阻即 NTC 热敏电阻制成的，其热电特性为缓变型，具有负温度系数，适合做温度测量元件。其热电特性如下：

$$R_t = R_0 e^{B\left(\frac{1}{T} - \frac{1}{T_0}\right)} \tag{13-11}$$

式中，T 为被测温度，单位为 K，$T = t + 273.16$；T_0 为参考温度，单位为 K，$T_0 = 25 + 273.16$；R_t 为温度 T 时热敏电阻的阻值；R_0 为温度 T_0 时热敏电阻的阻值；B 为热敏电阻的材料常数，$B = 3980$。

2. 动态标定的实施方法

先将恒温箱的温度设定为几个特定值（本实例中为35℃、55℃、75℃三个温度点），然后将热敏电阻温度计插入其中，通过标定软件记录其所获取的电压值，进而可以得出它的动态特性，进行标定。

3. 动态标定的步骤与数据获取

（1）标定步骤

1）沿用静态标定时的电路。将传感器调理电路正确连接到数据采集卡上，正极连接到采集卡的+5 V，共地连接，信号线与采集卡的A-D线相连，用万用表测试传感器输出是否正常，并连接好测试系统。

2）设定好恒温箱的参数，将热敏电阻放在室温中。

3）打开综合实验标定软件动态标定页面，按要求操作，看是否能采集到数据。

4）给传感器调理电路供电，启动电源开始进行加热。

5）进行动态标定。选取35℃、55℃、75℃三个温度点，标定软件开始计数，然后将热敏电阻插入恒温箱，等到计数趋于稳定时停止计数。

6）截取数据有效部分，计算出传感器的动态特性指标。

7）通过补偿算法进行动态补偿，调节动态性能，并比较补偿结果，分析误差原因。

（2）数据获取

通过综合实验标定软件，获取35℃、55℃、75℃三个温度点下的动态数据，将前后的水平部分剔除后得到所需要的动态数据。

4. 数据处理与动态指标计算

1）当温度为35℃时，拟合曲线如图13-2所示。

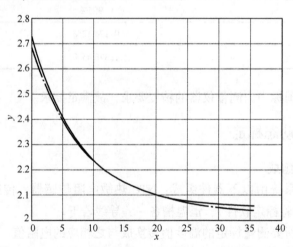

图13-2　35℃时温度传感器动态标定拟合曲线

时域参数为：

时间常数 $\tau = 7.82\ \mathrm{s}$；

响应时间 $t_s = 3\tau = 23.46\ \mathrm{s}$；

延迟时间 $t_d = 0.69\tau = 5.4\ \mathrm{s}$；

上升时间 $t_r = 2.20\tau = 17.204\,\text{s}$。

频域参数为：

通频带 $\omega_B = 1/\tau = 0.128\,\text{Hz}$。

2）当温度为55℃时，拟合曲线如图13-3所示。

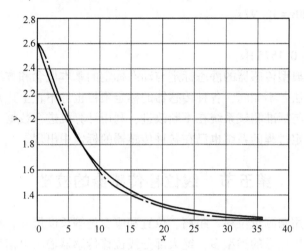

图13-3　55℃时温度传感器动态标定拟合曲线

时域参数为：

时间常数 $\tau = 8.2\,\text{s}$；

响应时间 $t_s = 3\tau = 24.6\,\text{s}$；

延迟时间 $t_d = 0.69\tau = 5.685\,\text{s}$；

上升时间 $t_r = 2.20\tau = 18.04\,\text{s}$。

频域参数为：

通频带 $\omega_B = 1/\tau = 0.122\,\text{Hz}$。

3）当温度为75℃时，拟合曲线如图13-4所示。

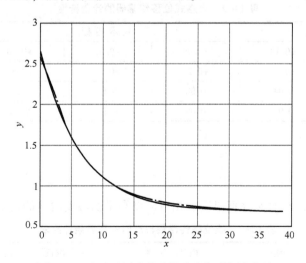

图13-4　75℃时温度传感器动态标定拟合曲线

时域参数为：

时间常数 $\tau = 6.35\,s$；

响应时间 $t_s = 3\tau = 19.05\,s$；

延迟时间 $t_d = 0.69\tau = 4.3815\,s$；

上升时间 $t_r = 2.20\tau = 13.97\,s$。

频域参数为：

通频带 $\omega_B = 1/\tau = 0.1575\,Hz$。

上面介绍了几种典型传感器的静态标定与动态标定的基本概念和方法，由于传感器种类繁多，标定设备与方法各不相同，各种传感器的标定项目也远不止上述几项。随着技术的不断进步，标准发生器与标准测试系统在不断改进，利用计算机进行数据处理、自动绘制特性曲线以及自动控制标定过程的系统也已在各种传感器的标定中出现。

第五节　线位移传感器的校准

线位移传感器可用来测量位移、距离、位置和应变量等长度尺寸，在工程测试中应用广泛。线位移传感器输出信号的类型多，绝大部分线位移传感器输出电信号，如不同频率的脉冲信号，以及电压或电流等模拟量。也有些线位移传感器已集成了信号转化功能，能直接以数字方式或其他方式输出长度尺寸。我国的计量技术规范 JJF 1305-2011《线位移传感器校准规范》对电感式及直流差动变压器式、交流差动变压器式、振弦（应变）式、磁致伸缩式、电阻式、拉线（绳）式及激光式等几种线位移传感器的校准进行了规范，包括计量特性、校准条件、校准项目和校准方法、校准结果表达等内容。本文以电感式位移传感器的校准为例进行介绍。

一、计量特性

电感式位移传感器的计量特性见表 13-2。

表 13-2　电感式位移传感器的计量特性

项　　目	技　术　指　标				
基本误差（%）	±0.10	±0.20	±0.30	±0.50	±1.0
线密度（%）	±0.10	±0.20	±0.30	±0.50	±1.0
回程误差（%）	0.04	0.08	0.12	0.20	0.4
重复性（%）	0.04	0.08	0.12	0.20	0.4

二、校准条件

（1）环境条件

线位移传感器校准时对实验室温度、相对湿度和平衡温度时间的要求见表 13-3。

表 13-3　线位移传感器校准时的环境条件要求

校准室内温度/℃	室温变化/(℃/h)	相对湿度/%	被校准仪器在室内平衡温度的时间/h
20±2	1	≤75	≥4

另外，校准时电源电压的波动不应超过额定值的±10%，实验室内应避开强交变电磁场或近距离的交变磁场（如电动机、电焊机等）的干扰。

（2）校准用主要设备

对不同类型的线位移传感器，校准用的主要设备要求不同。校准电感式位移传感器的主要设备如下。

1）数字频率计。测量范围 0.1 Hz~1.5 GHz，准确度不低于 $4×10^{-5}$。

2）量块。3等、4等、5等量块，测量范围 0.5~600 mm。

3）激光干涉仪。MPE：$±(0.03\,\mu m +1.5×10^{-6}L)$，其中，$L$ 为被测量的长度，单位为米（m）。

三、校准项目和校准方法

检查被校准的线位移传感器，并对被校准的传感器按说明书进行标定，确定没有影响计量特性的因素后再进行校准。

（1）校准项目

根据线位移传感器实际应用时的输出方式，选择需要校准的计量特性项目。

（2）校准方法

根据 JJF 1305-2011《线位移传感器校准规范》中对不同传感器的主要设备的要求，选择不同的长度标准器为线位移传感器提供位移输入，采用相应的二次仪表读取线位移传感器的输出量（电压、电流、电阻、频率或频率模数）。

传感器的安装应尽量满足阿贝原则。调整传感器的输出范围，在其输出范围内大致均匀分布地取 11 个校准点（包括上、下限），按顺序分别读出长度标准器给出的位移值 L_i 和各校准点上的输出值 Y_i。以正、反两个行程为一个测量循环，共测量三个循环，根据三个循环的测量结果，采用最小二乘法计算参比直线方程，即

$$Y_i = Y_0 + KL_i \tag{13-12}$$

斜率 K 及截距 Y_0 的计算公式如下：

$$K = \frac{\sum_{i=1}^{11} \sum_{j=1}^{6} L_{ij} y_{ij} - \bar{L} \sum_{i=1}^{11} \sum_{j=1}^{6} y_{ij}}{\sum_{i=1}^{11} \sum_{j=1}^{6} L_{ij}^2 - \bar{L} \sum_{i=1}^{11} \sum_{j=1}^{6} L_{ij}} \tag{13-13}$$

$$Y_0 = \frac{\bar{y} \sum_{i=1}^{11} \sum_{j=1}^{6} L_{ij}^2 - \bar{L} \sum_{i=1}^{11} \sum_{j=1}^{6} L_{ij} y_{ij}}{\sum_{i=1}^{11} \sum_{j=1}^{6} L_{ij}^2 - \bar{L} \sum_{i=1}^{11} \sum_{j=1}^{6} L_{ij}} \tag{13-14}$$

式中，Y_i 为被校准线位移传感器在第 i 个校准点处输出量的拟合输出值；Y_0 为参比直线的截距；K 为参比直线的斜率；Y_{ij} 为被校准线位移传感器在第 j 次行程中第 i 个校准点的输出值；$\bar{y}$ 为被校准线位移传感器各校准点输出值的平均值；L_{ij} 为被校准线位移传感器在第 j 行程中第 i 个校准点的输入值；$\bar{L}$ 为被校准线位移传感器各校准点输入位移值的平均值；i 为第 i 个

校准点，$i=1,2,\cdots,10,11$，下同（另有说明除外）；j 为第 j 次测量行程次序数，$j=1,2,\cdots,5,6$，下同。

1）灵敏度

取式（13-13）中最小二乘法参比直线的斜率作为灵敏度测量结果。

2）基本误差

根据式（13-12）求出被校准线传感器在第 i 个校准点处的拟合输出值 Y_i 后，按式（13-15）计算传感器在第 j 次行程中第 i 个校准点的误差 δ_{ij}，取三个循环正、反行程中绝对值最大的数值作为第 i 个校准点上的误差值，取各 i 点中绝对值最大的数值作为基本误差测量结果，有

$$\delta_{ij}=\frac{y_{ij}-Y_i}{Y_{FS}}\times100\% \tag{13-15}$$

式中，Y_{FS} 为满量程输出。Y_{FS} 由式（13-16）确定

$$Y_{FS}=Y_M-Y_N \tag{13-16}$$

式中，Y_M 为位移至上限值时三个循环正、反行程输出量的平均值；Y_N 为位移至下限值时三个循环正、反行程输出量的平均值。

3）线性度

按式（13-12）求出传感器在第 i 个校准点处的拟合输出值 Y_i 后，由式（13-17）计算各校准点的偏差 l_i，取各点中绝对值最大的数值作为线性度测量结果，有

$$l_i=\frac{\overline{y_i}-Y_i}{Y_{FS}}\times100\% \tag{13-17}$$

式中，$\overline{y_i}$ 为传感器在第 i 个校准点三个循环正、反行程输出量的平均值，下同。

线性度的最佳计算方法，应采用最佳直线作为参比直线，按式（13-18）计算各校准点的偏差 l_i，取各点中绝对值最大的数值作为测量结果，有

$$l_i=\frac{\overline{y_i}-Y_{BESTi}}{Y_{FS}}\times100\% \tag{13-18}$$

式中，Y_{BESTi} 为按参比直线为最佳直线求出传感器在第 i 个校准点的输出值，最佳直线为既相互最靠近又能包容传感器正、反行程实际平均特性曲线的两条平行直线的中位线。

4）回程误差

按式（13-19）计算传感器各校准点的回程差 h_i，取各点中最大的数值作为回程误差测量结果，有

$$h_i=\frac{|\overline{g_i}-\overline{b_i}|}{Y_{FS}}\times100\% \tag{13-19}$$

式中，$\overline{g_i}$ 为传感器在第 i 个校准点三个循环正行程输出量的平均值；$\overline{b_i}$ 为传感器在第 i 个校准点三个循环反行程输出量的平均值。

5）重复性

根据三个循环的测量数据，由正、反同向行程在第 i 个校准点三次测量的输出值，求出同向行程中相互间的最大差值，取各点同向行程中差值最大的为 Δ_i，按式（13-20）计算重

复性，有

$$r_i = \frac{0.61\Delta_i}{Y_{FS}} \times 100\%$$ （13-20）

式中，r_i为重复性。

四、校准结果的表达

经校准的线位移传感器可出具校准证书。校准证书至少包括以下信息。

1）标题：校准证书。

2）实验室名称和地址。

3）证书或报告的唯一标识（如编号）、每页及总页数的标识。

4）送校单位的名称和地址。

5）被校对象的描述和明确标识。

6）进行校准的日期。

7）对校准所依据的技术规范的标识，包括名称及代码。

8）本次校准所用测量标准的溯源性及有效性的说明。

9）校准环境的描述。

10）灵敏度、基本误差、线性度、回程误差及重复性的校准结果及其测量不确定度的说明。

11）校准证书或校准报告签发人的签名或等效标识，以及签发日期。

12）校准结果仅对被校对象有效的声明。

13）未经校准实验室书面批准，不得部分复制证书的声明。

思考题与习题

1. 什么是传感器的静态标定和动态标定？

2. 什么是传感器的校准？标定和校准有何异同？

3. 为什么要对传感器进行标定和校准？

4. 举例说明传感器静态标定和动态标定的方法。

5. 一阶传感器的传递函数和频率响应函数是什么？

6. 简述 S 型拉压力传感器的标定原理。

7. 简述温度传感器动态标定的一般方法。

8. 传感器校准时的校准条件包括哪些内容？

9. 举例说明传感器校准的方法。

10. 校准证书包括哪些信息？

11. 表 13-4 为某一线位移传感器校准时的原始数据。请计算其灵敏度、线性度、重复性和迟滞误差。

表 13-4　某一线位移传感器校准时的原始数据

测试位置/mm	位移传感器读数/V					
	第一次		第二次		第三次	
	正行程	反行程	正行程	反行程	正行程	反行程
0	1.1874	1.1896	1.1897	1.1897	1.1897	1.1897
200	1.8455	2.2478	1.8956	2.2979	1.9457	2.3480
400	2.7545	3.1547	2.8047	3.2048	2.8548	3.2549
600	3.6601	4.0653	3.7103	4.1155	3.7605	4.1657
800	4.5674	4.9723	4.6177	5.0225	4.6680	5.0727
1000	5.4721	5.8777	5.5225	5.9281	5.5727	5.9783
1200	6.3779	6.7854	6.4283	6.8358	6.4786	6.8860
1400	7.2820	7.6906	7.3324	7.7411	7.3824	7.7918
1600	8.1801	8.5936	8.2306	8.6441	8.2806	8.6944
1800	9.0827	9.4962	9.1334	9.5468	9.1837	9.5971
2000	10.2307	10.2307	10.2300	10.2302	10.2319	10.2319

参 考 文 献

[1] 唐文彦. 传感器 [M]. 5 版. 北京：机械工业出版社，2016.

[2] 李东升. 计量学基础 [M]. 2 版. 北京：机械工业出版社，2014.

[3] 郁有文. 传感器原理及工程应用 [M]. 4 版. 西安：西安电子科技大学出版社，2014.

[4] 贾伯年，俞朴，宋爱国. 传感器技术 [M]. 3 版. 南京：东南大学出版社，2010.

[5] 黄贤武，郑筱霞. 传感器原理与应用 [M]. 2 版. 成都：电子科技大学出版社，2004.

[6] 栾桂东，张金铎，金欢阳. 传感器及其应用 [M]. 3 版. 西安：西安电子科技大学出版社，2018.

[7] 程德福，王君，凌振宝，等. 传感器原理及应用 [M]. 北京：机械工业出版社，2007.

[8] 徐科军. 传感器与检测技术 [M]. 3 版. 北京：电子工业出版社，2011.

[9] 胡向东，李锐，徐洋，等. 传感器与检测技术 [M]. 3 版. 北京：机械工业出版社，2018.

[10] 施文康，余晓芬. 检测技术 [M]. 4 版. 北京：机械工业出版社，2015.

[11] 黄元庆. 现代传感技术 [M]. 北京：机械工业出版社，2007.

[12] 李东升，郭天太. 量值传递与溯源 [M]. 杭州：浙江大学出版社，2009.

[13] 郭天太，陈爱军，沈小燕，等. 光电检测技术 [M]. 武汉：华中科技大学出版社，2012.

[14] 王惠文. 光纤传感技术与应用 [M]. 北京：国防工业出版社，2001.

[15] 吕泉. 现代传感器原理及应用 [M]. 北京：清华大学出版社，2006.

[16] 江毅. 高级光纤传感技术 [M]. 北京：科学出版社，2009.

[17] 张志鹏，GAMBLING W A. 光纤传感器原理 [M]. 北京：中国计量出版社，1991.

[18] CULSHAW B，DAKIN J. 光纤传感器 [M]. 李少慧，宁雅农，等译. 武汉：华中理工大学出版社，1997.

[19] 魏永广，刘存. 现代传感技术 [M]. 沈阳：东北大学出版社，2001.

[20] 孙圣和，王廷云，徐影. 光纤测量与传感技术 [M]. 3 版. 哈尔滨：哈尔滨工业大学出版社，2007.

[21] 王玉田，郑龙江，张颖，等. 光纤传感技术及应用 [M]. 北京：北京航空航天大学出版社，2009.

[22] 田裕鹏，姚恩涛，李开宇. 传感器原理 [M]. 北京：科学出版社，2007.

[23] 王其俊. 超导量子干涉器 [M]. 西安：西北大学出版社，1988.

[24] 李科杰. 现代传感技术 [M]. 北京：电子工业出版社，2005.

[25] 周祥才，朱兆武. 检测技术及应用 [M]. 北京：中国计量出版社，2009.

[26] 赵玉刚，邱东. 传感器基础 [M]. 北京：中国林业出版社，2006.

[27] 安毓英，刘继芳，李庆辉. 光电子技术 [M]. 3 版. 北京：电子工业出版社，2012.

[28] 浦昭邦，赵辉. 光电测试技术 [M]. 2 版. 北京：机械工业出版社，2009.

[29] 钱显毅. 传感器原理与应用 [M]. 南京：东南大学出版社，2008.

[30] 陈建元. 传感器技术 [M]. 北京：机械工业出版社，2008.

[31] 戴焯. 传感与检测技术 [M]. 武汉：武汉理工大学出版社，2003.

[32] 唐贤远，刘岐山. 传感器原理及应用 [M]. 成都：电子科技大学出版社，2000.

[33] 黄鸿，吴石增. 传感器及其应用技术 [M]. 北京：北京理工大学出版社，2008.

[34] 张国忠，赵家贵. 检测技术 [M]. 北京：中国计量出版社，1998.

[35] 周四春，吴建平，祝忠明. 传感器技术与工程应用 [M]. 北京：原子能出版社，2008.

［36］ 施涌潮, 梁福平, 牛春晖. 传感器检测技术［M］. 北京: 国防工业出版社, 2007.

［37］ 王魁汉. 温度测量实用技术［M］. 北京: 机械工业出版社, 2006.

［38］ 刘君华, 郝惠敏, 林继鹏, 等. 传感器技术及应用实例［M］. 北京: 电子工业出版社, 2008.

［39］ 董永贵. 传感技术与系统［M］. 北京: 清华大学出版社, 2006.

［40］ 王庆有. 光电技术［M］. 3 版. 北京: 电子工业出版社, 2013.

［41］ 何光宏. 传感器原理与实验教程［M］. 北京: 机械工业出版社, 2014.

［42］ 何朝来, 阮永顺, 金世杰, 等. 电阻、电容、电感的绝对测量 (计算电容法)［J］. 电测学仪表, 1979 (9): 1-10.

［43］ LEE R D, KIM H J, SEMENOV Y P. Precise Measurement of the Dielectric Constants of Liquids Using the Principle of Cross Capacitance［J］. Instrumentation and Measurement, 2001, 50 (2): 298-301.

［44］ 国家质量监督检验检疫总局. 传感器主要静态性能指标计算方法: GB/T 18459—2001［S］. 北京: 中国标准出版社, 2002.

［45］ 国家质量监督检验检疫总局. 传感器专用术语: GB/T 7665—2005［S］. 北京: 中国标准出版社, 2006.

［46］ 国家质量监督检验检疫总局. 线位移传感器校准规范: JJF 1305—2011［S］. 北京: 中国质检出版社, 2011.

［47］ 国家质量监督检验检疫总局. 通用计量术语及定义: JJF 1001—2011［S］. 北京: 中国质检出版社, 2012.

［48］ 国家质量监督检验检疫总局. 温度计量名词术语及定义: JJF 1007—2007［S］. 北京: 中国计量出版社, 2008.

［49］ 苏波. 基于 CCD 的高精度线径测量系统研究［D］. 太原: 太原理工大学, 2003.

［50］ 李昕. 线位移传感器自动校准装置研究［D］. 西安: 西安电子科技大学, 2014.